航天资源规划与调度

面向移动目标跟踪的多星协同规划与自主调度研究

Research on Multi-satellite Collaborative Planning
and Autonomous Scheduling for Moving Targets Tracking

杨文沅　刘晓路　何磊　贺仁杰　马亮　著

清华大学出版社
北京

内 容 简 介

移动目标跟踪在军民领域有着显著的现实应用价值，而成像卫星是实现移动目标跟踪的重要平台之一。本书创造性地提出面向移动目标跟踪的多星协同规划与自主调度框架、模型及方法。本书从移动目标的运动特性与成像卫星的观测能力出发，将移动目标分类为时敏移动目标与非时敏移动目标，深入浅出地介绍面向移动目标跟踪的星上自主任务规划流程，详细阐述面向移动目标跟踪的多星协同规划与自主调度问题，设计多星协同规划与自主调度的分层式通用求解框架，便于读者快速理解本书的内容。基于提出的求解框架，针对时敏移动目标和非时敏移动目标，分别建立多星协同规划与自主调度模型，引入并优化机器学习、知识规则等方法进行求解，力求实现求解时效性与质量的双重突破，达到对移动目标的快速响应和有效跟踪。本书的研究问题源于实际工程，研究成果亦可回归应用，理论成果可为组合优化、决策调度领域相关问题的求解提供借鉴。

本书可作为系统工程、管理科学与工程、运筹学、优化调度、智能决策等相关专业及学科的高年级本科生、研究生和高校教师的参考用书，也可为科研机构从事任务规划相关的科研人员、航天工业部门专业技术人员及对成像卫星任务规划感兴趣的科技爱好者提供参考。

本书封面贴有清华大学出版社防伪标签，无标签者不得销售。
版权所有，侵权必究。举报: 010-62782989, beiqinquan@tup.tsinghua.edu.cn。

图书在版编目（CIP）数据

面向移动目标跟踪的多星协同规划与自主调度研究 / 杨文沅等著. -- 北京 : 清华大学出版社, 2025. 5. -- (航天资源规划与调度). -- ISBN 978-7-302-69043-6
Ⅰ.V474
中国国家版本馆 CIP 数据核字第 20254CN628 号

责任编辑: 陈凯仁
封面设计: 刘艳芝
责任校对: 薄军霞
责任印制: 宋　林

出版发行: 清华大学出版社
　　　　网　　址: https://www.tup.com.cn, https://www.wqxuetang.com
　　　　地　　址: 北京清华大学学研大厦 A 座　　邮　编: 100084
　　　　社 总 机: 010-83470000　　邮　购: 010-62786544
　　　　投稿与读者服务: 010-62776969, c-service@tup.tsinghua.edu.cn
　　　　质量反馈: 010-62772015, zhiliang@tup.tsinghua.edu.cn
印 装 者: 三河市科茂嘉荣印务有限公司
经　　销: 全国新华书店
开　　本: 170mm×240mm　　印　张: 13.25　　插　页: 3　　字　数: 249 千字
版　　次: 2025 年 6 月第 1 版　　　　　　　印　次: 2025 年 6 月第 1 次印刷
定　　价: 79.00 元

产品编号: 106347-01

《航天资源规划与调度》编辑委员会

（2024年7月）

顾问：
  段海滨（北京航空航天大学）
  王凌（清华大学）

主编：
  陈英武（国防科技大学）
  贺仁杰（国防科技大学）
  姚锋（国防科技大学）

副主编：
  邢立宁（西安电子科技大学）
  周忠宝（湖南大学）
  伍国华（中南大学）
  刘晓路（国防科技大学）

编委：
  陈盈果（国防科技大学）
  陈宇宁（国防科技大学）
  张忠山（国防科技大学）
  吕济民（国防科技大学）
  何磊（国防科技大学）
  常中祥（湖南大学）
  沈大勇（国防科技大学）
  王涛（国防科技大学）
  杜永浩（国防科技大学）
  王原（国防科技大学）
  罗绥芝（湖南师范大学）
  于静（长沙理工大学）

丛书序言

FOREWORD

2021年9月15日，习近平总书记在驻陕西部队某基地视察调研时强调，太空资产是国家战略资产，要管好用好，更要保护好。人造地球卫星作为重要的太空资产，已经成为获取天基信息的主要平台，天基信息是大国博弈制胜的利器之一，也是各科技强国竞相角力的主战场之一。随着"高分辨率对地观测系统""第三代北斗卫星导航系统"等国家重大专项工程建设及民营、商业航天产业的蓬勃发展，我国卫星呈"爆炸式"增长，为社会、经济、国防等重要领域提供了及时、精准的天基信息保障。

另外，受卫星测控站地理位置限制，我国卫星普遍存在的入境时间短、测控资源紧缺等问题日益突出；突发自然灾害、军事斗争准备等情况下的卫星应急响应已成为新常态；随着微电子、小卫星等技术的快速发展，卫星集成度越来越高、功能越来越多，卫星已具备一定的自主感知、自主规划、自主协同、自主决策能力，传统地面离线任务规划模式已无法适应大规模多功能星座发展和协同、高时效运用的新形势。这些问题都对卫星管控提出了新的更高要求。在此现状下，为应对飞速增长的卫星规模、有限的管控资源和应急响应的新要求，以现代运筹学和计算科学为基础的航天资源调度技术起到至关重要的作用，是保障卫星完成多样化任务、高效运行的关键。

近年来，在诸多学者与航天从业人员的推动下，航天资源调度技术取得了丰富的研究成果，在我国"北斗""高分""高景"等系列卫星为代表的航天资源调度系统中得到长期的实践与发展。目前，国内已出版了多部航天领域相关专著，但面向近年来发展起来的敏捷卫星调度、大规模多星协同、空天地资源协同调度、自主卫星在线调度等新问题，仍然缺乏详细和系统的研究和介绍。本套丛书涵盖航天资源调度引擎、基于精确算法的航天资源调度、基于启发式算法的航天资源调度、空天地资源协同调度、航天影像产品定价、面向应急救援的航天资源调度、航天资源调度典型应用等众多内容，力求丰富航天资源调度领域前沿研究成果。

本套丛书已有数册基本成形,也有数册正在撰写之中,相信在不久以后会有不少新著作出现,使航天资源调度领域呈现一片欣欣向荣、繁花似锦的局面,这正是丛书编委会的殷切希望。

丛书编委会

2021 年 11 月

前言

移动目标跟踪在打击海盗犯罪、缉拿毒品走私、空间武器预警以及海上灾难救援等军民领域都有着广泛的应用场景与显著的实际价值。天基遥感卫星作为主要的空间信息采集平台,具有覆盖范围广、运行时间长以及不受国界限制等特点。这些特点赋予了天基遥感卫星在跟踪移动目标方面独有的优势,但目标运动多变性、图像识别概率性、目标到达随机性等诸多不确定性因素也给天基遥感卫星跟踪移动目标带来了挑战。新一代敏捷卫星具备灵活的三轴姿态机动能力,扩展了对目标的观测窗口;传统的"地面规划 + 星上执行"管控模式对移动目标响应严重滞后,星上计算能力的增强以及人工智能(artifical intelligence,AI)技术的发展为星上自主智能提供了前提,带来解决滞后短板的契机。同时,敏捷机动以及自主智能也给当前的卫星任务规划系统带来新的问题:敏捷能力带来了时间依赖特征的约束,使得卫星规划调度变得更为复杂;移动目标具有动态不确定性,需要更合理的任务管理与任务决策机制;对移动目标的及时响应依赖于快速、高质量以及精细化的自主任务调度;多移动目标的跟踪需要高效的星间协同。鉴于此,本书围绕关注的海洋低速移动目标(非时敏移动目标)与空间高速移动目标(时敏移动目标)两类目标,介绍面向移动目标跟踪的多星协同规划与自主调度框架、模型以及方法,其主要研究内容包含以下五个方面。

1)提出多星协同规划与自主调度的分层式通用求解框架

移动目标动态不确定性使得对其跟踪明显区别于对静止目标的观测,并且资源存在一定的共用性,星座资源不可能仅服务于单一类型目标,通用求解框架的设计需要兼顾多类型移动目标和对静止目标的观测。此外,由于卫星能力差异以及通信链路差异,还需要考虑多种协同架构的兼容性。基于上述两点,本书提出一种分层式、模块化的多星协同规划与自主调度通用求解框架,该框架包括星上自主任务管理层、星间自主任务协同层以及星上自主任务调度层,支持不同资源协同方式下的模块组合与顺序搭配。基于该框架,针对非时敏移动目标设计集中—分布式协同架构;针对时敏移动目标设计具有互斥目标池的分散式协同架构,引入互斥目标池，降低通信代价。在不同的协同架构下，实现对多星协同规划与自主调度问题的分解与解耦。

2）设计通用求解框架下的星上自主任务管理模块

星上自主任务管理是通用求解框架中的重要模块之一，主要分为目标运动预测、自主任务生成以及优先级统筹，负责将目标的不确定性转化为定量化属性描述的任务，这依赖于目标运动建模与资源领域知识构建两者间的关联关系。对于非时敏移动目标，在集中—分布式协同架构下，采用基于高斯分布的双约束预测模型实现运动预测，构建任务生成决策树实现对任务的生成，设计多层级任务优先级统筹实现对生成任务的优先级配置；对于时敏移动目标，在分散式协同架构下，结合椭圆轨道与龙格-库塔积分方法进行轨迹预测，引入动态优先级实现对目标的动态属性配置。

3）提出一种基于图注意力网络与近端策略优化的深度强化学习求解面向非时敏移动目标跟踪的单星自主任务调度问题

在集中—分布式协同架构下，研究面向非时敏移动目标的单星自主任务调度问题。在建模过程中，引入时姿邻接图模型对问题进行描述。借鉴动态规划与序列解构造思想，将问题的约束模型转化为马尔可夫决策过程模型。在问题求解中，采用图注意力网络对问题进行特征提取，并基于近端策略优化的深度强化学习对网络进行训练。仿真结果表明，该算法不但在求解质量上大幅超越了启发式、经典的元启发式以及深度 Q 学习算法，而且求解速度很快，在典型场景下能够实现近实时的求解。

4）提出一种基于基因表达式编程的演化构造启发式求解面向非时敏移动目标跟踪的多星协同任务分配问题

在集中—分布式协同架构下，研究面向非时敏移动目标跟踪的多星协同任务分配问题，旨在通过快速的任务分配，将星上自主任务管理模块生成的任务分配给各卫星，实现多星协同任务规划的收益最大化。在建模过程中，对问题进行描述并建立整数规划模型。考虑求解的时效性，提出一种基于基因表达式编程的演化构造启发式方法，借鉴序列解构造思想，在序列化决策过程中采用演化规则求解该问题。首先基于领域知识提取该问题的 16 个特征，然后采用基因表达式编程对问题求解规则进行演化。仿真结果显示，该演化规则全面超越了引入自适应机制的三类启发式规则，并取得了接近元启发式算法的求解效果，求解速度同样很快。

5）提出一种基于知识规则的分散式多星自主协同任务规划方法求解面向时敏移动目标跟踪的多星自主协同任务规划问题

相比非时敏移动目标的跟踪，面向时敏移动目标的多星自主协同任务规划问题依赖于更短的决策周期,通过星上快速决策、调度与协同实现对目标不确定性的及时响应。本书在分析时敏移动目标独有特性的基础上,对具有互斥目标池的分散式协同架构进行具体设计;采用马尔可夫决策过程实现单星自主任务调度的建模,并基于分散式马尔可夫决策过程实现对多星协同任务规划的建模;同时针对问题求解的难度进行了分析,并在此基础上,采用基于知识规则的方法实现包括目标决策、候选子任务生成以及候选子任务选择的单星自主任务调度求解。然后,对星间在线协同设计了基于需求—响应的任务规划冲突消解机制来提升系统的整体效益。该方法能够有效求解面向时敏移动目标的多星自主协同任务规划问题,具备星上部署的实用性。

2017—2024 年,作者始终致力于卫星任务规划及优化调度方面的研究,本书凝结了这期间积累的主要研究成果。在内容研究及书稿撰写期间,贺仁杰导师、刘晓路老师给予了作者悉心的指导,课题组的老师、同窗、师兄弟及秘书等提供了很多帮助,项目合作伙伴也提供了不少技术支持。当然,书籍的成稿出版,也离不开清华大学出版社陈凯仁编辑的辛勤付出。在此,作者由衷感谢为本书研究、撰稿以及出版提供了支持和帮助的各位老师、同门以及专家学者!

本书围绕时敏与非时敏两类移动目标的跟踪,对多星协同规划与自主调度的框架、模型及方法等进行了初步研究。研究的问题背景源于工程应用,涉及卫星任务规划、组合优化、运筹学、不确定性调度等多方面的学科交叉点,研究成果可为相关领域的理论研究和工程应用提供有价值的借鉴与参考。当然,本书介绍的研究工作仍有待进一步拓展。作者撰写本书不仅是为与相关领域工作者分享所悟,更是期待通过本书激发广大读者对相关科学问题的兴趣,共同加入未知但可期的求知探索中。

尽管作者已竭尽全力提高本书的内容与质量,但是受限于个人水平,书中不可避免会出现疏漏之处,恳请各位读者不吝赐教,对书中不当之处,敬请批评指正!

作 者
2024 年 11 月于北京

目录

第 1 章 绪论   1

1.1 研究背景与意义   1
- 1.1.1 研究背景   1
- 1.1.2 研究意义   5

1.2 国内外研究现状与总结   6
- 1.2.1 移动目标运动预测问题研究现状   6
- 1.2.2 敏捷能力下的单星自主调度问题研究现状   9
- 1.2.3 多星自主协同规划问题研究现状   14
- 1.2.4 机器学习方法在组合优化问题中应用现状   17
- 1.2.5 现状分析与总结   19

1.3 本书主要工作   20
- 1.3.1 研究内容   20
- 1.3.2 组织结构   22
- 1.3.3 创新点   24

第 2 章 问题描述与求解框架   26

2.1 目标—资源分析   26
- 2.1.1 移动目标特征与分类   26
- 2.1.2 天基遥感卫星资源特征与分类   28
- 2.1.3 面向移动目标跟踪的星座资源   29

2.2 面向移动目标跟踪的多星协同规划与自主调度问题   33
- 2.2.1 问题约束特征   34
- 2.2.2 问题优化目标   40
- 2.2.3 问题分析总结   41

2.3 多星协同规划与自主调度问题通用求解框架　　41
　　　　2.3.1 多星协同规划与自主调度的分层式通用求解框架　　42
　　　　2.3.2 通用求解架构下的多星协同规划与自主调度问题分解　　43
　　2.4 本章小结　　48

第 3 章　面向移动目标跟踪的星上自主任务管理　　49

　　3.1 移动目标运动模型与预测方法　　49
　　　　3.1.1 非时敏移动目标运动模型与预测方法　　49
　　　　3.1.2 时敏移动目标运动模型与预测方法　　61
　　3.2 面向移动目标的星上自主任务生成　　65
　　　　3.2.1 任务生成时间决策　　66
　　　　3.2.2 任务生成要素决策　　68
　　3.3 面向移动目标的任务优先级统筹　　69
　　　　3.3.1 面向非时敏移动目标的任务优先级统筹　　69
　　　　3.3.2 面向时敏移动目标的目标优先级统筹　　72
　　3.4 本章小结　　74

第 4 章　面向非时敏移动目标跟踪的单星自主任务调度技术　　75

　　4.1 问题描述与建模　　76
　　　　4.1.1 问题假设　　76
　　　　4.1.2 符号说明　　77
　　　　4.1.3 问题模型　　77
　　　　4.1.4 敏捷姿态机动能力下时间依赖转换时间约束处理　　81
　　4.2 基于图注意力网络的问题特征提取　　83
　　　　4.2.1 图注意力网络　　83
　　　　4.2.2 单星自主任务调度问题特征提取　　84
　　　　4.2.3 单星自主任务调度问题的图注意力网络结构　　88
　　4.3 基于近端策略优化的深度强化学习的问题求解　　90
　　　　4.3.1 问题求解框架　　91
　　　　4.3.2 强化学习中的基本概念　　92
　　　　4.3.3 基于 GAT 的问题求解　　93
　　　　4.3.4 基于 PPO 的网络模型训练　　93
　　4.4 仿真实验及分析　　96

	4.4.1	仿真实验设计	96
	4.4.2	训练过程分析	99
	4.4.3	算法可行性分析	100
	4.4.4	算法效能分析	102
4.5	本章小结		109

第 5 章　面向非时敏移动目标跟踪的多星协同任务分配技术　　111

5.1	问题描述与建模		112
	5.1.1	多星协同任务分配问题	112
	5.1.2	问题假设	113
	5.1.3	符号说明	114
	5.1.4	问题模型	114
	5.1.5	问题复杂性分析与求解思路	115
5.2	基于自适应机制的启发式多星协同任务分配方法		116
5.3	基于基因表达式编程演化构造启发式多星协同任务分配方法		121
	5.3.1	问题求解框架	122
	5.3.2	问题特征选取与归一化	122
	5.3.3	基于 GEP 的规则演化方法	127
5.4	仿真实验及分析		135
	5.4.1	仿真实验设计	135
	5.4.2	演化过程分析	135
	5.4.3	算法可行性分析	139
	5.4.4	算法效能分析	140
5.5	本章小结		145

第 6 章　面向时敏移动目标跟踪的多星自主协同规划技术　　147

6.1	问题描述与建模		148
	6.1.1	多星协同任务规划问题	148
	6.1.2	问题假设	152
	6.1.3	符号说明	153
	6.1.4	问题模型	154
6.2	分散式多星自主协同任务规划方法		158
	6.2.1	问题求解分析	159

	6.2.2	面向时敏移动目标的星上自主任务管理	159
	6.2.3	基于知识规则的单星自主调度方法	160
	6.2.4	基于 RRB 的多星在线协同机制	164
6.3	仿真实验及分析		167
	6.3.1	仿真实验设计	167
	6.3.2	算法可行性分析	168
	6.3.3	算法参数分析	174
	6.3.4	候选子任务选择策略分析	176
6.4	本章小结		177

第 7 章 结论与展望   178

7.1	结论	178
7.2	展望	180

参考文献   183

附录 A   缩略语表   194

第1章

绪 论

本章主要对研究问题的背景意义、研究现状以及总体工作进行概述。首先介绍面向移动目标跟踪的多星协同规划与调度问题的研究背景与研究意义；其次根据问题的特征及相关性从移动目标运动预测问题、敏捷能力下的单星自主调度问题、多星自主协同规划问题以及机器学习方法在组合优化问题中应用的 4 个方面开展了国内外研究现状的总结分析；最后对本书的内容、组织结构以及创新点进行整体介绍。

1.1 研究背景与意义

1.1.1 研究背景

随着科技文明的进步，人类活动足迹从陆地逐步扩展至海洋与深空，陆海空多域的态势安全成为人类生产生活关注的焦点。海洋和空间中移动目标因其动态不确定性的存在，在多域态势感知中成为不可忽略的因素，同时，对移动目标的有效跟踪在民生与军事方面都有着重要的应用价值。在民生方面，随着经济全球化进一步发展，人们交流和活动的范围急剧扩大，海上舰船活动日益频繁，同时也滋生出各类海盗犯罪、毒品走私、非法渔业、环境污染等问题。此外，人们对太空的开发利用日益广泛，空间环境面临着航天器、太空垃圾等移动目标所带来的诸多安全不确定性。因此，实现对移动目标有效跟踪并及时掌握其态势，能够有效防范其带来的诸多安全隐患。在军事方面，一体化联合作战成为主要的作战方式，快速机动部署理念加快了战争的节奏，精确制导、远程打击的武器毁伤能力巨大，信息化条件下体系作战单元的机动能力更加强大。在战争中，作战体系或者单元的移动部署体现了敌方的战略战术意图，对敌移动目标正确的意图分析对战场态势预测感知起着举足轻重的作用。无论是海上低速移动舰船还是空间高速移动目标，只有实现对目标的有效跟踪监视，才能为最终的精确打击提供有用的信息引导。

移动目标跟踪的应用场景广泛、价值可观，而遥感卫星作为典型的空间信息采集平台，在移动目标跟踪中具备其特有的优势。遥感卫星基于自身轨道运行，利用星载传感器从太空中获取用户感兴趣的目标信息。遥感卫星的轨道运行特性使得卫星具有观测范围广、运行时间长、不受国界制约等优势。得益于得天独厚的空间信息采集能力，遥感卫星在气象预报、灾难预警、环境保护、大地测绘、海面搜救及军事侦察方面均得到广泛运用并发挥重要作用。然而，当前遥感卫星的观测目标以点状目标、线型目标以及区域目标为主，对具备动态变化特征的移动目标识别、跟踪的应用相对较少或者效能较差。在卫星逐步迈向编队组网、自主智能的时代，将移动目标跟踪推向实际应用、增强多星平台对目标的跟踪效能的需求迫切。

目前，对移动目标的跟踪主要依赖于传统的卫星管控网络，通过卫星任务规划实现对跟踪任务执行序列的优化与执行时间的调度。由于卫星不具备自主能力，目标的发现判别依赖于地面数据处理，目标的跟踪决策依赖于人为制定。针对这种高动态性的目标，从用户需求的提出到搜索跟踪的完成，需要经历"任务规划—指令上传—观测执行—数据下传—图像分析—生成新任务"的多轮闭环交互，如图 1.1 所示。卫星任务规划在地面进行，规划周期通常为一周至数天不等。这种交互模式严重依赖于测控网络和通信网络，在缺乏星间链路条件下，需要很长的时间才能够形成对目标跟踪的闭环，导致任务规划对目标动态信息响应出现严重滞后。此外，在搜索跟踪过程中，所拍摄的图像可能并没有覆盖关注目标，从而产生了大量冗余无效的数据。显然，传统的卫星管控网络在面向移动目标的跟踪搜索存在明显的短板，星上自主已经成为移动目标跟踪搜索的必然趋势。

星上自主任务规划带来的优势使得其成为未来的必然趋势，其对不确定性事件的响应能力将大大提高对移动目标的跟踪能力，还将大大简化目标跟踪流程。目标跟踪信息的处理、任务规划将放置在星上，而地面只需要上注需求信息、接收态势信息与有效压缩图像数据，如图 1.2 所示。

与此同时，侦察环境复杂性、目标运动不确定性、任务高时效性和侦察设备不完善性的存在，使得利用星上自主能力提高对移动目标的跟踪效果这一任务困难复杂，主要体现在以下几个方面。

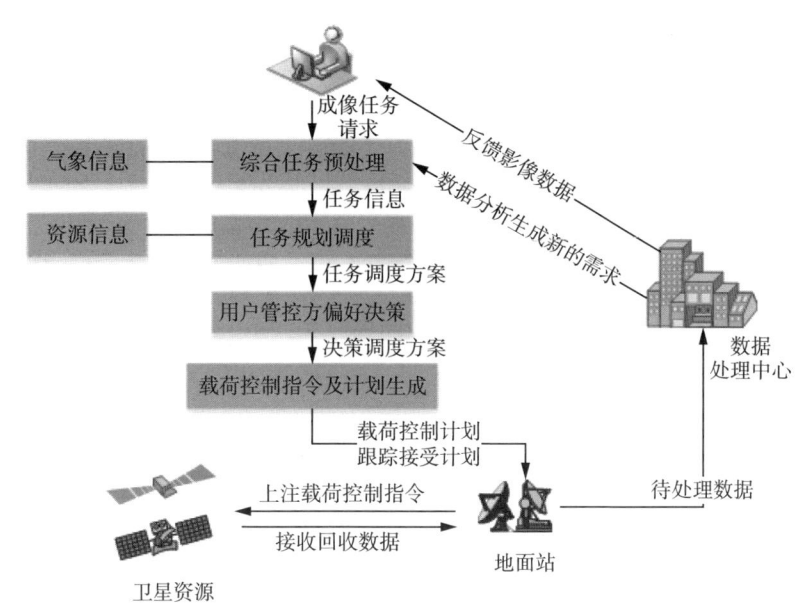

图 1.1　传统卫星管控模式下的多星任务规划流程

（1）目标的运动具有不确定性。目标运动特性以及反侦查的对抗特性导致目标的位置难以预测。

（2）目标产生的随机性。在跟踪过程中，随时可能产生新的目标，给规划带来不确定性。

（3）与静止目标不同，移动目标跟踪需要达到一定的时间分辨率，从而实现对目标的多次跟踪。

（4）星上图像识别算法对目标的识别存在一定的概率性。不同于地面人工判别，星上图像处理识别算法基于机器学习设计对目标的识别存在概率性，通常对高分辨率的图像识别可满足对目标的甄别，但是对宽幅低分辨率图像识别则难以满足对目标的甄别，需要多次成像以提高识别准确率。

（5）移动目标对卫星任务规划与决策的时效性要求很高。移动目标需要跟踪卫星具备较快甚至近实时的响应与决策能力，这就注定传统的智能优化与精确算法难以应用，而一般的启发式算法求解效果较差。

（6）对于空间高速移动目标跟踪，往往还存在跟踪轨迹预测误差问题。当对目标的跟踪间隙过长时，预测误差的积累可能导致目标的丢失。而目标的跟踪精度收敛效果是后验的，即在每次跟踪之后才能得到，这给目标的状态同样带来了不确定性。

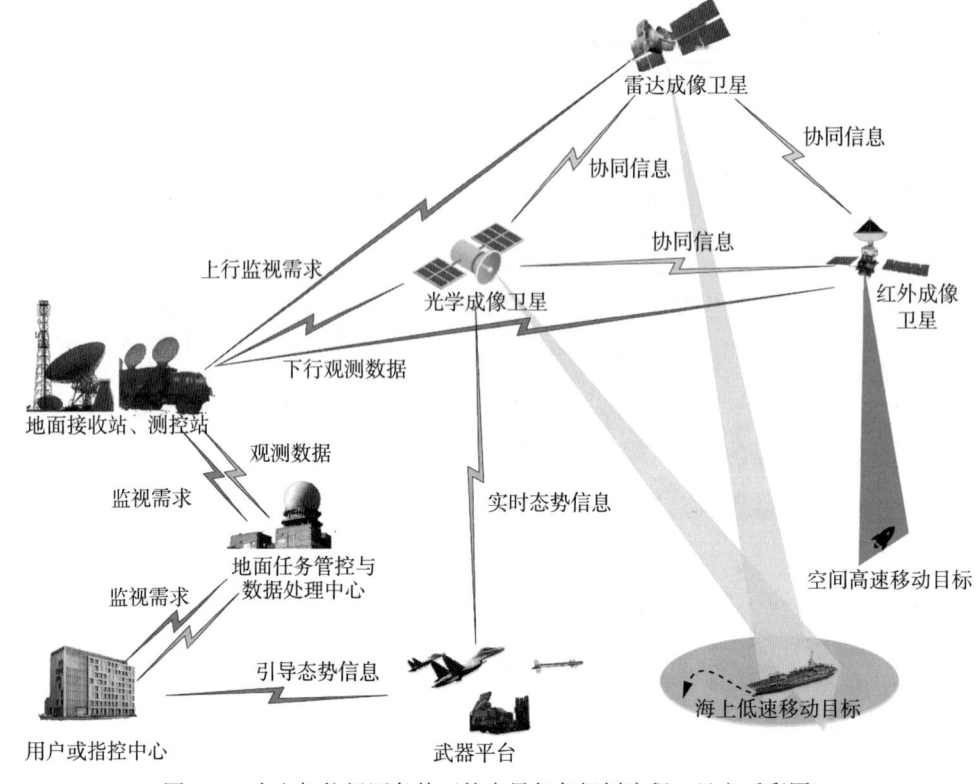

图 1.2　自主智能组网条件下的多星任务规划流程（见文后彩图）

受限于卫星轨道及星载载荷能力，单星难以完成对移动目标的跟踪任务。随着卫星数目的不断增加，多类型卫星和地面站的有效配合可以实现资源共享和优势互补，从而完成单星由于轨道及能力限制而无法完成的任务。携带不同载荷的多星协同对移动目标进行搜索，可以发挥不同载荷的优势，通过相互引导，采用多传感器数据融合技术获取信息，能够大大提高观测效果。多星协同的前提在于星间通信能力，随着我国星间链路的丰富和完善，星间的信息传输和交换能力日益增强，为多星协同创造了条件。

多星协同与自主调度能够提高卫星对多目标的跟踪以及对不确定事件的响应能力，该领域得到了世界各航天强国的重视，已有许多学者针对该问题展开研究。随我国遥感卫星技术的快速发展，我国相关人员已逐步开展了对敏捷卫星、快速响应卫星、星间组网、分离模块群等新型遥感卫星的研究工作，以满足日益迫切、复杂的军事情报保障需求和国土监测需求。新型遥感卫星涌现出全新的技术特点和应用模式，对卫星任务规划提出了新的问题。通过调研发现，目前对于移动目标跟踪的研究较少，对传统卫星管控模式下的研究居多，在这些研究中关注的更多是仅具有侧摆能力的非敏捷卫星,而对于新一代具备三轴姿态机动能力的敏捷卫星的研究较少。新一代敏捷卫星具备三轴姿态机动能力,这使得卫星对目标的观测窗口大大延长,成像活动可以在敏捷卫星对目标可见窗口的任意时刻开始[1]。同时,敏捷卫星在不同任务之间切换存在姿态转换时间,该时间依赖于前一任务的结束时间与紧后任务的开始时间。敏捷卫星的调度问题是一个具有时间依赖特征的调度问题,其已经被证明是一个 NP-hard(NP 困难)的组合优化问题[2]。此外,卫星任务规划存在诸多载荷、容量及时序约束,这些约束是硬约束,不可违反。

综上所述,由于移动目标具有意义非凡的应用前景和日益发展的卫星观测能力,有必要针对面向移动目标的多星协同与自主调度技术展开研究。

1.1.2 研究意义

移动目标的跟踪具备非常可观的应用前景和现实价值。随着卫星平台能力的提升以及通信网络的增强,传统的对地观测系统已经难以充分发挥卫星平台的能力,实现对移动目标的精确识别与跟踪,因此迫切需要多颗卫星之间的有效协同和优势互补,以完成单颗卫星因卫星轨道和载荷能力限制无法完成的复杂任务。同时,移动目标动态性需要系统响应及时,因此快速、高质量及精细化的求解多星规划问题是实现有效跟踪的前提。本书的研究意义具体如下。

(1) 理论意义。与传统成像任务调度问题相比,面向移动目标跟踪的多星协同与自主调度问题是一个由运筹学与人工智能等领域组成的交叉学科研究问题,具有以下特点与难点:第一,考虑目标运动不确定性和图像识别的概率性的调度问题,需要新的不确定性建模方法与转化方式;第二,面向移动目标的协同与自主调度问题,其在线动态调度特征对算法的时效性有较高要求;第三,具有三轴姿态机动能力的敏捷卫星存在时间依赖特性,问题求解空间复杂度较非敏卫星大幅增加;第四,移动目标虽然具备特殊性,但是多星系统(multi-satellite system,MSS)依旧面向多类型目标成像,设计合理、高效以及兼容的通用求解框架是首选之道。综上所述,面向移动目标跟踪的多星协同规划与自主调度问题属于一类复杂约束条件下的不确定性组合优化问题,对不确定环境下的大规模多机协同调度问题、具有时间依赖特征的调度问题及分布式架构下的多机协同问题等相关理论的研究具有重要意义。

(2) 实践意义。我国经济日益腾飞,面对复杂的国际环境和周边形势,为维护我国战略利益、及时感知国内及周边态势、有效应对突发事件,面向移动目标的多星协同规划与自主调度研究应用能帮助快速感知环境态势,及时对突发事件进行战术预判，为后续决策提供情报支撑和信息保障。卫星模块设计以及自主性提高有助于提高整个卫星系统的鲁棒性，同时降低卫星运营成本。卫星自主协同能够减少冗余数据、降低地面管控压力，具有一定的实践意义。

1.2 国内外研究现状与总结

通过上述分析可知，移动目标的跟踪需要及时响应其动态不确定性，而动态不确定性的度量是关键。本书的研究重点为移动目标的不确定性度量问题、敏捷能力下的单星自主调度问题以及多星自主协同规划问题。其中，移动目标的不确定性主要源于其运动特性，对目标运动进行预测能够形成目标不确定性的度量，因此本书将分析移动目标运动预测问题的研究现状。此外，移动目标跟踪依赖于系统的及时响应能力，快速且高质量地求解多星协同调度问题是实现有效跟踪的关键。为此，本书还对机器学习在组合优化问题中的应用现状进行研究总结，以便为本书关键技术研究提供指导。基于此，国内外研究现状分析分为移动目标运动预测问题研究现状、敏捷能力下的单星自主调度问题研究现状、多星自主协同规划问题研究现状以及机器学习方法在组合优化问题中应用现状 4 部分。

1.2.1 移动目标运动预测问题研究现状

移动目标的观测可以分为搜索发现和跟踪监视两个阶段，这两个阶段都依赖于已知信息对移动目标进行位置预测。对于搜索发现阶段，目前存在很多大范围感知探测手段（如超视距雷达以及宽幅探测载荷）能够提供早期发现信息，但是其精度通常达不到甄别要求，往往需要精度更高的探测载荷实施跟踪监视。对于跟踪监视阶段，面对众多移动目标，合理利用跟踪资源是关键，通过运动预测降低目标不确定性是前提。移动目标的预测已经不是一个新问题，其应用领域随着目标的不同而涉及广泛。本书以天基遥感平台关注的海洋舰船与空间飞行器移动目标为例，将目标预测方法分为以下几类。

1. 有模型的目标运动预测方法

（1）基于力学模型的运动预测。这种运动预测方法一般用在空间飞行器这类高速移动目标上，在目标不做主动运动的情况下，其受到的外力可以通过基本的受力参数（如地球引力、大气阻力等）构建动力学模型进行预测。在这种情况下，目标的运动往往比较规律，但是由于定位的误差及预测模型考虑的外力变化，目标运动预测会存在误差累积效应。张峰等[3]、王献锋等[4]、张晶和狄邦达[5]、黎慧等[6]通过对弹道导弹构建的力学模型进行预测，杜广洋和郑学合[7]则在力学模型基础上利用群内目标的相对运动关系提高预报精度。

（2）基于插值拟合的运动预测。插值拟合预测的思想是通过对目标历史位置的时序数据进行插值拟合，根据拟合的运动曲线对目标的运动进行外推预测其未来的位置。这种预测方法主要采用灰度拟合、时间序列、多项式拟合的方法[8-11]来预测舰船目标运动趋势。但是这种预测方法如果缺乏环境特征的约束，则往往会导致预测结果失效。

（3）基于网格状态转移的预测。这种预测方法在最优搜索论[12]中应用较多，通过将关注区域离散为网格可以将目标的移动转化为所处网格的转移，从而通过网格转移的概率分布来描述目标的位置分布。其优点在于能够利用概率推理、马尔可夫决策过程分析得到有用的结论并指导跟踪任务的选择。在移动舰船目标的跟踪中，慈元卓[13-14]采用了最优搜索理论，基于贝叶斯推理考虑目标网格转移概率实现对目标的预测。冉承新等[15]也采用网格预测模型对目标分布概率进行预测。徐一帆[16]虽然也采用了网格预测的方法，但是其根据不同模型的优势，提出了多模型融合的预测方法，实现多预测模型的优势互补。基于网格的预测能够实现目标运动状态与网格的关联，而网格的分解对求解效率十分关键。

（4）路径聚类相似匹配的预测。对于一些存在规避利害的主体，其运动时会选择最佳的运动路径以降低成本代价，如民用舰船在航行时会考虑路径的经济性因素。因此，通过对大量的航行数据进行聚类分析，能够得到具体环境下的典型路径集合，再结合预测目标运动轨迹特征进行典型路径的匹配，从而实现对目标的预测。Vasquez等[17]采用了路径聚类方法进行研究。此外，Fridman等[18-19]在KINGFISHER（翠鸟）[20]系统中引入的二阶马尔可夫链预测的方法本质上可以归类为一种多节点的路径聚类匹配的方法。

（5）目标跟踪理论的预测。基于目标跟踪理论的预测一般采用估计滤波算法（如卡尔曼滤波方法）对目标进行预测。以卡尔曼滤波方法为例，其通过目标预测的时间更新与目标状态预测的度量更新来实现对目标的预测。卡尔曼滤波方法更多地适用于带高斯噪声的匀速或近匀速直线运动模型预测[21]，采用卡尔曼滤波方法能够很好地实现对移动目标的短期预测[22-25]，但是其受限于带噪声的匀速直线运动，在进行长期的预测时，会导致准确性降低。

（6）运动约束的预测。基于运动约束的预测主要是根据对目标运动既有的认知参数，在预测目标时能够将目标的位置约束在某一区域之内。例如，低速运行的移动舰船目标，由于其必须满足一定的航行经济性、安全性与可行性要求，所以其运动难以超过其最大速度以及航向偏转角。比较典型的运动约束的预测方法有潜在区域预测法[26-27]，其思路是通过约束将目标的运动限制在圆形或者扇形潜在区域内。

2. 无模型的目标运动预测方法

这类方法主要为基于机器学习的预测。该类方法主要基于机器学习的方法训练目标运动的航迹数据以获取目标运动预测的网络模型。Mazzarella 等[28]对船舶自动识别系统（automatic identification system，AIS）数据进行了训练，训练采用人工神经网络模型，利用训练所得网络实现对区域船舶的轨迹预测；De Masi 等[29]在舰船的运动预测中提出了一种基于径向基神经网络的方法；Valsamis 等[30]在大数据流的基础上采用机器学习方法对舰船目标未来多个时刻的位置进行预测；徐婷婷[31]在其研究中设计了一种基于反向传播（back propagation，BP）神经网络的航迹预测模型；陈勇青[32]则进一步考虑海洋环境的干扰，通过结合长短期记忆（long short-term memory，LSTM）与 BP 神经网络模型的组合模型实现对舰船目标的预测。采用机器学习进行预测固然具有快速且较好的预测结果，但是往往依赖于训练数据，而且容易造成过拟合。对于缺乏历史数据或者具备对抗特征的目标，预测效果会变得低下。

除上述对移动目标的运动预测模型外，国内外研究学者还开展了一些关于移动目标跟踪监视的任务规划研究，但是这些研究大多局限在非敏捷卫星且卫星自主能力较差，卫星每次过境对目标只有一次观测机会，这在多星的协同跟踪方面降低了对多目标跟踪的效能。在海洋移动目标卫星任务规划相关研究中，能够检索到的较早的一项研究是澳大利亚国防科技局（defense science and technology organization，DSTO）所做的研究。在该研究中，Berry 等[33-34]提出了一种卫星组网传感器系统决策优化问题的一般性框架——高斯-马尔可夫和贝叶斯推理技术（Gauss-Markov and Bayesian inference technique，GAMBIT），在该框架下，网格划分方法被用于搜索区域的分解，并采用了基于贝叶斯信息准则的概率更新计算方法，在运动预测方面建立了基于高斯-马尔可夫的运动模型，目标是将信息熵度量的不确定性最小化。在后续研究中，Berry 等[27]提出了独立搜索、定位及跟踪 3 个阶段来描述移动目标的监视过程，采用 GAMBIT 完成各阶段目标，以实现监视效果最大化。此外，Fridman 等[18]基于数据学习构建了二阶马尔可夫链实现对目标运动的预测，并提出目标跟踪的机制，但是其研究缺乏卫星复杂约束与星间协同的考量，问题过于简化。

国内方面，卢盼[26]基于目标先验信息构建了海洋移动目标潜在区域，建立目标运动的预测模型和目标函数为移动目标发现概率最大的规划模型，并设计贪婪算法进行求解。慈元卓[13]针对移动目标跟踪提出了基于部分可观测的马尔可夫决策过程（partial observable Markov decision process, POMDP）的多星离线任务规划模型和基于模型预测控制（model predictive control, MPC）的多星在线滚动任务规划模型，并给出了相应求解算法。郭玉华[35]采用搜索发现与跟踪识别相配合的机制来解决移动目标的监视问题，在无先验信息条件下，设计了一种基于网格目标分布概率动态更新的算法；在先验信息部分已知的条件下，设计了自适应交互多模型移动目标跟踪监视的算法，较好地解决了该问题。徐一帆[16]针对海洋移动目标提出了多模型航迹预测方法，并在此基础上提出基于信息度量的单阶段与多阶段联合调度方法。王慧林等[36]利用目标先验信息动态构建移动目标潜在区域，建立其运动预测模型，并在此基础上建立卫星成像调度规划模型，设计遗传算法进行求解。王红飞[37]针对移动目标的多星协同任务规划问题，提出了高斯马尔可夫移动目标运动预测模型和目标概率分布更新模型，在任务规划中设计了自适应人工免疫遗传算法进行求解。高远[38]针对非合作移动目标进行了研究，基于合同网协议建立了多星协商任务分配与规划算法，但是基于协商的任务分配的机制通信频繁且效率低下，难以实现对移动目标的快速响应。Zhang 等[39]提出一种地面集中静态规划与星上动态规划响应目标的方式来实现对移动目标的协同跟踪，实现了星地协同与长短周期规划的结合，但是其考虑的星上自主能力有限，而且对算法的时效性缺乏具体分析。Zhao 等[40]考虑了多类型遥感卫星对舰船目标的快速搜索，实现了高低轨协同搜索目标，但是仅仅考虑了首次搜索发现，缺少后续跟踪的资源分配。

尽管针对移动目标的跟踪国内外已经开展了不少研究，但是随着卫星敏捷能力与自主能力的增强，很多规划架构与方法已经不再适用，尤其是以元启发式为代表的规划方法难以满足星上对不确定性因素的快速响应需求。

1.2.2 敏捷能力下的单星自主调度问题研究现状

技术的变革带来星上图像识别、自主管理等自主能力的增强，同时也使得卫星的姿态机动能力大幅提高。相对于仅具备单轴姿态机动能力的传统非敏捷卫星，敏捷卫星拥有灵活的三轴姿态机动能力，使其对任务的规划调度又多了一层连续变量的优化（即观测时间的选择），相比于传统的非敏捷任务规划问题（仅限于任务的选择）的求解更为复杂。

Lemaître 等[41]较早地引入了敏捷卫星调度问题，在描述问题时将其归结为基于观测目标选择和目标观测时间调度的组合优化问题，并给出相应优化模型。他还设计了贪婪算法、动态规划算法、约束规划算法和局部搜索算法进行求解，并指出 4 种不同的算法各有优劣，但均对敏捷卫星关键的时间依赖的姿态转换时间约束进行了简化。由于问题的复杂性,后续研究中少有学者提出了该问题的精确求解方法。其中,Wang 等[42]针对敏捷卫星提出了一种混合整数优化模型,它通过一些简化手段缩小了问题的求解空间,即在模型中将目标窗口连续的观测角度离散为 3 个观测角度,并将转换时间预先存储起来。Liu 等[43]、He 等[44]对前者的改进工作都提出了类似的混合整数规划模型,但是由于问题求解的复杂度较高,在求解规模稍大的算例时就会出现求解困难,最终采用自适应大邻域的元启发式方法进行求解。Peng 等[45]针对敏捷卫星调度问题考虑了时间依赖的目标收益与时间依赖的转换时间,在构建模型的基础上提出了一种基于局部迭代搜索的双向动态规划方法,该启发式方法优于大部分求解算法。Peng 等[46]在前面工作的基础上提出了一种精确求解算法,即以自适应双向动态规划方法求解多圈的敏捷卫星调度问题,该算法在求解质量上表现优异,但是采用剪枝策略的精确算法针对同规模不同算例的求解时间会相差很大,依然存在计算时效性问题。

在各类研究中,元启发式方法与启发式方法是用于求解敏捷卫星调度问题较为常见的方法。这些元启发式方法包括基于种群搜索的混合差分进化算法[1,47]、改进遗传算法[48-51]以及基于单点搜索的改进型模拟退火算法[48,52]、禁忌搜索算法[53-54]。启发式方法包括迭代局部搜索[55]以及基于优先级构造[56-57]的启发式算法。元启发式方法相比于一般精确算法求解质量差,但在计算时间上存在优势。启发式方法在求解时间上存在优势,但是其对问题的求解质量相对较差,难以发挥出敏捷卫星的性能。

上述针对敏捷卫星的离线任务规划算法虽然能够求解,在地面规划也能够部署,但是针对星上自主任务规划需要响应多种不确定因素的问题,其对问题的求解时效性仍待提高,在星上部署的可行性较低。当前,增强卫星自主能力以提高卫星对不确定性因素以及动态环境的响应能力,进而提升航天器的响应能力,是未来航天器发展的必然趋势,已受到越来越多研究者的关注。目前,已经投入使用的敏捷自主卫星系统主要包括地球观测卫星 1 号(Earth observing-1,EO-1)、FIREBIRD(focused investigations of relativistic electron burst intensity, range and dynamics)及 OptiSAR(optical and synthetic aperture radar)。

1. EO-1 敏捷自主卫星

EO-1 敏捷自主卫星源于美国国家航空航天局(National Aeronautics and Space Administration,NASA)的设计,具备图像识别与自主规划能力。利用星上图像识别能力,EO-1 能够探测到火山喷发、云层覆盖、地壳运动、冰层变化等关注事件并做出响应[58-59]。星上自主规划能力赋予了 EO-1 快速响应能力,Sherwood 等[60]对

EO-1 的调度机制进行了描述，指出其能够自主生成一个调度方案，并在后续中采用迭代改进的方式对约束以及冲突进行检查和消解。EO-1 采用的是自主调度与规划框架[61-62]（automated scheduling and planning environment, ASPEN），该框架具有完备的体系架构、建模语言与搜索引擎。ASPEN 框架提供了高效的迭代修复机制、在线重规划方法以及规划方案的优化等功能，有助于提高星上自主任务规划能力。在 ASPEN 的基础上，一种拓展的新框架——连续任务调度、规划执行与重规划（continuous activity scheduling, planning, execution, and replanning, CASPER）也在 EO-1 中得到实际应用。类似于 ASPEN，迭代改进是 CASPER 的主要规划方法，其通过迭代不断改进规划方案并能够根据环境进行快速响应，迭代的过程中在满足约束检查基础上能够采用最短时间完成任务的冲突消解[63-65]。星上图像识别、星上自主任务规划及可靠稳定的执行引擎都是 EO-1 必不可缺的，也是其关键技术所在，保证了星上对不确定性事件的快速响应[59,66]。

2. FIREBIRD 敏捷自主卫星

FIREBIRD 敏捷自主卫星能够通过自动探测火情等事件来触发星上有限的自主决策，其作为火灾识别系统的重要组成部分，能够对火灾源进行识别并对其位置进行提取[67]。星上图像识别能力对于自主卫星来说是一项必不可少的能力。

3. OptiSAR 敏捷自主卫星

相比于 EO-1 敏捷自主卫星与 Firebird 敏捷自主卫星，OptiSAR 敏捷自主卫星属于一类具有自主能力的卫星星座。OptiSAR 敏捷自主卫星具有两个轨道面共 16 颗由合成孔径雷达（synthetic aperture radar，SAR）和光学卫星组成的卫星，每颗 SAR 卫星和光学卫星构成一个组合，分布在两个轨道上。该系统通过 SAR 卫星的引入弥补了光学载荷的缺陷。首先，两种载荷卫星在空间位置相邻，能够同时对同一目标成像以获取更多的目标信息；其次，SAR 卫星的载荷能够对云层遮挡的目标成像，有效避免了光学载荷因云层遮挡的失效。

除上述系统与框架外，学者 Chien 等[68]提出了一种结合任务规划与任务执行的自主框架，该框架支持对事件的响应并能够根据环境特征自适应调整卫星当前的规划方案。此外，Chien 等分析了自主能力对技术卫星（technical satellite, TechSat）的影响，认为在线重调度、星上在线数据分析以及对模型的预估与控制等技术对星上自主能力是必要的，并对其规划框架进行了较为详细的介绍[69]。Myers 等[70]对不确定性动态环境的调度问题进行了研究，并提出一种具备生成规划方案、检测方案和修复方案等功能的求解框架。该框架能够根据星上环境的变化以及任务需求的变化来及时调整任务的调度与执行方案。同时，其还提供了用户接口，使用户能够介入方案生成、修改以及监督的环节。

除了对调度框架的研究，在单星自主调度算法方面也有不少学者设计了基于启发式或者元启发式的算法与机制。刘洋等[71]提出一种启发式迭代修复的方法来解决具有时间窗口的多资源动态调度问题，该方法在动态调度问题上取得了较好的效果。李玉庆等[72-73]研究了航天器自主规划系统，考虑了故障等紧急情况下的任务重规划问题，并对任务规划与执行中涉及的指令执行与状态监控进行了考虑。Lemaître等[74]提出了一种基于响应—优化框架的敏捷卫星自主调度方法，该框架结合了长期慎思型和瞬时响应型两种模型，以解决周期性批规划的缺点，其中设计的响应模块能够协调环境与优化模块之间的交互，在激活优化模块时能够给出一个满足卫星约束的可行规划方案。Beaumet等[75]考虑了云层条件对卫星成像的影响，通过云层探测器的检测对规划方案进行反馈，进而在线调度，以选择合适的观测角度避开云层影响，其通过约束满足问题的求解软件对任务姿态间的最短转换时间进行计算。此外，Beaumet等[76]设计了迭代随机贪婪的算法来对星上自主规划模块给的调度方案进行搜索优化，并采用前瞻机制来提高算法的搜索效率。Maillard[77]对星上资源消耗无法精确估计导致资源浪费的问题进行了研究，文中提出依据目标优先级调整目标的观测余量以提高资源使用效率。Liu等[78]分析了敏捷卫星调度问题的运行约束，对其在线调度设计了一种基于滚动规划的在线调度算法进行求解，并提出了一种结合规划、决策与反馈三个过程的自主规划架构。Liu等[78-79]考虑了具有时间依赖特征的卫星自主任务规划问题，针对星上动态的观测需求，设计了一种包含规划、决策、执行以及反馈的星上自主任务规划框架，在此基础上提出了一种启发式滚动算法来提高任务的收益。启发式算法虽然效率高，能够完成动态观测需求的响应，但是求解质量相对较差。Chu等[80]针对星上自主任务调度设计了一种实时分支定界方法，能够快速获得规划的最优解，但该方法基于紧前安排的条件，而且仅仅考虑了点目标的调度问题，对于超过30个目标的调度，其求解时间会因规模增长而变得难以接受。Song等[81]研究了面向应急任务的卫星自主任务规划问题，在构建约束模型的基础上，设计了三种应急任务快速插入算子，该算子保证了应急任务的响应与完成率。Nag等[82]研究了敏捷小卫星星座，其设计了动态规划的方法用于任务规划，并将该算法应用到卫星上，增强了卫星的自主性，但是其并没有提供星间的协同方式。She等[83]采用混合整数线性规划模型对敏捷卫星自主任务规划问题进行建模，并基于线性规划求解器进行求解。Mok等[84]采用一种快速启发式方法求解敏捷对地观测卫星的任务规划问题。Long等[85]研究了小卫星的自主任务规划问题，其构建了问题的约束满足模型，针对长周期任务规划需求采用滚动式规划，并设计改进遗传算法进行求解。

除上述精确求解、启发式与元启发式方法的应用外，一些以有监督学习与强化学习（reinforcement learning，RL）为代表的机器学习方法也被运用到敏捷卫星自主任务规划问题求解中，不过大部分忽略了一些时间依赖的关键性约束，从而将问题进行了简化。Li 等[86]针对动态生成的观测需求响应问题，提出采用"离线学习—在线调度"的方式解决星上自主任务规划问题，其在离线学习中通过神经网络训练观测需求的调度优先级。该训练数据基于遗传算法的调度结果，属于典型的有监督学习。该方式虽然能够快速获得较好的解，但是存在过拟合与难以超越原调度算法结果的问题。Zhang 等[87]考虑了敏捷对地观测卫星的自主调度问题，并设计了基于遗传规划（genetic programming，GP）的演化构造启发式对问题进行快速求解，求解的启发式规则基于 GP 训练得到，该方法能够快速得到较好的规划方案。Chen 等[88]在研究敏捷卫星自主调度问题时，受循环神经网络（recurrent neural network，RNN）和注意力机制的启发，提出了一种基于强化学习的端到端的求解方法，其训练的网络被视为一种复杂的任务决策规则，该方法比一般的启发式要优越和稳定许多。Wang 等[89]忽略了时间依赖约束，将成像卫星的在线调度问题建模为随机与动态的背包问题（knapsack problem），以最大化期望收益为优化目标，提出了一种神经网络与深度强化学习（deep reinforcement learning，DRL）的方法进行求解。Lu 等[90]为了响应星上动态变化的环境，提出一种基于学习的方法来解决敏捷卫星星上自主调度问题，其通过地面训练一个分类器供星上使用。分类器基于大量历史规划数据得到，能够对任务进行判断，分析是否安排任务，从而快速求解星上调度问题。但是基于数据的训练容易导致过拟合，在不同卫星、不同场景下调度效果会降低。He 等[91]针对单星自主调度问题采用马尔可夫决策过程（Markov decision process，MDP）进行建模，并设计了 Q 学习的强化学习方法。该方法能够快速生成较好的解，但是该建模过程将敏捷卫星时间依赖的转换时间处理为固定时间，简化模型的同时降低了敏捷卫星的效能。Herrmann 和 Schaub[92]研究了多地面站的单星在线任务规划问题，通过人工神经网络函数逼近由蒙特卡洛树搜索生成的状态-动作值估计进行求解，结果显示该方法比遗传算法要优越许多。Wei 等[93]在研究敏捷卫星自主调度问题时考虑了失败率与调度的时效性两个目标，并提出一种基于 DRL 与参数迁移的方法进行求解，参数迁移主要是指通过多目标加权转换为单目标优化的形式获得多个子问题，再通过强化学习求解多个子优化问题得到最终的帕累托解。Zhao 等[94]在研究敏捷卫星自主调度问题时设计了一种两阶段强化学习的神经组合优化方法，其中一种基于强化学习的网络用于选择任务的序列，另一种基于深度策略梯度的强化学习方法用于选择任务的开始时间,该两阶段方法对问题的求解具有较好的效果。Huang 等[95]提出了一种深度确定梯度下降的算法来解决连续时间的卫星调度问题,其采用一种改进的基于图的最小团划分算法用于任务聚类阶段的预处理,在求解该问题上得到了优于元启发式的结果。

1.2.3 多星自主协同规划问题研究现状

多星自主任务规划研究主要分为集中式与分布式多星协同任务规划两方面。对于集中式多星协同任务规划,通常在单星的基础上增加集中任务分配机制以实现简单的多星协同,规划在确定的主星上完成,再由通信链路实现分配。但是集中式方法鲁棒性较差,网络中心节点的故障可能导致整个系统的瘫痪,而且造成的计算负担也较为严重。分布式方法相对来说鲁棒性较好,但是由于规划需要获取尽量完整的全局信息,因此其严重依赖于通信网络。

对于多星协同规划,目前,有的研究基于集中式协同方式,将整个问题建模为整数规划模型并采用精确求解方法进行求解,这种方式由于问题复杂度高,很难实现大规模的协同。Wu 等[96]构建了双层调度算法,并引入基于图模型的任务聚类方法对多星协同问题进行求解。Kennedy[97]对由 18 颗立方体(cube)卫星组成的沃克(Walker)星座联合规划问题进行了研究,其采用了双层调度的方法,并以混合整数规划和深度优先搜索的方法解决资源的分配与调度问题。Kennedy[98]还在博士论文中开展了对地观测小卫星星座任务调度的研究,其将成像当作数据产生的节点,将整个星座的调度建模为一个数据流问题,并开发了分层小卫星星座规划和调度系统来解决数据路由和资源管理问题。在其求解框架中,地面采用集中式算法全局规划器(global planner),管理整个星座,星上则采用局部规划器(local planner)实时重新规划以处理紧急的观测任务。He 等[99]考虑了不确定及动态环境下的卫星在线决策与任务规划问题,其基于多智能体(agent)的马尔可夫决策过程提出了一种线性规划模型,在该模型中卫星根据自身状态采用地面计算的策略进行自主决策,并采用周期通信的方式改进总的收益,提高了星座系统对不确定环境的响应能力。但是其依赖 CPLEX 求解器进行求解,难以解决大规模的算例问题。Cho 等[100]研究了低轨敏捷卫星星座的任务调度问题,建立了二元线性规划模型,并基于混合整数线性规划求解器进行求解。

多星协同任务规划在自主条件下仍然包含资源分配和任务调度问题,但是重点在于如何自主地进行任务分配与协商。Picard 等[101]针对对地观测星座未来的挑战进行了描述:一是星座资源与地面站的配置问题,二是离线任务规划与调度问题,三是动态因素的快速和反应式在线调度方法。目前,对于多星协同任务规划大多采用元启发式与启发式相结合的方法实现资源分配与任务调度。李玉庆等[72]对自主规划预调度系统采用了分层结构的设计，能够实现动态指令的生成。Skobelev等[102]在研究多星自主协同时，将每颗星都当作一个智能体（agent），通过协商处理多颗星之间的冲突，设计了启发式方法进行单星任务调度的求解。He等[103]研究了分布式多星自主任务规划问题，其设计了一种基于规则的自适应调度算法与前向搜索的规划方法进行求解，星间通过多智能体（agent）黑板模型进行信息共享，提高了对地观测卫星的观测效率与可靠性。Li和Chi[104]考虑了星地一体的敏捷对地观测卫星的规划与调度问题，并设计了星地协同的框架，其中地面模块负责初始规划方案的生成，星上则根据任务的动态对原有方案进行调整，框架采用了基于规则的方法来解决复杂约束条件下的调度问题，该方法具有一定的可行性与合理性。He等[105]研究了集中式架构下的多星任务规划问题，其中心节点（即主星）根据调度周期与时间窗口过滤任务，其余属于边节点的卫星则采用一种基于剩余任务密度的构造启发式算法来进行任务的调度，该算法能够取得较好的时效性。Gao等[106]考虑了多点目标的多敏捷卫星任务规划问题，其在任务分配过程中采用基于最长时间窗口的方法，在单星任务规划中采用鲸鱼优化算法进行求解。Han等[107]考虑了云层覆盖不确定性下的多敏捷卫星任务规划问题，建立了约束规划模型，并采用抽样近似的方法计算云层覆盖不确定性下的观测收益，在求解中设计了一种基于快速插入启发式算子的改进模拟退火方法，提高了整体的调度收益。Wang等[108]考虑了云层覆盖不确定性下的多敏捷卫星鲁棒性调度问题，并提出一种混合列生成与模拟退火的启发式算法进行求解。Qi等[109]考虑了密集任务条件下的多星自主任务规划问题，提出了一种由任务预规划与任务重规划组成的两阶段耦合的求解方法。在第一阶段，基于合作与竞争机制以及动态调整方法，设计了一种进化蚁群优化（evolutionary ant colony optimization，EACO）方法，以获得多星预规划的最优解；在第二阶段，利用EACO方法产生的结果提出了一种交互式重规划方法，以便在发生故障时重新规划卫星无法执行的任务。

采用机器学习的方法能够实现集中式任务的快速分配，但是这种方法与单星自主任务规划优化效果息息相关，而不少研究在单星调度上对约束进行了简化。Chong等[110]在研究多星自主协同时对星间通信延迟进行了考虑，采用马尔可夫模型建模，并设计了一种基于多agent强化学习的方法对该问题进行求解。Yao等[111]考虑了多自主卫星协同任务规划的任务分配问题，在研究中采用了一种集中—分布式协同架构，在此架构基础上提出了10种分配策略，并采用支持向量机（support vector machine，SVM）实现不同场景下分配策略的选择，但仅限于两种策略的选择。Du等[112]针对大规模多敏捷卫星调度问题，提出了一种数据驱动的并行调度框架，该框架由一个调度概率预测模型、任务分配策略以及并行调度算法组成。调度概率预测模型采用协同增强拓扑神经进化（cooperative neuro-evolution of augmenting topologies，C-NEAT）方法预测任务被不同卫星完成的概率，通过该模型将任务分配给预测概率最大的卫星，从而将多星规划问题转化为多个单星规划问题，实现问题的快速求解。不过，该方法同样基于数据的有监督学习，存在一定的场景适用性。Ren 等[113]为增强自主卫星对应急任务的响应速度与稳定性，提出了一种分层强化学习的方法，其中基础层用于学习训练网络，顶层采用网络分配任务。该方法极大程度简化了卫星执行任务间的时间依赖于转换时间的约束，该约束对卫星来说是不可违背的硬约束，过于简化约束降低了方法在工程实际中的适用性。He 等[114]提出了一种面向复杂调度问题的两阶段求解框架，该两阶段分别基于马尔可夫决策过程（MDP）与混合整数规划建模。其采用强化学习求解马尔可夫决策过程建模问题，而混合整数规划方法通过运筹学（operations research，OR）方法求解，这两个阶段以迭代和交互方式执行，直到满足终止标准。该算法能够稳定高效地获得满意的调度方案。

对于分布式多星协同任务规划，目前主流的方法是采用基于多 agent 的协商分配方法，其中采用合同网消解任务分配冲突的情况居多。实际上，分布式多星任务协同很依赖于星间通信时延，其决定了分配的有效性和任务执行的可行性，但是少有学者考虑多星协同任务分配时的通信时延问题。Schetter 等[115]考虑了 TechSat 星座的协同规划问题，并根据卫星编队中不同卫星具备的自主能力，将卫星划分为 4 种智能水平的卫星 agent，进而组织不同智能水平的卫星协作完成任务。Van[116]、Van 等[117]在考虑多星协同时采用了基于市场的行为机制，使得具有最高投标的卫星可以执行相应任务。Bonnet 等[118]考虑采用协商的方法来降低集中式任务规划的复杂度，保证了系统的负载均衡。宋楠[119]针对区域目标的多星协同观测，设计了改进合同网的架构，并进行求解。Wu 等[120]考虑了多星协同规划的星间通信动态拓扑结构，提出预测通信链路的方法来进行多星协同。Li 等[121]研究了多星自主任务规划问题，提出了一种多自主卫星协同任务规划框架，并在该框架下设计了一种基于——Java 智能体开发框架（Java agent development framework，JADE）实现的 MSS，该系统分为单星自主层与多星协同层。Du 和 Li[122]针对多星自主任务分配和规划问题，提出了一种新的多维度和多 agent 簇协同模型（multi-dimensional and multi-agent clusters collaboration model，MDMA-CCM），该模型包括任务预处理、分配、调度与重规划功能，其中预处理负责任务的合成，分配过程基于合同网，调度负责对已分配给各卫星的任务进行详细的调度安排，重规划方法则采用一种交互式重规划方法。Yang 等[123]研究了不确定条件下的自主卫星在线协同与调度问题，提出了一种动态分布式协同架构，在此基础上设计了一种改进合同网的方法实现星间协同任务分配，采用黑板模型实现星间信息共享，并结合一种简单的启发式单星调度算法实现多星在线规划与调度。

1.2.4 机器学习方法在组合优化问题中应用现状

近年来，由于计算能力的提升，以深度学习为代表的机器学习方法逐步风靡以图像、语音、文本及视频处理为主的众多研究领域。机器学习相比于传统的启发式算法能够取得更好的求解结果；而与精确求解算法相比，在求解时效性上具有显著优势；而与元启发式算法相比，机器学习不仅胜在求解时效，还在求解质量上存在超越的可能。目前，机器学习中的方法可以简单分类为有监督学习、无监督学习和强化学习：有监督学习依赖于带标签的训练数据，其实际上是对数据规则的一种挖掘与拟合，因此，其训练效果也很难超越训练数据生成的算法；无监督学习的训练数据只具备特征没有标签，用于挖掘数据之间的内在联系与相似性，适用于分类和聚类问题；强化学习可以通过与环境交互产生训练数据与奖惩回馈，其训练数据在训练过程中通过更新的决策网络不断生成，结合神经网络的强化学习能够很好地实现对问题特征的挖掘，带来突破性的求解效果，不过相比于精确求解算法仍有差距。

面向移动目标跟踪的多星协同规划与自主调度问题属于一类不确定条件下的复杂约束组合优化问题，要实现对目标动态不确定性的快速高效响应，离不开对问题的快速、高质量与精细化求解。显然，以强化学习为代表的机器学习方法通过与环境的交互实现数据的自生成与自学习，进而形成高效的决策网络，不仅是求解该问题的最佳选择，也是目前实现星上自主的一种最佳选择。得益于目前时序关系网络的发展，机器学习方法在组合优化问题求解中已经取得了较好的效果，为本书提供了参考借鉴。

旅行商问题（traveling salesman problem，TSP）与车辆路径问题（vehicle routing problem，VRP）是经典的组合优化问题，结合神经网络的强化学习在解决组合优化问题上最开始突破的就是这两类经典问题。最早采用神经网络方法有效解决 TSP 问题的是 Vinyals 等[124]在 2015 年发表的研究成果。Vinyals 等采用机器翻译中的经典序列映射模型（sequence-to-sequence，Seq2Seq）建模组合优化问题，并提出一种求解问题的指针网络模型（pointer network，Ptr-Net），其采用监督学习的方式训练该网络，在 TSP 问题的求解上取得了较好的结果。有监督学习需要构造大量带标签的样本数据，因此在后续研究中引入强化学习进行训练。Bello 等[125]提出了一种结合指针网络与强化学习求解组合优化问题的框架，采用该框架对 TSP 问题进行了求解。在对网络的训练过程中,其采用城市之间的负距离作为训练的奖励信号,并采用策略梯度的方法优化网络参数,该框架用于背包问题同样取得了较好的求解效果。Dai 等[126] 提出了一种图嵌入模型与强化学习结合的方法,在训练得到图嵌入网络后经由该网络逐步构建解,该方法在最小顶点覆盖、最大切割以及 TSP 问题上取得了较好的效果。Nowak 等[127] 采用图神经网络的数据驱动模型对网络科学中的二次分配问题进行了研究,并取得了较好的结果。Nazari 等[128] 设计了一种端到端的求解框架用于求解 VRP 问题,其采用策略梯度的方法训练决策网络,取得了比启发式算法与 Google 的 OR-Tools 求解器更好的结果,并且在求解时间上具备优越性。Deudon 等[129] 提出了一种将机器学习与启发式算法结合的方法来解决组合优化问题,除采用神经网络做预测、强化学习做训练外,其还提出采用 2-opt 的启发式算法对求解结果进行增强优化,取得了与高性能启发式算法 OR-Tools 一样好的结果。Kool 等[130] 将注意力(attention)机制引入神经网络,并基于强化学习进行训练,在 TSP、VRP 以及定向问题(orienteering problem,OP)上取得了比 Ptr-Net 更好的求解效果。Li 等[131] 采用图卷积神经网络与强化学习相结合的方法,网络用来预测图中顶点作为最优解中顶点的可能性,并采用树搜索替代以往的贪婪规则进行求解,获得了与高度优化的最先进启发式求解器相当的性能。Ma 等[132] 提出了一种图指针网络(graph pointer networks,GPN)来求解 TSP 问题,该网络建立在 Ptr-Net 基础上,在 Ptr-Net 的输入端引入图嵌入层来构建节点之间的关系,并通过强化学习来学习分层策略,以在约束下找到最佳城市排列。Manchanda 等[133] 提出了一种将图卷积(神经)网络(graph convolutional network,GCN)与 Q 学习结合的 GCOMB 框架,该框架采用强化学习中的 Q 学习训练 GCN,取得了比一般学习组合算法快 100 倍的效果。Joshi 等[134] 引入深度图神经网络解决 TSP 问题,其同样采用强化学习对网络进行训练并采用束搜索进行解的搜索,将 100 个节点的平均最优性差距从 2.26% 减小到 1.39%。Lu 等[135] 研究了带容量的 VRP(capacitated vehicle routing problems,CVRP),采用迭代搜索思想寻找最优解,在迭代过程中使用强化学习选择改进算子,取得了较好求解效果。Li 等[136] 同样采用端到端的 DRL 解框架,并将其用于求解多目标优化问题。其思想是将多目标分解为多个标量的优化子问题,然后基于训练的 Ptr-Net 对子问题进行逐个求解。该研究的本质在于结合了多目标分解的思想。

与强化学习结合的神经网络模型能够通过训练得到求解问题的优质决策网络,但是其求解过程被视作"黑箱"模型,难以被解释。采用神经网络去求解问题更类似于作预测(predict)而非解释(explain)。另外一种比较有意思的无监督学习方式，即 GP 及其变体基因表达式编程[137]（gene expression programming, GEP）能够演化出可解释的决策规则。GP 或 GEP 采用的是经典的演化算法架构，与演化算法种群中的个体不同的是，其个体并非表征问题的一个解，而是某种求解规则，该种求解规则可以在适应度评估中用于对训练场景进行求解。GP 或 GEP 演化的规则可以转化为表达式树，进而能够帮助人们更为直观地发现问题特性。GP 或 GEP 算法本质是对问题求解规则的一种演化，从某种意义上可以归类为机器学习中的无监督学习，其中 GEP 采用的线性编码方式比经典 GP 更高效。朱明放[138]采用 GEP 问题对 TSP 问题进行了求解，取得了较优的结果。朱明放等[139]同样采用 GEP 解决了任务指派问题。邓松等[140]采用 GEP 解决了网格资源分配问题。Sabar 等[141]采用 GEP 构建了一种超启发式求解框架，针对多种组合优化问题取得了较好的效果。Zhang 等[142]对动态车间调度问题进行了研究，提出了一种基于改进基因表达编程算法的动态调度框架来构建调度规则，取得了很好的求解效果。Ozturk 等[143]研究了动态多目标柔性车间调度问题，并采用 GEP 提取调度问题的复合优先级规则，能够产生更好的解。Zhang 等[144]研究了不确定需求下混合模型多人装配线的均衡问题，旨在通过鲁棒的混合整数线性规划模型和嵌入调度规则的鲁棒解决方案生成机制来优化装配线配置，其采用的 GEP 演化规则能够快速生成线路配置。实验显示，对于大型实例，采用 GEP 演化的调度规则优于其他启发式规则。

1.2.5 现状分析与总结

从上述研究现状分析中可以看出，目前星上自主任务规划是趋势也是众多学者研究的热点，在研究理论、求解方法以及实际应用中都取得了丰硕的成果。这些成果为本课题的研究提供了很好的借鉴与参考，同时为本书研究奠定了一定基础。但是，研究面向的成像目标以静止目标与区域目标居多，面向具备动态不确定性的移动目标的研究较少。面向移动目标跟踪的多星协同规划与自主调度仍有许多问题亟待解决，主要内容如下。

1. 缺乏面向移动目标的星上自主任务管理设计

完整的星上自主任务管理应当面向目标的全周期、全寿命管理，包括目标的状态维护、运动预测、跟踪任务生成以及跟踪任务属性配置。对于移动目标这类典型的动态性目标，目前尚缺乏相关研究对其星上自主任务管理进行设计。关于目标运动预测，尽管目前存在较多的移动目标预测模型，其研究方法涵盖了从经典的轨迹拟合到机器学习轨迹预测，但是缺乏对抗博弈特征下的移动目标预测模型，而且在缺乏历史数据的情况下，无法采用机器学习等方式实现对移动目标的预测。最后，目标的诸多不确定性需要转化关联到卫星的跟踪任务上，以便跟踪任务的调度，而目前研究仅仅限于简单的运动预测与任务选择机制。

2. 缺乏统一的多星自主协同问题的求解框架

本书关注两类典型的移动目标，即海洋低速移动目标与空间高速移动目标，构建统一的求解框架以实现星上自主模块的设计有利于问题的快速分解与求解。此外，目前关于静止目标与移动目标的任务规划研究往往采用两套不同的系统与求解框架，对于静止目标通常采用长期滚动规划的机制，对于移动目标通常采用实时决策机制，前者为组合优化问题，后者为最优决策问题。实际上，成像的载荷具有一定的通用性，可以采用合理设计短期的滚动规划机制进行统一，因此构建兼顾静止目标的任务规划求解框架十分必要。

3. 缺乏快速度、高质量以及精细化的星上自主任务规划方法

移动目标的动态不确定性导致跟踪任务频繁生成，星上自主任务规划依赖于快速、高效的求解方法。目前，尽管有一些学者提出了基于机器学习的快速求解方法，但大多数忽略了敏捷卫星时间依赖的转换时间这一关键约束特征，使得研究成果很难面向实际应用。因此，设计快速高效求解复杂约束条件下的星上自主任务规划问题的求解方法值得研究。

4. 星上快速任务分配或者协商机制有待完善

海洋低速移动目标与空间高速移动目标对系统响应的时效性不同，对星间通信链路的时延也存在差异。目前，尽管已有研究提出了一些快速分配策略，但都局限于应用场景。如何在有限的通信条件下，实现星上任务的快速高效分配或者星间的协商，是多星协同规划的关键所在。

此外，机器学习方法在组合优化问题的应用为本书解决面向移动目标跟踪的多星协同规划与自主调度问题提供了参考借鉴。将机器学习方法引入问题进行求解，以快速、高质量以及精细化求解响应目标动态不确定性是一个非常有意义的研究方向。

1.3 本书主要工作

1.3.1 研究内容

区别于静止目标的观测，移动目标具有运动不确定性，而传统的"地面规划 + 星上执行"卫星管控模式受限于星地测控网络间歇连通性，难以实现对目标的及时响应与有效跟踪。随着星上计算能力、星上图像识别技术以及星间通信能力的提升，实现星上完全自主与智能调度成为可能，从而形成对移动目标跟踪反馈的高效闭合回路以达到对其态势的获取。本书着眼于面向移动目标跟踪的多星自主任务规划与自主调度研究，重点关注以天基遥感卫星为观测平台的两类移动目标，即海洋低速移动目标（非时敏移动目标）与空间高速移动目标（时敏移动目标（time-sensitive moving target，TSMT）），展开相关研究。具体研究内容如下。

1. 面向移动目标跟踪的多星协同规划与自主调度问题通用求解框架

移动目标动态不确定性使得其跟踪明显区别于静止目标的观测，由于资源存在一定的共用性，星座资源不可能仅仅服务于单一类型目标，通用求解框架的设计需要兼顾对多类型移动目标和静止目标的观测。此外，由于卫星能力差异及通信链路的差异，框架需要考虑多种协同架构的兼容性。基于上述两点，本书提出一种分层式、模块化的多星协同规划与自主调度通用求解框架，该框架包括星上自主任务管理层、星间自主任务协同层以及星上自主任务调度层，支持不同资源协同方式下的模块组合与顺序搭配。基于该框架，通过对非时敏与时敏移动目标跟踪问题的分析，本书提出了面向非时敏移动目标跟踪的集中—分布式协同架构与面向时敏移动目标跟踪的具有互斥目标池（mutually-exclusive target pool，METP）的分散式协同架构，并实现问题在不同架构下的分解。

2. 面向移动目标跟踪的星上自主任务管理

星上自主任务管理模块负责目标动态不确定性向定量化属性描述的任务转化，其依赖于目标运动建模与资源领域知识构建两者之间的关联关系。本书基于移动目标运动预测、星上自主任务生成与优先级统筹三部分构建星上自主任务管理模块。对于非时敏移动目标，在集中—分布式协同架构下，采用基于高斯分布的双约束预测模型实现运动预测，构建任务生成决策树实现对任务的生成，设计多层级任务优先级统筹实现对生成任务的优先级配置；对于时敏移动目标，在分散式协同架构下，结合椭圆轨道与龙格-库塔（Runge-Kutta）积分方法进行轨迹预测，引入动态优先级实现对目标优先级的统筹。

3. 面向非时敏移动目标跟踪的单星自主任务调度问题

面向非时敏移动目标跟踪的单星自主任务调度问题（single-satellite autonomous task scheduling problem，SSATSP）属于典型的复杂约束条件下的组合优化问题，本书在约束建模的基础上引入时姿邻接图模型描述问题，基于动态规划思想与序列解构造思想，实现问题向 MDP 的转化。在求解过程中，采用图注意力网络（graph attention networks，GAT）对问题特征进行提取，采用 DRL 方法对网络进行训练，最终获得求解问题的最优决策网络。该方法能够快速获取优于启发式方法、经典元启发式方法以及深度 Q 网络（DQN）算法的解，从而有效求解面向非时敏移动目标跟踪的单星自主任务调度问题（SSATSP）。

4. 面向非时敏移动目标跟踪的多星协同任务分配问题

面向非时敏移动目标跟踪的多星协同任务分配问题（multi-satellite collaborative task assignment problem，MSCTAP）旨在通过快速的任务分配，将星上自主任务管理模块生成的任务分配给各卫星，实现多星协同任务规划的收益最大化。本书针对非时敏移动目标跟踪的 MSCTAP 进行了描述并建立了整数规划模型。考虑到求解的时效性，基于序列解构造思想在多步序列化决策上采用演化规则求解该问题。本书采用领域知识设计了多种启发式规则求解问题，在引入自适应算子条件下获得 3 种较优的决策规则。在此基础上，本书提取问题的 16 个特征并采用 GEP 对问题求解规则进行演化，最终得到求解该问题的最优决策规则。研究结果显示，该演化规则优于所提取的三类较优规则，并取得了接近元启发式方法的求解质量，该方法能够有效求解面向非时敏移动目标跟踪的 MSCTAP。

5. 面向时敏移动目标的多星自主协同任务规划问题

相比于非时敏移动目标的跟踪，面向时敏移动目标的多星自主协同任务规划问题（multi-satellite autonomous collaborative task planning problem，MSACTPP）依赖于更短的决策周期，通过星上快速决策、调度与协同实现对目标不确定性的及时响应。本书在分析时敏目标独有特性的基础上，对具有 METP 的分散式协同架构进行了具体设计。采用 MDP 实现单星自主任务调度的建模，并基于分散式 MDP 实现对多星协同任务规划的建模。本书针对问题求解的难度进行了分析，在此基础上，采用基于知识规则实现包括目标决策、候选子任务生成以及候选子任务选择的单星自主任务调度求解方法。另外本书针对星间在线协同设计了基于需求—响应（request-response based，RRB）的任务规划冲突消解机制，并考虑了 METP 中目标的维护与转移策略来提升系统的整体效益。研究结果显示，该方法与机制能够有效求解面向时敏移动目标的 MSACTPP。

1.3.2 组织结构

本书依据"先总体后局部"的方式对研究内容展开描述，总共分为 7 章，其组织结构如图 1.3 所示，每章对应的结构块涵盖了其研究的子内容，结构块内与结构块之间的连接线分别表征了章内子内容的序关系与章之间的序关系。

图 1.3 本书组织结构

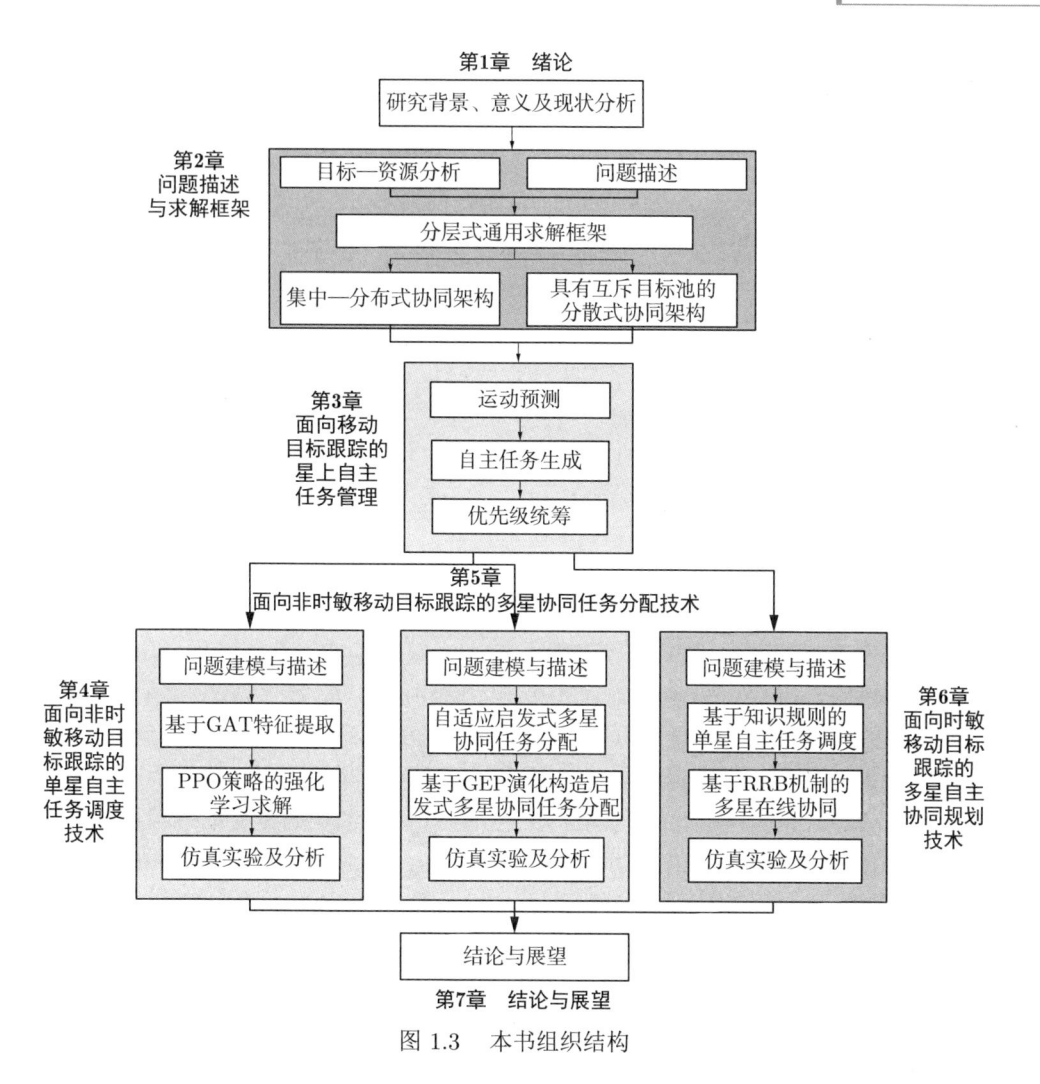

第 1 章为绪论，主要对问题的研究背景、研究意义以及研究现状进行阐述，并对本书的研究内容、创新点以及组织结构进行了介绍。

第 2 章介绍研究问题的分析与通用求解框架的设计。在针对目标—资源分析之后，对研究问题进行了描述分析并设计了分层式通用求解框架。在通用求解框架基础上，针对非时敏移动目标与时敏移动目标跟踪设计了不同的多星协同架构。

第 3 章中引入了时敏移动目标与非时敏移动目标的星上自主任务管理问题，针对星上自主任务管理中的目标运动预测、星上自主任务生成以及优先级统筹三个模块进行了详细设计与介绍。

第 4 章针对集中—分布式多星协同架构下单星自主调度问题提出了一种基于

GAT 与近端策略优化（proximal policy optimization，PPO）的 DRL 求解方法。在问题建模的基础上，考虑了决策网络的特征提取与结构设计，并提出采用 DRL 方法进行网络训练，通过实验验证算法的可行性与有效性。

第 5 章针对集中—分布式多星协同架构下 MSCTAP 提出了一种基于 GEP 的演化构造启发式求解方法。在对问题进行描述与建模的基础上，采用 GEP 对问题的求解规则进行演化，最终通过实验检测了演化规则的效能。

第 6 章论述在具有 METP 的分散式多星协同架构下面向时敏移动目标跟踪的多星协同规划与自主调度问题的求解。针对该问题设计了基于知识规则的单星自主任务调度方法以及 RRB 的多星协同任务冲突消解机制，并通过实验验证该算法的有效性以及优化了该算法的参数。

第 7 章为结论与展望，该章概括性总结本书的主要工作，并对下一步的研究提出展望。

1.3.3 创新点

本书的研究工作主要涵盖了以下 5 个创新点。

（1）针对面向移动目标跟踪的多星协同与自主调度问题，提出了一种分层式通用求解框架。该框架采用分层式处理的思想，能够实现所研究问题的分解与解耦，降低问题求解的复杂度。同时，星上自主任务管理层的设置能够很好地兼容对传统静止目标的观测。

（2）针对非时敏与时敏两类移动目标，具体设计了其星上自主任务管理模块，能够实现星上目标的自主管理。星上自主任务管理分为目标运动预测、自主任务生成以及优先级统筹，负责将目标的不确定性转化为定量化属性描述的任务。针对非时敏移动目标，提出了基于高斯分布的双约束预测模型，并构建了自主任务生成决策树，引入了多层级任务优先级统筹策略；针对时敏移动目标，采用基于椭圆轨道与龙格-库塔积分结合的目标预测模型，并引入动态优先级实现对目标的动态属性配置。

（3）在集中—分布式协同架构下，针对非时敏移动目标跟踪的 SSATSP，提出了一种基于 GAT 与 PPO 的 DRL 求解方法。在建模过程中引入时姿邻接图模型对问题进行了描述。借鉴动态规划与序列解构造思想，将问题的约束模型转化为 MDP 模型。在问题求解中，采用 GAT 对问题进行特征提取，并基于 PPO 的 DRL 对网络进行训练。该方法能够快速、高质量及精细化地求解 SSATSP。

（4）在集中—分布式协同架构下，针对非时敏移动目标跟踪的 MSCTAP，提出了一种基于 GEP 的演化构造启发式求解方法。建模过程中对问题进行描述并建立了整数规划模型。借鉴序列解构造思想在序列化决策过程中采用演化规则求解该问题，首先基于领域知识提取了问题的特征，随后采用 GEP 对问题求解规则进行演化。该方法演化的规则同样能够快速、高质量地实现星上任务分配。

（5）在具有 METP 的分散式协同架构下，针对时敏移动目标跟踪的 MSACTPP，设计了一种基于知识规则的分散式多星自主协同任务规划方法。采用 MDP 实现单星自主任务调度的建模，并基于分散式 MDP 实现对多星协同任务规划的建模。同时，进一步提出基于知识规则求解 SSATSP 的方法。而后，对星间在线协同设计了 RRB 的任务规划冲突消解机制来提升系统的整体效益。该方法能够有效求解面向时敏移动目标的 MSACTPP，具有星上部署的实用性。

第2章

问题描述与求解框架

本章主要对面向移动目标的多星协同规划与自主调度问题进行描述、界定与梳理，并提出针对该问题的通用求解框架。首先，对目标—资源的关系进行分析，明确移动目标与天基成像卫星资源的特性，框定问题的目标与资源边界，并在此基础上梳理问题的约束特征与优化目标；其次，面向该问题的特征提出一套通用求解框架；最后，在通用求解框架下，针对不同类型移动目标，设计多星协同的架构并对问题进行分解形成对应的子问题，为后续分层模块化求解该问题奠定基础。

2.1 目标—资源分析

相比于静止目标的位置确定性，移动目标最大的差异主要源于其运动特征带来的位置不确定性，尤其是具有对抗博弈特征的移动目标。受限于天基成像卫星资源的平台机动能力与载荷探测能力，移动目标的搜索、跟踪极为困难。面向多个移动目标的搜索与跟踪，给多类型的天基成像卫星资源的规划带来更为严峻的挑战。这里主要分析目标与资源的特性，并对问题涉及的目标与资源属性进行界定。

2.1.1 移动目标特征与分类

移动目标的运动带来的位置不确定性是其主要区别于静止目标的特征。本书主要从运动时敏性与运动规律性两个维度出发，分析移动目标的运动特征，进而依据运动特征对目标进行分类。运动时敏性（motion time-sensitivity）与运动规律性（motion regularity）的标准定义如下。

定义 2.1 运动时敏性：目标运动速度相对于观测资源载荷探测范围的敏感性。通常，目标的运动速度越快，其脱离载荷探测范围的时间越短，在一个跟踪规划周期内，观测资源需要对目标变化做出的响应越快。这一目标的运动特性，称为目标的运动时敏性。

定义 2.2 运动规律性：目标运动轨迹的规律性特征。目标运动轨迹越规律，越服从于物理定律构建的运动模型，其运动轨迹可预测性越强，运动带来的位置不确定性越低。对于对抗博弈特征明显的移动的目标，其运动轨迹规律性较低，运动轨迹的可预测性较弱。

图 2.1 所示为运动时敏性与运动规律性双维度下移动目标分类的坐标图与维恩图。本章研究根据上述两个维度特征，将移动目标划分为以下 4 类。

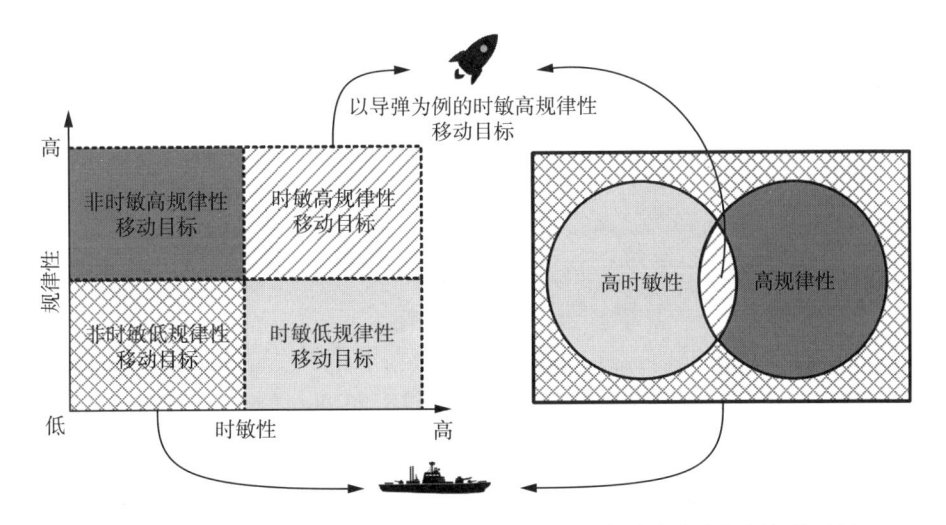

图 2.1　运动时敏性与运动规律性双维度下移动目标分类的坐标图与维恩图

（1）非时敏低规律性移动目标。这类移动目标运动速度较低，但是运动不具备规律性。该类目标典型的有海洋舰船，正常情况下，舰船携带船舶自动识别系统（AIS），能够发布舰船的位置、航速以及航向信息。但是，在对抗博弈条件下（如海盗船反侦测场景），AIS 会被关闭，感知系统对舰船的运动不再具备认知性。

（2）非时敏高规律性移动目标。这类移动目标运动速度较低，同时运动具备一定的规律性。该类目标典型的有陆地移动车辆，通常车辆沿道路行驶，运行轨迹趋势明显，因此能够对其做出合理可靠的运动预测。

（3）时敏低规律性移动目标。这类移动目标不但具备高的运动速度，而且运动繁杂多变，运动轨迹难以预测。这类目标典型的有亚轨道空间飞行器、高超声速武器以及无人飞行器等。

（4）时敏高规律性移动目标。这类移动目标运动速度较高，但是运动往往遵循一定的规律。该类目标通过运动预测增强跟踪系统的自主响应能力，能够实现对目标的有效跟踪。这类目标典型的有民航客机、轨道飞行器以及弹道导弹等。

在上述 4 类移动目标中，第二类移动目标由于其非时敏高规律特征，在搜索跟踪处理方式上与静止目标相比，只需要增加简单的运动预测即可。第三类移动目标的跟踪，相对来说是比较困难的。第三类移动目标需要分配专属的、具备灵活机动能力的资源对目标进行实时跟踪与策略响应，跟踪依赖于资源平台的实时姿态控制能力，这属于自动化控制领域，并非本书所属的管理调度领域。尽管天基遥感资源的覆盖范围较广，但第三类移动目标的跟踪更加适合大型主动雷达。故此，本书的重点将放在第一类与第四类移动目标的跟踪，通过资源的合理分配与调度实现对关注目标的跟踪效能最大化。当然，本书研究的解决框架、机制与方法是能够兼容第二类移动目标与传统静止目标的观测需求的。为了方便，后续章节中将第一类目标简称为非时敏移动目标，将第四类移动目标简称为时敏移动目标。

2.1.2　天基遥感卫星资源特征与分类

对天基遥感卫星资源的成像原理与特征进行分析，不仅能够对不同载荷的探测任务具备基本的认知，而且能够帮助后续建模对天基遥感卫星资源进行约束梳理。当前，遥感卫星资源搭载的探测载荷主要可以分为电子、光学、红外以及合成孔径雷达（SAR）卫星。不同载荷承受着不同的载荷约束与外部环境限制，能够探测不同的信息，并能够通过信息的融合实现对目标的有效感知。这 4 类不同的载荷主要采用以下 3 种不同的成像或探测方式，如图 2.2 所示。

（1）框幅式被动成像。如图 2.2（a）所示，其成像原理与普通相机类似，搭载的传感器能够瞬间对捕捉视场进行感知记录。本书中红外载荷成像采用框幅式成像方式，卫星利用连续多帧成像技术及平台位置信息，结合图像识别技术生成位置向量差分信息。之后，再通过预测模型实现对移动目标的运动预测。

（2）推扫式主动成像。如图 2.2（b）所示，利用载荷探测器阵列在地表的投影移动实现对目标条带的积分成像。本书中光学与 SAR 卫星采用推扫成像方式，尽管 SAR 卫星也存在点聚束模式，但是采用推扫模式的效率更高。光学与 SAR 卫星能够通过星上图像识别算法，实现对目标的定位与航向判别。另外，SAR 卫星还能实现对目标航速与材质的识别。

(a) 框幅式被动成像原理

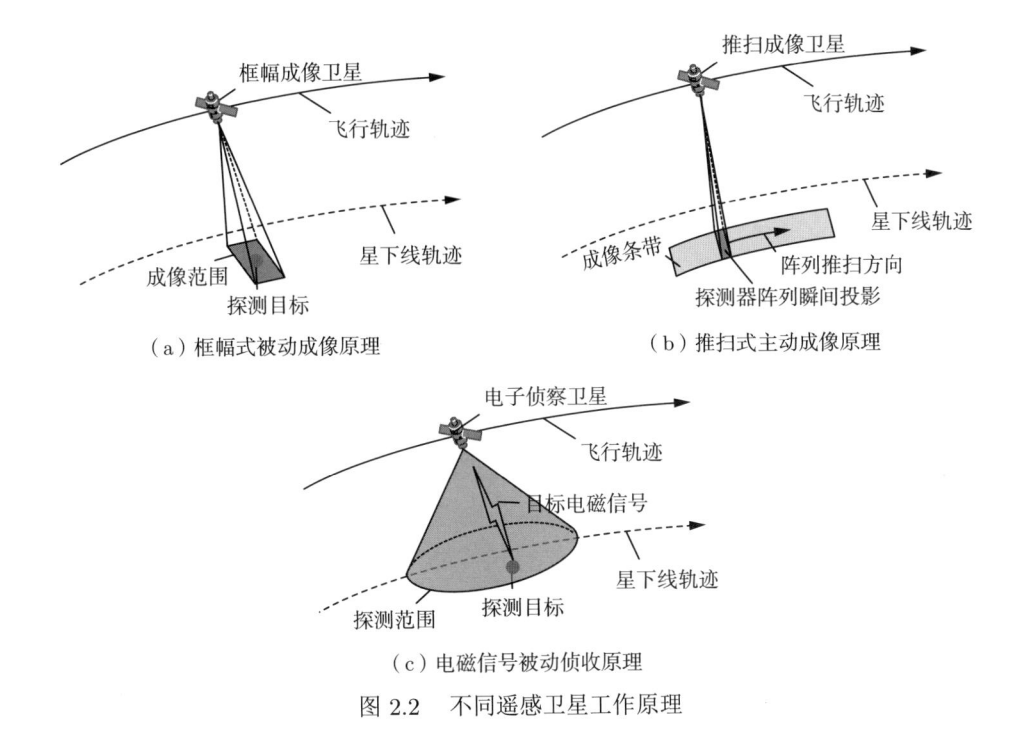

(b) 推扫式主动成像原理

(c) 电磁信号被动侦收原理

图 2.2 不同遥感卫星工作原理

（3）电磁信号被动侦收。如图 2.2（c）所示，搭载电子侦测载荷卫星在其探测范围内能够被动接收处理电磁信号，实现对目标的定位。电子侦察卫星的探测范围很广，通常能达到几百千米甚至几千千米。

此外，从遥感卫星所处的空间位置来划分，处于不同轨道高度的卫星可以分为高轨、中轨与低轨卫星，其对地面、空中以及空间目标在空间和时间上的覆盖属性是不一样的；从平台敏捷性能来划分，遥感卫星可以分为敏捷卫星与非敏捷卫星，其中敏捷卫星具备三轴姿态机动能力，其姿态机动更加灵活，对过境目标的可见时间更长，但一般比非敏捷卫星的成像幅宽窄。差异化轨道特征、载荷与敏捷性能的遥感卫星资源各有优劣，搭配结合能够进行优势互补，具体资源特征分析与分类见表 2.1。

2.1.3 面向移动目标跟踪的星座资源

前面通过对目标与资源的特征进行分析，帮助了解了目标与天基遥感卫星资源的不同特性。本节主要介绍针对上述非时敏与时敏两类关注的移动目标所采用的星座资源，以完成对问题资源边界的界定。

表 2.1　遥感卫星资源特征分析及分类

卫星资源分类方式	卫星类别	优点	缺点
轨道高度	高轨卫星（大于 20 000 km）	以地球同步静止轨道卫星为主，高度在 36 000 km 左右。具备大范围感知、持续跟踪能力	分辨率较低，仅限于对特定区域的持续监视
	中轨卫星（2 000～20 000 km）	对目标过境窗口较长，成像分辨率较高	对目标的重访时间较长
	低轨卫星（200～2 000 km）	成像分辨率很高，目标重访时间较短	对目标过境窗口较短，能够实现全球区域观测
载荷类型	电子载荷	侦收电子信息，能够达到几千千米的覆盖范围，目标匹配速度快，定位精度较高	受限于电子指纹库信息匹配，并且对电磁静默目标无法感知
	光学载荷	采集目标光学信息，实现精准定位、目标识别	受气象条件影响较大，无法获取目标速度方向信息
	红外载荷	探测红外信息，结合多载荷能够实现定位与测速	仅仅能探测热辐射目标
	SAR 载荷	实现目标定位、速度方向测量以及目标材质识别，不受气象条件影响	主动成像能耗较高，尤其是采用高分辨率模式时
敏捷类型	敏捷卫星	具备三轴姿态机动能力，姿态机动灵活，对目标覆盖时间较长	一般平台搭载窄幅高分辨率载荷，载荷覆盖范围较小
	非敏捷卫星	一般平台搭载宽幅低分辨率载荷，载荷覆盖范围较大	仅仅具备侧摆单轴姿态机动能力，对过境目标只有一次成像机会

首先面向移动目标的卫星任务规划主要分为目标搜索与目标跟踪两个阶段。这两个阶段是可以相互剥离的，本书考虑目标跟踪过程时忽略目标搜索过程，主要出于以下两个原因。

（1）目标搜索与目标跟踪是两类不同的问题，具备时序先后关系，但是目标搜索的解决方式已经比较成熟，而目标跟踪的挑战难度更大。目标搜索旨在实现对潜在区域的覆盖，以达到首次发现的目的，该类问题成熟的解决方法是将搜索转化为集合覆盖，建立以最大化区域覆盖率或者最短覆盖时间为优化目标的模型进行求解[145-146]。

（2）移动目标搜索过程的目的是获取位置先验信息，但是目前先验信息获取手段已经多样化，难以凸显卫星资源在搜索过程的优势。采用多颗成像卫星对大区域进行搜索，即使是宽幅卫星，也存在资源浪费与时效低的问题[18]。同时，目前的一些路基超视距雷达探测范围能够达到几千千米，在获取先验信息方面更加具备时效性的优势，当然也存在定位精度低、识别困难的问题，所以需要结合天基卫星资源的优势达到对目标的有效跟踪与精准识别。

移动目标先验信息无论是来自星座的搜索还是其他探测体系（如电子卫星探测的信息作为整个系统的先验信息进行引导），都可以作为后续目标跟踪的输入。对于非时敏与时敏两类关注目标的跟踪，本书背景中分别采用了以中低轨结合的 SAR 卫星与光学卫星兼具的星座和低轨红外载荷卫星星座对目标进行跟踪。

从轨道分布上讲，低轨卫星虽然对全球的覆盖能力较强，具备较高的分辨率，但是对地目标过境窗口有限；中轨卫星对地目标具备较长的跟踪窗口但对目标的重访时间间隔较长，其成像幅宽较大的同时能够满足一定的成像分辨率。本书利用中低轨卫星的互补优势，采用中低轨结合、SAR 与光学兼具、敏捷能力主导的卫星星座实现对非时敏移动目标的有效持续跟踪。非时敏移动目标以光学与 SAR 载荷为主，单一资源结合图像识别就能获取位置等目标信息；而对于时敏目标来说，其通常存在热辐射很高的动力系统，因此更加适合采用红外载荷侦测。时敏目标的运动范围较广，更容易被卫星资源捕捉到，依赖于同构的低轨星座就能够实现全周期可见。本书采用低轨道、红外载荷以及敏捷能力主导的卫星星座实现对时敏移动目标的有效持续跟踪。

为验证本书问题背景中星座资源对目标跟踪的可行性，本书以沃克（Walker）星座为例检测目标的可见性。对于非时敏移动目标，采用 50 颗卫星（中轨单轨道面 5 颗卫星均匀分布；低轨 5 轨道面，每轨道面 9 颗卫星均匀分布），计算得到的可见窗口如图 2.3 所示。对于时敏目标，采用 28 颗卫星（低轨 4 轨道面，每轨道面 7 颗卫星均匀分布），计算得到的可见窗口如图 2.4 所示。从图 2.3 和图 2.4 中能够看到，两个星座都能够实现对目标的全周期覆盖。

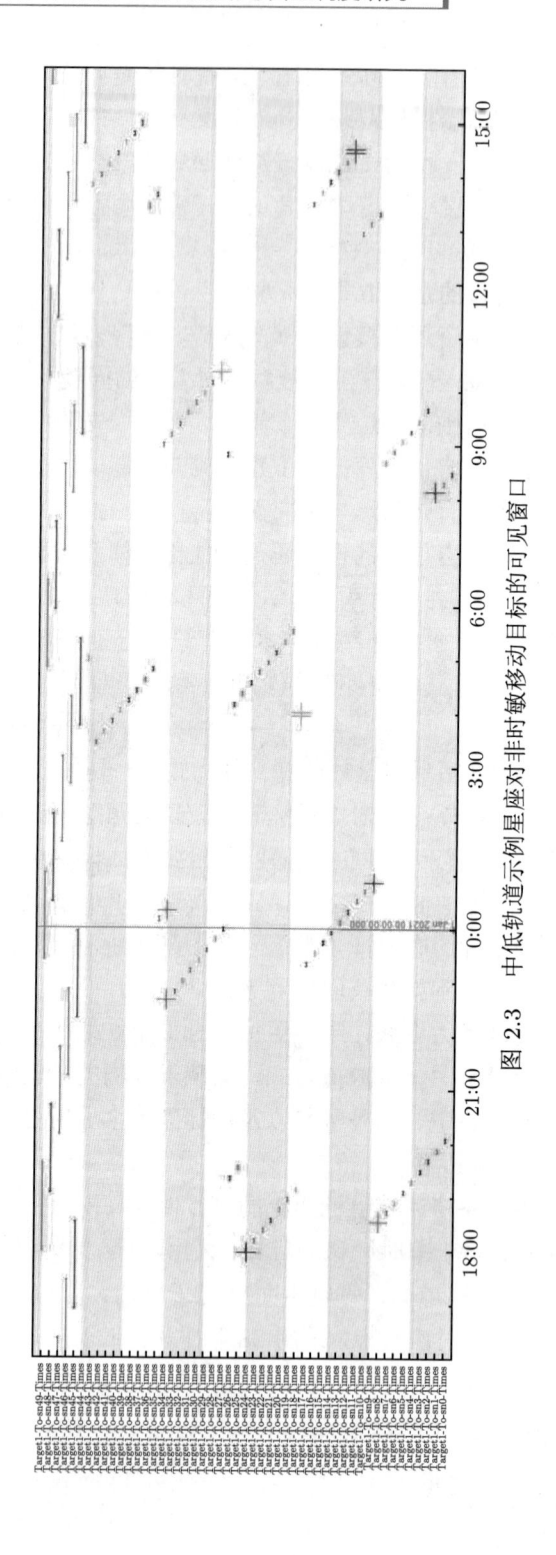

图 2.3 中低轨道示例星座对非时敏移动目标的可见窗口

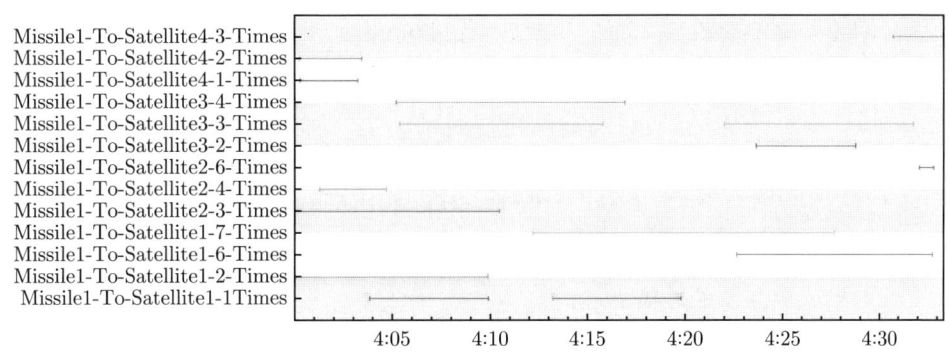

图 2.4　低轨道示例星座对时敏移动目标的可见窗口

除对上述轨道与载荷的介绍外，在本书问题背景中，卫星能够实现星间通信与组网，对于临近卫星之间的通信时延可以忽略，但是非可视卫星之间的通信依赖于其他星间链路，因此需要考虑通信时延影响。

2.2　面向移动目标跟踪的多星协同规划与自主调度问题

研究面向移动目标跟踪的多星自主规划问题，需要明确该问题的具体应用与运行流程，进而能够梳理分析问题的约束条件与优化目标，实现对问题的完整描述与边界界定。未来的移动目标跟踪趋势必然是星上完全自主、地面轻量干预，在实现整个流程自动化、自主化与智能化的基础上，满足用户的态势信息获取需求，同时规避过多的人为参与。一个完整的面向移动目标跟踪的星上自主任务规划实例如图 2.5 所示。

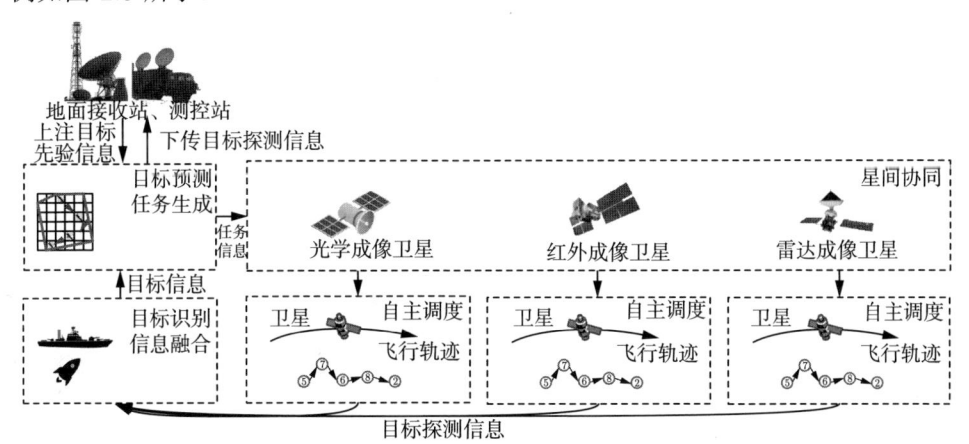

图 2.5　面向移动目标跟踪的星上自主任务规划问题实例

从图 2.5 中能够看到，面向移动目标跟踪的星上自主任务规划流程是一个完整的闭环反馈流程，兼顾"用户-系统"交互的输入输出信息流，其主要分为以下 7 个步骤。

（1）目标先验信息上注。通过其他感知系统或者用户提出的需求形成目标先验信息，经过地面测控站网上注自主星座关于目标的先验信息。

（2）目标预测与任务生成。通过星载目标预测模块实现对目标的预测，进一步生成卫星成像探测任务需求。

（3）星间协同实现任务的分发。星间组网为星间的协同与协商提供基础，通过既定的协同机制与规则将任务需求分发至各卫星。

（4）星上自主调度生成执行序列。卫星针对任务处理获取调度的元任务信息，经过星上智能调度的方法生成可执行任务序列。

（5）星上图像识别与信息融合。通过星载图像识别算法获取目标的航迹、航速与航向等信息，通过信息融合更新目标的状态信息。

（6）再次进入目标预测模块，形成星上目标跟踪闭环。在获取新的目标状态信息之后，目标预测模块可以更新目标预测轨迹，引导下一步目标生成与任务规划。

（7）目标跟踪信息下传。目标状态信息更新之后，可经由星地通信链路实现目标态势信息回传。

上述自主流程涉及搭载光学、SAR 与红外等载荷卫星资源，整个自主规划过程实际上是对有限的星座资源进行智能化调度，在满足多样化约束的前提下，实现整个星座资源的效用最大化。

2.2.1 问题约束特征

面向移动目标跟踪的多星自主规划问题是一个涉及多类型约束的复杂组合优化问题，其主要约束来源于以下 3 类。

1. 平台约束

本书考虑的星座资源以敏捷平台为主导，卫星的敏捷性能决定了可见时间窗约束与时间依赖的时序约束这两类重要约束，这是敏捷平台区别于非敏捷平台最大的特征，也是众多约束中最难处理的两类约束。敏捷卫星能够搭载光学、红外以及 SAR 等多类型成像载荷，其成像的幅宽取决于载荷的视场角（field of view）以及目标—卫星之间的距离。卫星姿态是卫星本体坐标系相对于轨道坐标系在一定转序条件下的转换描述。其中，参照图 2.6，将轨道坐标系（orbital coordinate system)、本体坐标系（ontological coordinate system）及三轴姿态（侧摆（roll）、俯仰（pitch）、偏航（yaw））定义如下。

定义 2.3 轨道坐标系：卫星轨道坐标系以卫星质心为坐标原点 O，z 轴指向地心，y 轴垂直于轨道平面与轨道平面法向量相反，x 轴依据右手关系确定指向卫星飞行方向。

定义 2.4 本体坐标系：卫星本体坐标系是用于确定卫星姿态的坐标系，其固连于卫星，零姿态情况下与轨道坐标系保持一致。

定义 2.5 侧摆：卫星绕本体坐标系 x 轴的转动的角度。依据右手关系转动为正，左手关系转动为负。

定义 2.6 俯仰：卫星绕本体坐标系 y 轴的转动的角度。依据右手关系转动为正，左手关系转动为负。

定义 2.7 偏航：卫星绕本体坐标系 z 轴的转动的角度。依据右手关系转动为正，左手关系转动为负。

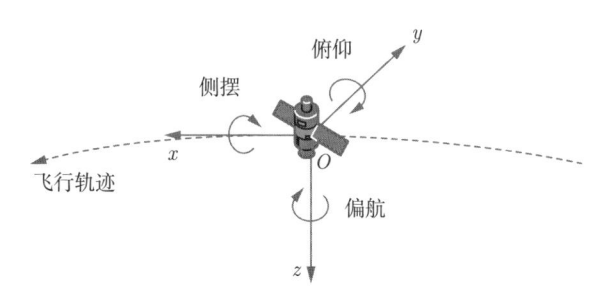

图 2.6　敏捷卫星平台姿态机动的 3 个自由度

卫星姿态是通过一定转序以及转动角度定义的，通常较为常用的转序为 RPY，即"侧摆—俯仰—偏航"转序。敏捷平台具备侧摆、俯仰与偏航三轴姿态机动能力，与非敏捷平台只具备侧摆单轴的姿态机动能力相比，其对地对空的有效成像范围得到极大扩展。以对地观测为例，如图 2.7 所示，具备侧摆机动能力的非敏捷卫星只具有唯一的过境观测机会，对于光学载荷来说，这种窗口往往还可能受到云层遮挡的风险。而俯仰自由度的引入，使得敏捷卫星具备更广的成像范围。这也是敏捷平台成像的可见时间窗约束，即在满足目标—资源视线不被地球遮挡与卫星最大机动能力限制的条件下，卫星对目标连续可见的一段时间窗口。可见时间窗口内每一个时刻都对应了卫星对目标的唯一观测姿态 $atd = (\theta, \varphi, \psi)$，卫星对目标的成像只能选择可见时间窗内的某一个时刻。

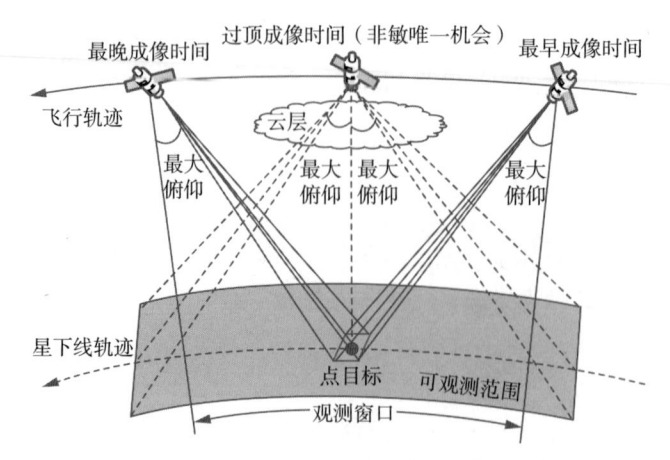

图 2.7 敏捷卫星平台有效对地观测窗口与范围

卫星对目标成像时具有一定的姿态，在两个相邻间的目标进行切换时，需要进行姿态转换来达到对下一个目标观测的目的。姿态转换时，卫星通过转动飞轮调整姿态，其一般先加速到最大的转动速度，之后保持匀速，然后减速到对应的成像姿态，从而完成姿态转换的过程。这个姿态转换过程需要一定的转换时间，依赖于前一任务成像结束的姿态与后一任务成像开始的姿态。如图 2.8 所示，相邻两目标对应的条带任务为 V_sV_e 与 $V_s'V_e'$，其中 V_s 和 V_s' 分别为对应条带的开始成像中心点，V_e 和 V_e' 分别为对应条带的结束成像中心点。参照卫星轨道坐标系 $Oxyz$，在紧前任务的结束时刻 t_e，切换到本体坐标系 $Ox_1y_1z_1$，对应的姿态为 $\text{atd}_e = (\theta_1, \varphi_1, \psi_1)$，在紧后任务的开始时刻 t_s'，切换到本体坐标系 $Ox_2y_2z_2$，对应的姿态为 $\text{atd}_s' = (\theta_2, \varphi_2, \psi_2)$，则目标间的姿态转换需要满足如式 (2.1) 所示转换时间的约束：

$$t_s' - t_e > \text{trans}(\text{atd}_e, \text{atd}_s') \tag{2.1}$$

其中，$\text{trans}(\cdot)$ 为两姿态的最短转换时间计算函数。对非敏捷卫星来说，在其对特定的目标过境成像时，姿态是固定的，因此当相邻目标间转换时，其转换时间也是固定的，这种与目标序列相关的约束，称作序列依赖的转换时间约束。但是，对于敏捷卫星来说，目标不同观测时刻姿态不同，会导致姿态转换时间依赖于紧前任务的结束时间，这种约束区别于非敏捷卫星的序列依赖转换时间约束，属于时间依赖的转换时间约束。可见时间窗约束与时间依赖的时序约束属于典型的硬约束，都是不可违背的，否则会造成整个任务规划的失败。

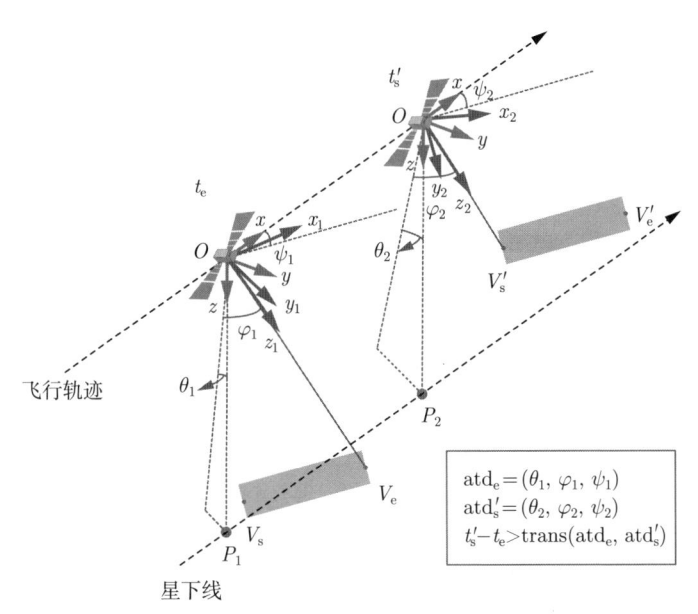

图 2.8 时间依赖的姿态转换时间约束

灵活的三轴姿态机动能力极大地提升了卫星成像的能力，相比于非敏捷卫星，敏捷卫星对目标更长的可见时间窗口提升了任务调度的成功率。如图 2.9 所示，非敏捷卫星与敏捷卫星在成像能力上存在很大的差距。非敏捷卫星对于目标的过境成像机会是唯一的，任务②、任务⑤ 因为分别与任务①、任务④ 冲突而失败。但是，在敏捷卫星成像过程中，在满足时间依赖的时序约束条件下，通过任务在可见窗口内的调整，能够消解任务②、任务⑤ 与其他任务的冲突，成功增加了这两者的收益。尽管敏捷能力增强了卫星的成像能力，但是相比于非敏捷卫星规划只需要选择观测的任务，敏捷卫星多了一层在任务执行时间上的调度，并且受到时间依赖的转换时间约束，从而使得问题的求解变得更为复杂。

2. 容量约束

面向移动目标跟踪的多星自主规划问题中的容量约束主要包括电量约束以及星载固态存储约束（简称固存约束）。

由于星上携带的电量存储装置容量有限，当执行过多的成像任务时，不可避免会存在电量不足的情况，但这可以通过星上太阳能电池板进行补充。日常的星务管理耗电量较低，基本可以忽略不计，而星上的电量消耗主要来源于卫星成像与执行姿态机动，其中姿态机动的电量消耗与姿态机动的时长成正比，需要注意的是电量的消耗不能超过一定的阈值，以避免整个控制系统陷入休眠瘫痪。因此，合理选择目标的执行先后顺序与观测时间对敏捷卫星的资源利用举足轻重。

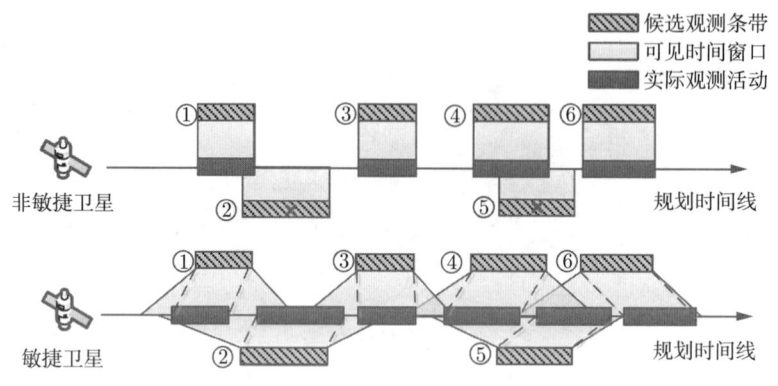

图 2.9　非敏捷卫星和敏捷卫星在成像上的差异

卫星在执行成像跟踪时都需要消耗一定的固存容量，卫星成像的固存容量消耗与成像时长成正比，不同成像时长的任务带来的固存消耗不一样，但是必须保证卫星整个运行过程中的固存一直大于零。在对地回传图像数据时，固存会得到擦除释放。需要指出的是，本书针对的是星上完全自主情况，在星上具备目标识别的情况下，只需要提取目标有用信息和保存压缩图像信息即可。因此，固存约束的影响可以忽略不计。在考虑兼容性的基础上，如果考虑固存，实际上可以将其与电量的约束进行相似化处理。

3. 载荷约束

本书考虑光学、SAR 与红外这 3 类成像载荷，其对应了不同的应用场景，也具备一些特有或者共有的约束。

（1）光学卫星记录的是光学信息，因此受到地影约束与天气影响。当卫星进入地影区时，将无法获取目标的光学信息，因此即使满足时间窗约束，这种成像窗口也是无效的。此外，一旦遇上云层遮挡，卫星拍摄的图片也将受到影响。故而，为了满足对地影与云层的约束，必须剔除无效的观测窗口，这一步骤往往在任务预处理环节中进行，通过地影区的计算和云量信息的获取，来实现对可见时间窗的裁剪。

（2）SAR 卫星不受天气与地影的影响，但是其存在一种特殊的运行模式，即 SAR 载荷存在多种成像模式，对应不同的成像幅宽与成像分辨率。如图 2.10 所示，采用窄幅宽高分辨率的模式对地成像时，能够获取高分辨率的图像信息，而采用宽幅低分辨率的模式时，则只能获取较低分辨率的图像信息。星上图像识别的算法依赖于卫星的成像分辨率,采用分辨率高的图像进行目标识别的成功率更高。要实现对目标高成功率的识别,采用低分辨率模式成像时就需要多次成像。另外,采用低分辨率模式成像有覆盖范围广的优势,尤其当目标长期因未观测,不确定性增加时。

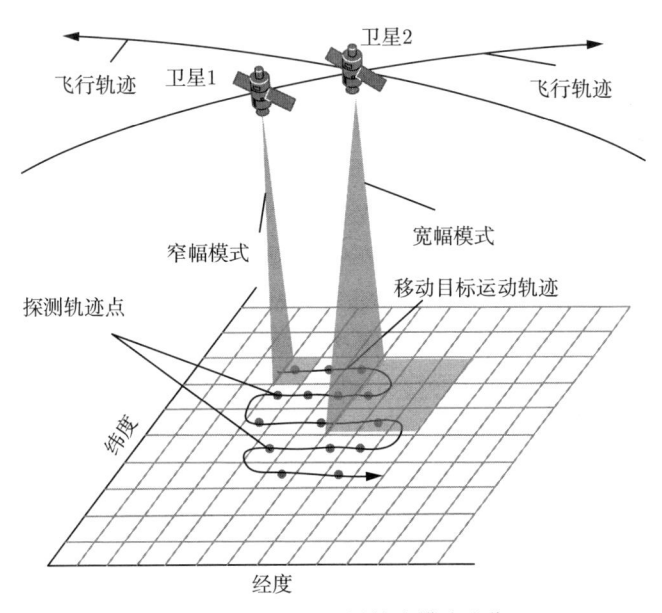

图 2.10 SAR 卫星的多模式成像

(3) 红外载荷是专门针对时敏移动目标设计的跟踪载荷,不同于光学与 SAR 载荷的对地成像,其跟踪时需要至少两颗星的协同,具体涉及以下 3 条约束。

① 成像必须以深空为背景。由于探测信息为热辐射信息,为避免大地辐射的影响,需要以深空为成像背景。同时,需要避免"目标—资源—太阳"角度过小导致的太阳辐射干扰,其对可见时间窗的约束更为严格。

② 探测距离有限。其对于辐射强度过低的热源无法感知,当距离较远时无法实现对目标的有效成像。

③ 依赖多星的协同成像。当跟踪目标时,星上获取连续多帧的图像,通过星上图像识别可以获取目标方位。但由于缺乏距离信息,无法实现单星对目标的定位。如图 2.11 所示,当采用两颗以上(包括两颗)卫星成像时,依赖获取的多个方位信息能够得到距离信息,从而实现对目标的定位。因此,要采用红外载荷成像实现对目标定位,就必须采用两颗以上卫星协同观测。

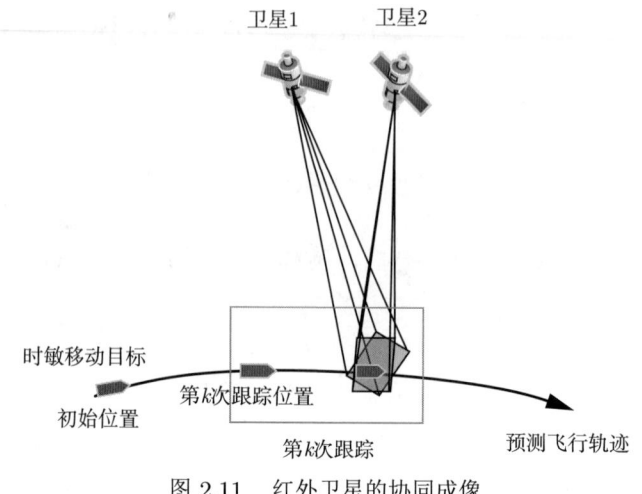

图 2.11　红外卫星的协同成像

2.2.2　问题优化目标

静止目标只需要实现空间覆盖就可以达到观测效果，移动目标还需要达到一定的时间覆盖率，增加重访频率以获得目标的运动轨迹。然而，达到一定的时间覆盖率并不是件简单的事，由于目标位置的不确定性，跟踪过程中目标很有可能会丢失。面向移动目标的多星自主协同规划与自主调度问题是一个复杂的、不确定条件下的组合优化问题，其目标是实现有限资源条件下的最大化系统跟踪效能。该问题的优化目标主要存在以下 3 种。

（1）最大化跟踪目标数目。合理分配与调度有限的资源，使得持续跟踪的目标数目最多。

（2）最大化发现目标次数。在整个规划周期中，实现有限次成像中发现目标次数最大化。

（3）最大化跟踪目标总时长。跟踪移动目标不仅在意其轨迹，还在意其意图，实现目标状态信息的持久可控也是重要的优化目标之一。

用户对不同移动目标的关注度不一致，更加偏向于资源向重要目标倾斜，因此上述优化目标也可以通过目标重要度加权获得。本书重点关注的两类移动目标主要通过星上目标自主管理评估目标的不确定性，通过加权目标重要度统筹目标的优先级，从而将整个问题的目标转化为最大化整个系统的收益，具体方法将在第 3 章与第 6 章介绍。

2.2.3 问题分析总结

通过上述目标—资源分析以及问题的描述，可以发现移动目标与传统观测的静止目标最大的不同来源于其动态的不确定性特征。在以往的任务规划中，对于静止目标，其观测往往被建模为长周期的组合优化问题，在响应动态事件时采用修复机制对方案进行调整以完成星上自主任务重规划；而对于移动目标，考虑其响应的及时性，通常将问题建模为实时的决策问题，根据目标状态选择执行任务。但是，对于非时敏目标跟踪，当规划与调度的算法足够快时，星上能够在对目标动态性响应时以完全重规划方式实现方案的更新，实际上是能够实现两者统一的；对于时敏移动目标的跟踪，近实时地响应其变化特征是确保不丢失目标的前提，但是从通用求解模块设计上来讲，其同样可以统一到通用的求解框架中。本书针对时敏与非时敏两类目标的跟踪问题采用以下方式转化，使得其能够兼容传统静止目标观测问题求解。

（1）构建面向移动目标的运动预测模型，降低目标位置不确定性的同时实现目标不确定性向定量化描述的转化。

（2）构建决策规则实现目标在多态势情况下的任务生成，形成类似于静止目标的候选观测任务集合。

（3）根据目标态势与用户需求统筹任务优先级等属性，实现对后续任务规划的引导。

上述方式的转化，可以实现在一个短周期的规划中将目标的不确定性转化为确定性的跟踪任务，实现了目标与资源之间的关联。对于非时敏移动目标，这个规划周期较静止目标要短；对于时敏移动目标，这个规划周期可以变得更短，以响应目标的动态变化。实际上，上述转化过程可以归类为星上的一个自主任务管理模块。由于多星协同与自主调度问题的求解复杂度较高，其可以分解为单星调度与多星协同子问题进行求解。自主任务管理模块的引入与问题分解思想的运用能够保证在问题求解的同时实现对既往静止目标的观测规划，也为接下来的通用求解框架设计提供基本思路。

2.3 多星协同规划与自主调度问题通用求解框架

面向移动目标的多星协同规划与自主调度问题是一类典型的不确定条件下的组合优化问题，为应对目标的不确定性，在构建"预测—跟踪—识别—预测"的闭环反馈过程中，以任务的快速规划实现对目标的及时响应，是解决该问题的关键。本书将在提出解决该类问题通用求解框架的前提下，根据目标与资源的特征设计合理的协同架构，进而实现问题的分解，为后续研究提供框架基础。

2.3.1 多星协同规划与自主调度的分层式通用求解框架

根据图 2.5 的问题实例，为实现对移动目标的快速响应闭环，本书提出一种如图 2.12 所示的多星协同规划与自主调度的分层式模块化的通用求解框架。该框架主要包括星上自主任务管理层、星间自主协同层及星上自主任务调度层三层，也可以视作星上搭载的 3 个大模块。其面向集中式与分布式等典型的协同架构，在有效求解面向移动目标的同时也能够适用于静止目标的成像。同时，可根据实际的资源协同方式，实现模块的组合调整与顺序搭配。这 3 层相辅相成、相互连接，能够形成有效的闭环跟踪过程。具体功能模块如下。

1. 星上自主任务管理层

星上自主任务管理层集成了目标运动预测、自主任务生成以及任务优先级统筹等模块。该层主要采用预测模块根据目标的不确定信息生成具体可执行的观测任务，兼顾不同任务跟踪状态实现对任务优先级的统筹，为后续任务规划提供数据输入。

2. 星间自主协同层

星间自主协同层可分为任务分配模块与星间协商模块。任务分配模块适合典型的集中式协同架构，能够采用演化的分配规则实现任务的快速分配，进而为单星自主调度问题提供数据输入；而星间协商模块往往适合分布式的协同策略，依赖于星间通信进行协商，消解分配任务之间的冲突。对于后者来说，星间通信时延是不可忽略的。

3. 星上自主任务调度层

星上自主任务调度层负责在建模的基础上，依据训练的策略网络/知识规则实现对任务的高效规划，形成可行的任务执行序列，为后续成像以及图像识别提供依据。

通过以上 3 层的求解，能够获得目标新的状态信息，进而形成星上自主任务管理层新的先验信息输入，构建对移动目标响应的闭环过程。星上自主任务管理层的本质是将目标的不确定性信息转化为定量化属性的待规划任务，是由不确定性向确定性转化的过程。星间自主协同层与星上自主任务调度层间是存在时序依赖关系的，将两者相结合是求解该类复杂组合优化问题的一种分解思路，本质上是通过问题的分阶段求解实现问题的由耦合向解耦的转化、求解复杂度由复杂向简单的转化。从框架可以看出，为实现对移动目标不确定性的响应，后两层中的快速高效的求解方法是必不可少的，也是该分层式框架的核心所在。

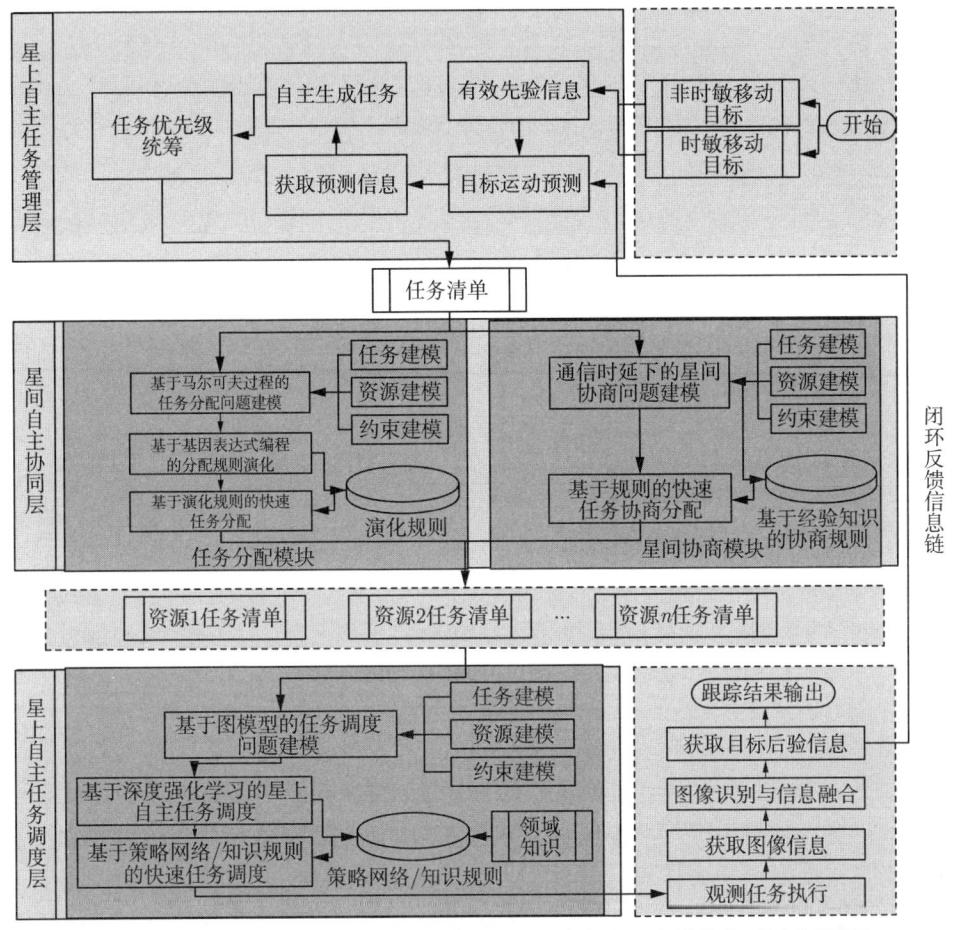

图 2.12　面向移动目标的多星协同规划与自主调度分层式模块化通用求解框架

2.3.2　通用求解架构下的多星协同规划与自主调度问题分解

上述分层式通用求解框架为本书提供了很好的解决框架，但是具体的协同架构与问题分解需要根据目标—资源的不同特征进行具体设计，进而实现资源的高效利用与问题的高效求解。

1. 多星协同架构分析

如图 2.13 所示，当前主流的多 agent 协同架构主要分为以下 3 类。

1）集中式协同架构

如图 2.13（a）所示，主星负责接收外部任务，然后计算并规划所有卫星的任务序列，最后将任务执行序列分发给子星，子星主要负责执行任务后的信息反馈。集中式协同架构（centralized structure）的主星需要具备很强的计算能力、通信能力与较高的智能自主化。由于主星获取的是全局的信息，通过优化获得的结果往往也是全局最优的。但是，这种结构也存在很大的弊端，即主星的计算负载很高以及系统的可靠性较低。过高的计算负载使得这种协同结构很难规模化扩展，此外系统重要度的聚集使得中心节点一旦受到攻击，会让整个系统陷入瘫痪，可靠性降低。

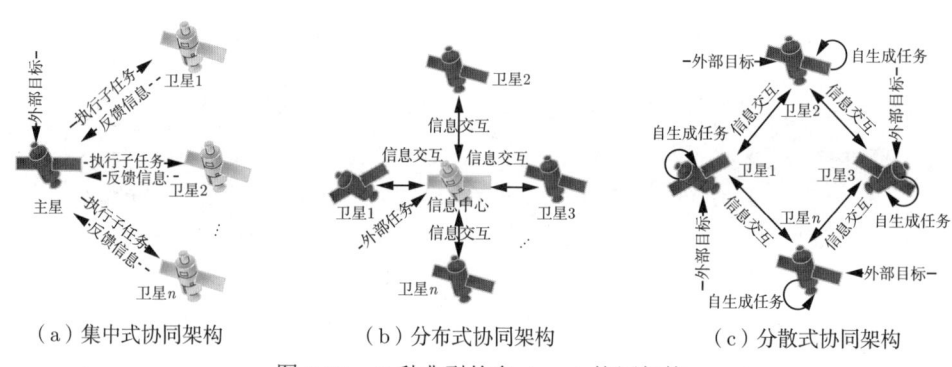

（a）集中式协同架构　（b）分布式协同架构　（c）分散式协同架构

图 2.13　3 种典型的多 Agent 协同架构

2）分布式协同架构

如图 2.13（b）所示，每颗卫星具备较强的计算与自主能力，能够通过某一节点进行全局的信息交互，实现对任务的协商分配，全局的任务在该通信节点上统一管理，确保了全局任务的一致性。由于各自执行的是各自的规划，依赖于星间交互，分布式协同架构（distributed structure）的求解结果并没有集中式协同架构好，但能够接近全局最优解。其优势是能够将计算负载均匀分配到每个节点，在通信节点能够切换的前提下，其系统的可靠性是优于集中式协同架构的。

3）分散式协同架构

分散式协同架构（decentralized structure）又称为完全分布式协同架构（fully distributed structure）。如图 2.13（c）所示，每颗卫星都具有集中式主星的能力，能够接收外部任务与自生成任务，并且能够与相邻星进行星间交互。其最大的特点是系统可靠性很高，能够均衡各节点的计算负载，因此，具有很强的规模化能力。

其不足之处是，缺乏全局信息而难以获得最优解，对共享信息的通信代价较大。

Schetter 等[115]提出了从 $I_1 \sim I_4$ 4 种由高到低不同级别的自主能力。上述结构中具备自主规划的卫星 agent 都具备 I_1 水平。本书面向未来星上高度自主化的设计，所考虑的卫星都具备 I_1 水平的自主能力，设计合理的协同架构对卫星能力利用以及后续问题的求解至关重要。

2. 面向非时敏移动目标跟踪的多星协同架构设计与问题分解

本书针对多星的协同架构设计主要从 5 个方面考虑。

（1）卫星的自主能力。卫星的自主能力很大程度上决定了协同架构的设计，自主能力很低的卫星很难实现星上自主，甚至依赖于地面计算节点，只能星上负责执行。上述每一种架构都必须存在高自主能力的卫星。

（2）系统通信时延。经典的分布式与分散式比较依赖于星间交互，一旦计算过程时效性要求较高而通信时延又影响明显，这两种模式在缺乏特定设计的前提下，不及集中式协同架构。

（3）目标特征与任务特征。目标特征与任务特征涉及协同机制与信息交互内容的设计。时敏目标要求响应周期短，因此规划、交互都要迅速；非时敏目标响应周期相对要长，可以采用周期滚动式规划，在规划和交互效率上可以有所容忍。

（4）节点计算负载。分布式与分散式可以均衡节点负载，适合规模化的大星座，集中式节点负载较高。

（5）系统可靠性。分布式与分散式的系统可靠性较高，集中式的可靠性相对较低。

针对非时敏目标，从卫星能力上看，跟踪星座资源自主能力较强，适合分布式与分散式协同架构；从通信时延上看，非时敏目标多为地表目标，过境时对地观测卫星相对目标距离较近，通信时延影响不大；从目标特征与任务特征来说，目标运动速度较低，允许周期滚动式规划，任务无须协同完成；从节点计算负载或系统可靠性来说，都是分布式与分散式协同架构更加合适。本书设计了一种集中—分布式协同架构来解决非时敏移动目标的多星协同问题，即在多星协同层基于全局信息采用集中式任务分配提升分配的效果，在单星自主调度层采用分布式协同架构。同时，集中式任务分配时的全局信息可以利用分布式计算能力来降低分配主星的计算负载，而主星可以选择对目标过境窗口最长的主星。如图 2.14（a）所示，在该协同架构中，子星负责计算任务的窗口信息，主星负责全局移动目标的维护与任务分配，各子星负责既分配任务的调度。依据设计的协同架构，如图 2.14（b）所示，通过该协同架构可以将面向非时敏移动目标的多星协同规划与自主调度问题分解为以下 3 个典型的子问题。

（1）星上自主任务管理问题。同上述分层式求解框架描述一致。

（2）面向非时敏移动目标跟踪的 MSCTAP。该分配问题考虑在集中式协同架构下，将自主生成的跟踪任务合理分配到单星上，实现成像收益的最大化。

（3）面向非时敏移动目标跟踪的 SSATSP。该调度问题考虑在分布式协同架构下，根据既分配的任务调度生成最优任务执行序列。

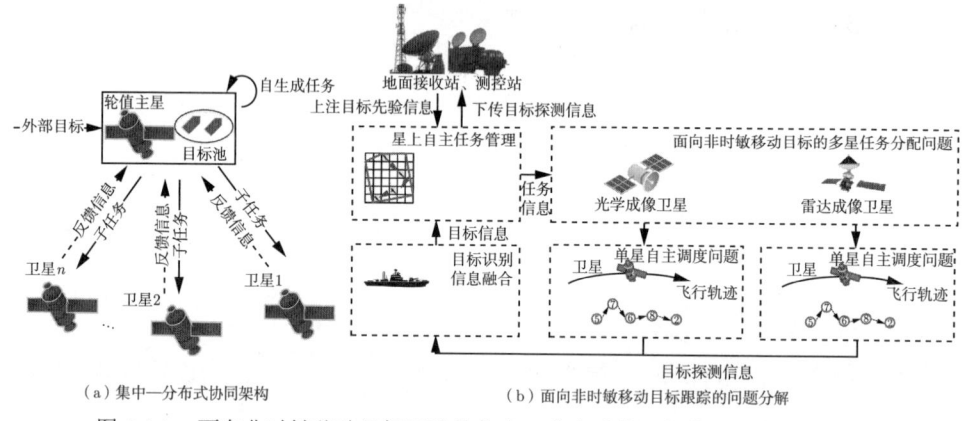

图 2.14　面向非时敏移动目标跟踪的集中—分布式协同架构设计与问题分解

尽管，对于非时敏目标可以采用滚动式周期规划，即单次闭环求解周期采用滚动递进方式，但周期不宜过长，以防止增加目标的不确定性，延缓对目标的响应。另外，上述多星的分配依赖于单星的调度算法，因此后续研究中，将先对单星自主调度问题进行描述、建模及求解，之后完成对多星协同分配问题的求解。

3. 面向时敏移动目标跟踪的多星协同架构设计与问题分解

上述对非时敏移动目标的分析中，分布式与分散式协同架构是比较适合的，并已经被进行了优化设计。但对于时敏移动目标来说，存在关键的 3 点不同。

（1）时敏移动目标运动速度很高，导致卫星对时敏移动目标的响应周期更短。因此，目标的规划应该是一种近实时的响应。

（2）任务的协同性。图 2.11 展示了目标的跟踪必须由两颗以上的卫星同时完成，为满足单星上的众多约束，需要达到调度级别的任务分配，即任务分配时就需要确定成像时间并检测约束。

（3）不可忽略的时延特征。如图 2.15 所示，时敏目标跟踪必须以深空为探测背景，因此对于两颗完成协同跟踪的卫星，其通信有可能会被地球阻挡，不可避免会依赖于中继节点的通信。相比于跟踪非时敏目标时卫星对地的邻近性，时敏目标更高的响应时效要求使得星间的通信时延不可忽略。

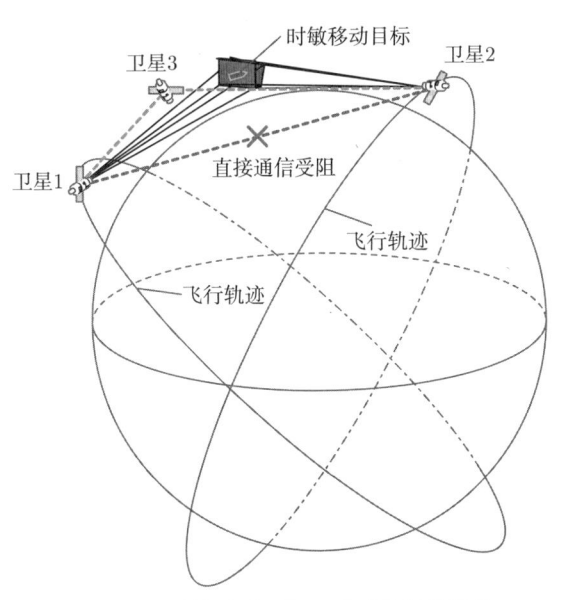

图 2.15　时敏移动目标跟踪时的间接通信

综上分析，本书依据分散式协同架构，设计具有 METP 的分散式协同架构来解决面向时敏移动目标跟踪的多星协同问题。为了解决分散式协同架构中频繁交互的问题，本书在分散式协同架构中引入了互斥目标池。如图 2.16（a）所示，首先，每颗卫星结点上维护的目标是互斥的，这避免了规划时节点的过高负载和串行规划的低效性；其次，维护独立的目标池，避免了任务信息频繁地同步，降低通信时延带来的规划效率低下影响；再次，每颗卫星对自生成任务采用知识规则快速调度，形成有效的调度方案；最后，星间基于规则快速协商实现任务的冲突消解。通过该协同架构，面向时敏移动目标跟踪的多星协同规划与自主调度问题可以分解为如图 2.16（b）所示的 3 个问题。

（1）星上自主任务管理问题。同上述分层式求解框架描述一致。

（2）面向时敏移动目标跟踪的单星自主调度问题。该调度问题考虑在分散式协同架构下，根据生成的任务安排合理的协同观测资源，达到跟踪效果的最大化。

（3）面向时敏移动目标跟踪的多星协同问题。该分配问题考虑在分散式协同架构下，针对多颗卫星调度的结果，考虑星间时延采用合理高效的机制实现调度任务冲突的快速消解。

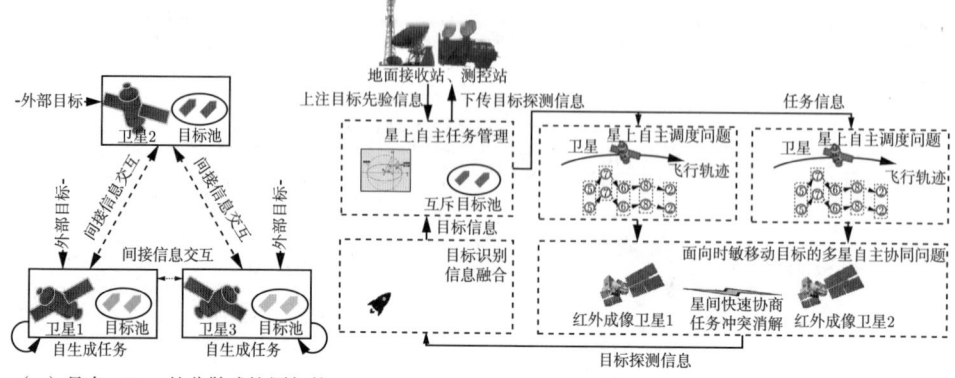

(a) 具有METP的分散式协同架构　　(b) 面向时敏移动目标跟踪的问题分解

图 2.16　面向时敏移动目标的分散式协同架构设计与问题分解

时敏移动目标高速特征的存在使得系统对其响应的速度要快于非时敏移动目标，整个系统协同规划的过程是一个实时决策的闭环过程。本书在分散式协同架构的基础上引入了 METP 并精心设计了相关协同机制，具体内容将会在第 6 章中详细介绍。

2.4　本章小结

本章梳理分析了目标—资源特性，首先，介绍了面向两类关注移动目标跟踪的星座资源；其次，对问题的约束特征与优化目标进行了详尽描述，形成了对问题的有效界定，在此基础上，根据问题特征提出一种面向移动目标的分层式通用求解框架，并对其中的层次、模块进行了分析讲解；最后，在通用求解框架下，根据两类目标的特性与资源的能力，分别设计了面向非时敏移动目标的跟踪的集中—分布式多星协同架构与面向时敏移动目标跟踪的具有互斥任务池的分散式多星协同架构，并对相应问题进行了分解。在第 3 章中，本书将针对框架中面向移动目标的星上自主任务管理展开描述与设计。

第3章

面向移动目标跟踪的星上自主任务管理

本章面向移动目标的运动不确定性问题，研究移动目标的运动模型与预测模型，定量化分析移动目标的不确定性。在此基础上，考虑卫星能力以及载荷约束实现星上任务的自主生成，并基于任务多属性分析对生成任务的优先级进行统筹。通过对移动目标的运动预测、星上自主任务的生成以及优先级的统筹构建星上自主任务管理模块，为后续面向多星的任务规划与调度准备输入数据。

3.1 移动目标运动模型与预测方法

非时敏移动目标与时敏移动目标对运动的不确定性是不同的。非时敏移动目标的不确定性来自其对抗博弈特征下运动的不规律性，本书通过运动预测获取其位置分布概率，为后续统筹目标优先级提供定量化数据支撑。对于时敏目标，其不确定性在于对目标跟踪精度的度量是后验的，而跟踪精度关系到目标是否丢失。对时敏移动目标运动相对规律，本书通过一定的运动学预测模型实现对其短期的预测，为后续跟踪任务的生成提供任务可见窗口计算的目标位置数据，对于其跟踪精度的考量则通过引入动态优先级来实现。

3.1.1 非时敏移动目标运动模型与预测方法

目标的状态估计、运动预测是掌握移动目标位置分布与降低其不确定性的关键。在获取目标先验信息或者卫星执行观测后，需要依赖于获取的信息更新目标的状态并对未来的运动做出预测，以此作为下阶段跟踪观测的基础。本书针对的非时敏移动目标以地表低速移动目标为主，在本章也将开展以海洋舰船为例的运动预测，不过该例所采用的方法同样适用于地表的低速移动目标。

1. 非时敏移动目标运动模型

1) 相关定义及假设条件

非时敏移动目标(以舰船为例),通常处于范围宽广的关注区域,需要考虑地球表面曲率对目标位置以及运动速度向量的影响。参考徐一帆[16]的研究,下面先给出相关的一些定义。

定义 3.1 方位角(azimuth):目标所处位置正北方向依据顺时针与目标速度方向的夹角。按照该定义,目标向正东方向运动时,其方位角为 90°;运动方向是正南时,其方位角为 180°;运动方向是正西时,其方位角为 270°。

定义 3.2 大弧(great arc):球面上两点距离最近的圆弧。该圆弧所在圆为相应球面的大圆。

定义 3.3 距离(distance):按照定义 3.2所定义的大弧在球面上的长度。

定义 3.4 拟地固系(proposed ground fixed system, PGFS):本书自定义的一种地心固连系坐标,属于空间直角坐标系,其以地心为坐标原点,x 轴指向 0° 经线与 0° 纬线交点,z 轴指向北极,y 轴依据右手关系确定。在拟地固系下,地球被近似为球形来处理。

出于形象客观的描述与计算便捷考虑,实际应用中会采用不同的坐标系。实际上,一般基于大地坐标系(geodetic coordinate system, GCS)描述的目标位置,包含目标的经度、纬度与高度信息。但是处理目标的运动往往涉及较多几何计算,坐标系之间的转换是难以避免的。需要指出的是,很多研究在考虑舰船目标的运动时,将其坐标通过高斯-克吕格投影或者墨卡托投影转换至面直角坐标系,这样存在一个弊端,就是坐标转换计算复杂,而且在高纬度的坐标转换时,通常会带来一定的畸变与精度损失。在本书中,针对目标的运动模型将全部建立在空间直角坐标系上。本书采用空间几何计算,将地球近似为球形,坐标转换便捷,而且能够满足精度要求,也适合未来向空间运动模型拓展。这里,计算主要考虑拟地固系与大地坐标系之间的转换。大地坐标 (α, β, h)(α 为纬度,β 为经度,h 为高度)与拟地固系坐标 (x, y, z) 之间的转换关系如式(3.1)与式(3.2)所示。

$$\begin{cases} x = (r_e + h)\cos\alpha\cos\beta \\ y = (r_e + h)\cos\alpha\sin\beta \\ z = (r_e + h)\sin\alpha \end{cases} \tag{3.1}$$

$$\begin{cases} \alpha = \arcsin\left[z/(h+r_e)\right] \\ \beta = \begin{cases} \arccos\left[x/(h+r_e)/\cos\alpha\right], & y \geqslant 0 \\ -\arccos\left[x/(h+r_e)/\cos\alpha\right], & y < 0 \end{cases} \\ h = \sqrt{x^2 + y^2 + z^2} - r_e \end{cases} \tag{3.2}$$

式中，r_e 为地球赤道半径；所考虑的地表目标运动高度 $h=0$。

不同于一般的民用舰船，海洋舰船运动通常由于经济性原因会选择易于航行的航道，以节省经济成本。但是在对抗条件下，舰船运行可能会具备一些博弈特征。关于其运动特点，本书做出如下假设。

（1）为方便后续建模，舰船移动目标在航行时，每隔一定时间记录航迹点，相邻航迹点之间的航迹是遵循大弧轨迹的，且目标速度沿大弧切线方向。

（2）舰船移动目标在海域航行时，相邻航迹点之间的运动是匀速直线的。目标整个航迹可以视为多段匀速、近匀速或者带扰动的曲线运动。

（3）为定量化建模分析目标的对抗性特征，其对抗性主要体现在航向与航速的变化上，并且假设这种变化是服从高斯分布的。

2）对抗条件下的目标运动模型

基于上述定义与假设可以构建对抗条件下的非时敏目标运动模型。首先，可以采用一个如式 (3.3) 所示六元组描述目标在 t 时刻下的状态，该状态亦可以视作目标轨迹在 t 时刻的一个轨迹点 TP。

$$\text{TP} = (t, \alpha, \beta, h, v, \gamma) \tag{3.3}$$

式中，t 表示时刻值；α 表示所在位置纬度；β 表示所在位置经度；h 表示所在位置高度；v 表示 t 时刻速度大小；γ 表示 t 时刻航向的方位角。

目标 i 的运行轨迹可以采用一系列等时间间隔 κ 的轨迹点描述，即 $\text{Traj}_i = \{\text{TP}_j|\kappa; j = 0, 1, \cdots, \text{np}_i\}$，$\text{np}_i$ 为目标 i 的航迹点数目。根据上述假设，目标速度 v 与目标的方位角 γ 的变化 δ 服从高斯分布，即 $v \sim N(\mu_v, \sigma_v^2)$、$\delta \sim N(0, \sigma_\delta^2)$。相比于繁杂的力学模型，本书采用四元数变换（四元数可以用于空间坐标旋转变换，相关概念可参考文献 [147]）可以快速获取目标后续运动轨迹，建立目标的运动模型。

如图 3.1所示，目标在 t_j 时刻在 PGFS 下对应的位置为 $P=(x,y,z)$，需要根据目标当前轨迹点状态递推目标下一个位置点 $P'=(x',y',z')$。目标在 P 处短时间内运动轨迹大圆弧所在平面为 OPP'，根据运动方向以及右手关系确定大圆

的法向量为 n_p。地球北极点为 N，平面 OPN 依据右手关系确定的法向量 n_b 为

$$n_\mathrm{b} = \frac{\boldsymbol{OP} \times \boldsymbol{ON}}{|\boldsymbol{OP} \times \boldsymbol{ON}|} \tag{3.4}$$

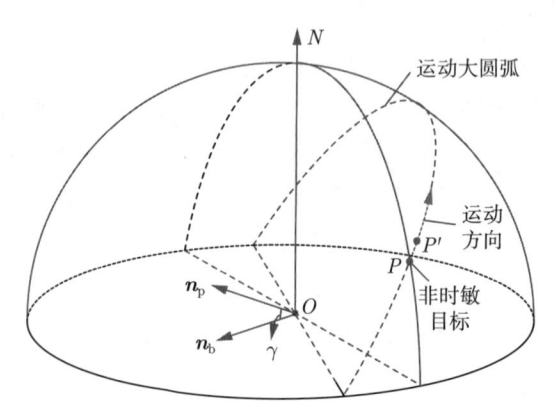

图 3.1 非时敏移动目标运动模型

由 n_b 旋转方位角 γ_j 可以得到 n_p，即

$$\boldsymbol{n}_\mathrm{p} = Q_\mathrm{bp} \circ \boldsymbol{n}_\mathrm{b} \circ Q_\mathrm{bp}^* \tag{3.5}$$

式中，$Q_\mathrm{bp} = (q_0, q_1, q_2, q_3)$ 为四元数；$Q_\mathrm{bp}^* = (q_0, -q_1, -q_2, -q_3)$ 为其共轭四元数；运算符 $\circ$ 表示四元数间的乘法运算。四元数 Q_bp 可通过以下方式构造：

$$\begin{cases} q_0 = \cos(-\gamma_j/2) \\ q_1 = \dfrac{x}{|\boldsymbol{OP}|} \sin(-\gamma_j/2) \\ q_2 = \dfrac{y}{|\boldsymbol{OP}|} \sin(-\gamma_j/2) \\ q_3 = \dfrac{z}{|\boldsymbol{OP}|} \sin(-\gamma_j/2) \end{cases} \tag{3.6}$$

目标经过时间 κ 从 P 运动到 P'，其运动距离为 $d = v_j \kappa$，对应地球的圆心角弧度为 $\dfrac{d}{r_\mathrm{e}}$，因此，P' 的坐标可以由下述公式得到

$$\boldsymbol{OP'} = Q_{PP'} \circ \boldsymbol{OP} \circ Q_{PP'}^* \tag{3.7}$$

式中，$Q_{PP'} = (q_0', q_1', q_2', q_3')$ 为四元数；$Q_{PP'}^* = (q_0', -q_1', -q_2', -q_3')$ 为其共轭四元数，满足以下条件：

$$\begin{cases} q'_0 = \cos\left(\dfrac{d}{2r_{\mathrm{e}}}\right) \\ (q_1{'}, q_2{'}, q_3{'}) = \dfrac{\boldsymbol{n}_{\mathrm{p}}}{|\boldsymbol{n}_{\mathrm{p}}|} \cdot \sin\left(\dfrac{d}{2r_{\mathrm{e}}}\right) \end{cases} \tag{3.8}$$

本书缺乏对抗条件下的目标运动数据，虽然民用舰船的运动数据可以获取，但是这些数据的特点是经济性航行运动特征明显，因此实用性较差。根据上述基于四元数变换的递推公式，可以将该过程用一个函数表示为 $q\text{Next}(\cdot)$。这样，可以通过 TrajGenerator（轨迹生成）算法（即算法3.1）生成对抗条件下目标的运动轨迹，由于该轨迹数据对规划是未知的，因此其随机性可认为具备一定的对抗性特征。

算法 3.1   TrajGenerator 算法

输入： 轨迹开始时间 t_{b}，轨迹结束时间 t_{e}，轨迹时间间隔 κ，速度均值参量 μ_v，速度方差参量 σ_v，方位角变化参量 σ_δ，初始位置区域 $\boldsymbol{\varGamma}$

输出： 目标轨迹 Tra$j$

1: $P_0^{\mathrm{GCS}} = \text{randPoint}(\boldsymbol{\varGamma})$
2: $v_0 = \text{randN}(\mu_v, \sigma_v^2)$
3: $\gamma_0 = \text{rand}(0, 360°)$
4: $\text{TP}_0 = (t_{\mathrm{b}}, P_0^{\mathrm{GCS}}, v_0, \gamma_0)$
5: $\text{Tra}j = \varnothing \cup \text{TP}_0$
6: $P_0^{\mathrm{PGFS}} = \text{trans}^{\mathrm{GCS} \to \mathrm{PGFS}}(P_0^{\mathrm{GCS}})$ //将初始轨迹点坐标转换至拟地固系下
7: $N_{\mathrm{p}} = \lceil (t_{\mathrm{e}} - t_{\mathrm{b}})/\kappa \rceil$ //向上取整获取轨迹点数目
8: **for** $j = 1$ to N_{p} **do**
9:      $t_j = t_{\mathrm{b}} + j \cdot \kappa$
10:     **if** $t_j > t_{\mathrm{e}}$ **then**
11:        $\kappa = t_{\mathrm{e}} - t_j$
12:        $t_j = t_{\mathrm{e}}$
13:     **end if**
14:     $v_j = \text{randN}(\mu_v, \sigma_v^2)$
15:     $\delta_j = \text{randN}(0, \sigma_\delta^2)$
16:     $\gamma_j = \gamma_{j-1} + \delta_j$
17:     $P_j^{\mathrm{PGFS}} = \text{qNext}(P_{j-1}^{\mathrm{PGFS}}, v_{j-1}, \gamma_{j-1}, \kappa)$ //利用四元数变换获取下一轨迹点
18:     $P_j^{\mathrm{GCS}} = \text{trans}^{\mathrm{GCS} \to \mathrm{PGFS}}(P_j^{\mathrm{PGFS}})$ //将轨迹点坐标转换至大地坐标系下
19:     $\text{TP}_j = (t_j, P_j^{\mathrm{GCS}}, v_j, \gamma_j)$
20:     $\text{Tra}j = \text{Tra}j \cup \text{TP}_j$
21: **end for**
22: **return** Tra$j$

为了检测算法的合理性和有效性，本书通过生成案例进行判断。采用算法3.1生成得到5个、10个以及20个非时敏移动目标的轨迹数据，如图3.2所示。从图3.2中可以看到，轨迹纷繁复杂、均匀多变，航行轨迹明显，同时没有出现过大的转向或者扭曲情况，基本符合目标轨迹特征。该算法相比于传统的力学模型构建的目标运动轨迹，采用高斯分布下的速度与方向二维信息生成，更加简洁高效。

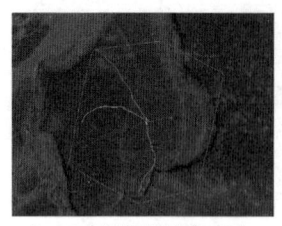

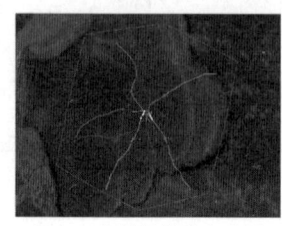

（a）5个目标轨迹生成图　　（b）10个目标轨迹生成图　　（c）20个目标轨迹生成图

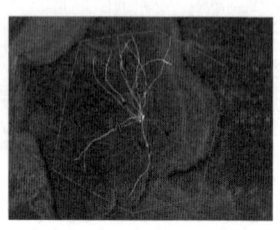

图3.2　不同数目的目标轨迹生成示意图（见文后彩图）

2. 非时敏移动目标运动预测

移动目标的轨迹预测目的在于通过构建时序预测模型，定量化分析目标的运动特征，降低目标的不确定性。目前，对目标运动轨迹的预测主要分为非基于数据的预测和基于数据的预测。非基于数据的预测模型主要有匀（加）速运动预测模型、潜在区域运动模型以及航迹变更模型，这些模型主要基于目标状态及约束进行预测；数据的预测则是基于历史数据进行拟合、插值预测，比较典型的有样条拟合、拉格朗日插值等，也有的通过神经网络等机器学习的方法进行预测。此外，根据实际信息获取状况进行多模型组合使用，也能获得较好的效果。然而，由于缺乏对抗条件下的数据，基于数据的预测对本书研究并不适合。另外，本书的研究重心为资源的调度优化，对于目标的预测模型相对简化，当然这并不影响其适用性。在实际应用中，采用基于约束的预测模型能够实现多类型目标的兼容，待数据累积到一定程度后，通过学习可以更新预测模型，进一步降低目标的不确定性，实现更高的资源利用率。

综上分析，本书采用一种基于约束的概率预测模型实现对目标运动预测。采用网格实现对任意关注区域的快速分解，并构建快速网格索引，在此基础上，基于约束模型实现对目标在网格分布上的概率图生成，为后续任务的生成提供依据。

1）目标区域网格划分

用户通常对某一重点区域态势比较关注，对于非时敏移动目标跟踪，关注重点也放在目标在该关注区域的轨迹上，以方便获取其意图。不同卫星搭载不同载荷，同一颗卫星搭载的载荷具备多种工作模式，SAR卫星成像就存在多种模式，对应不同幅宽。因此，移动目标所处区域进行网格分解时，需要考虑以下 2 个原则。

（1）网格划分粒度原则。目标的定位精度、任务求解时间以及传感器的有效幅宽都是网格划分粒度需要考虑的因素。定位精度高则需要网格划分的粒度小，但是对应的求解时间长；反之，网格粒度取得过大，虽然需要的求解时间短，但是精确度不够，而且单个条带无法实现对网格的覆盖。

（2）网格划分走向原则。网格划分走向需要确保不同卫星对网格维护的一致性，以及计算的便捷性。

基于上述两点原则，本书考虑采用星座中最小载荷视场对应的单景幅宽对区域进行分解，分解时沿着经纬方向采用等距离分解方式，确保每个方形网格大小一致，便于网格的一致性维护与计算。如图 3.3 所示，面向非时敏移动目标的网格划分主要分为区域边界特征获取、基于最小单景的区域网格划分和快速网格索引构建 3 个过程。

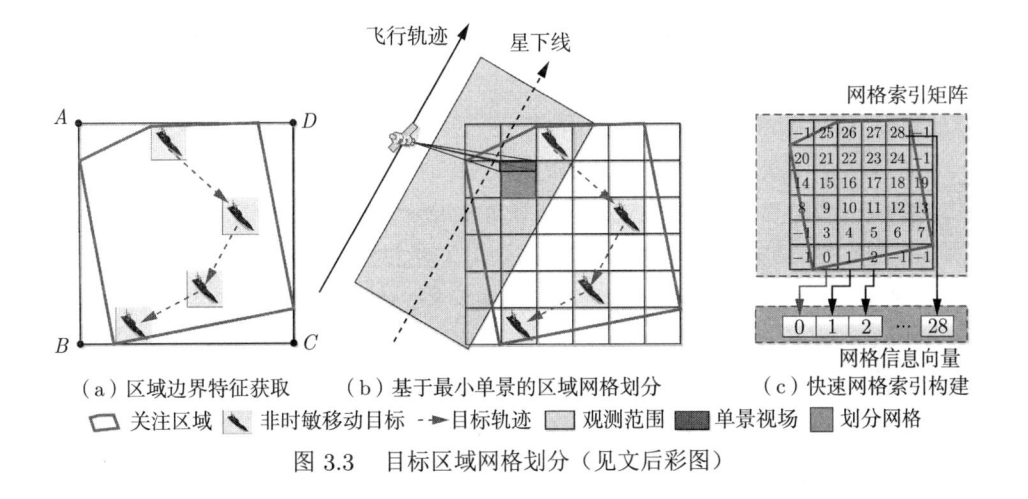

（a）区域边界特征获取　（b）基于最小单景的区域网格划分　（c）快速网格索引构建
☐ 关注区域　🛩 非时敏移动目标　→ 目标轨迹　▨ 观测范围　■ 单景视场　▦ 划分网格

图 3.3　目标区域网格划分（见文后彩图）

① 区域边界特征获取。区域边界特征获取是指通过获取区域的特征向量，进而构建起目标区域的外界矩形，为网格划分框定规则边界。区域的特征向量是由区域顶点中的最大最小经纬坐标值构成的四维向量（见式 (3.9)）。通过 v_{feature} 能够获得如图 3.3(a) 所示的外接矩形 $ABCD$ 坐标（见式 (3.10)）。当目标跨过 180° 经线时，可以采取对负经度值做 360° 的补偿操作。

$$v_{\text{feature}} = (\text{lat}_{\max}, \text{lat}_{\min}, \text{lon}_{\max}, \text{lon}_{\min}) \tag{3.9}$$

$$\begin{cases} A\,(\text{lat}_{\max}, \text{lon}_{\min}, 0) \\ B\,(\text{lat}_{\min}, \text{lon}_{\min}, 0) \\ C\,(\text{lat}_{\min}, \text{lon}_{\max}, 0) \\ D\,(\text{lat}_{\max}, \text{lon}_{\max}, 0) \end{cases} \tag{3.10}$$

② 基于最小单景的区域网格划分。采用最小单景的区域幅宽实现对区域网格的等距划分，既为了降低计算复杂度，也为了后续任务的生成，在不需要进行大范围搜索时，所做的单景网格分解其实就相当于一次单一的成像任务。网格的划分由双层循环构成，分别对应对纬度与经度的等距划分。相等距离的纬度增量是相等的，但是相等距离的经度增量是不等的，所以对于经度的增量需要依赖于所处纬度计算。具体 GridPartition（网络划分）算法见算法 3.2。

③ 快速网格索引构建。构建网格的快速索引就是为了在后续预测目标时，能够实现对目标分布网格的快速检索。如图 3.3(c) 所示，本书引入网格信息向量与网格索引矩阵分别实现对网格信息的存储与索引，具体内容如下。

网格信息向量。网格信息向量每个单元存储了一个网格的中心节点和四个顶点的信息。该向量的引入是为了提高计算机存储的利用率，由于网格划分是针对任意多边形区域的外接矩形的划分，很多网格可能并不包含于区域内（往往是不受关注的），该向量只存储区域内的网格信息。

网格索引矩阵。网格索引矩阵是一个二维矩阵，采用构建的二维列表可实现对网格快速检索、判断目标所处网格以及获取满足目标运动约束的网格。图 3.3(c) 所示为网格索引矩阵与网格信息向量的关联关系。网格索引矩阵中每个元素记录了对应网格在网格信息向量中的位置，取值为 -1 时表示对应网格不在关注区域内。因此，依赖网格索引矩阵在行列两个维度上的增量，能够快速实现对目标周边网格的索引，为目标潜在区域预测提供极大便利。

为了检测网格划分算法的可行性及有效性，本书针对一区域进行 50 km、100 km 及 200 km 这 3 种幅宽标准的网格划分。划分结果在三维地图的展示如图 3.4 所示。从图 3.4 中可以看出，网格分布均匀有序，能够满足后续目标预测等处理步骤对网格的使用需求。

算法 3.2 GridPartition 算法

输入：目标区域 Λ，最小单景幅宽 width

输出：区域特征向量 v_{feature}，网格信息向量 g，网格索引矩阵 I

1: $(\text{lat}_{\max}, \text{lat}_{\min}, \text{lon}_{\max},) = \text{acquireFeatureVector}(\Lambda)$ //对区域顶点经纬坐标排序，获取特征向量
2: $v_{\text{feature}} = (\text{lat}_{\max}, \text{lat}_{\min}, \text{lon}_{\max}, \text{lon}_{\min})$
3: $\text{dLat} = \dfrac{\text{width} \cdot 180}{r_e \cdot \pi}$ //每行网格纬度增量
4: $\text{temp} = 0$, $\text{Lat} = 0$, $\text{Lon} = 0$, $k = 0$
5: **if** $\text{lat}_{\max} * \text{lat}_{\min} > 0$ **then**
6:     $\text{temp} = \min(\text{abs}(\text{lat}_{\max}), \text{abs}(\text{lat}_{\min}))$
7: **end if**
8: $N_{\text{row}} = \lceil (\text{lat}_{\max} - \text{lat}_{\min})/\text{dLat} \rceil$ //获取网格行数
9: $\text{dLon} = \dfrac{\text{width} \cdot 180}{r_e \cdot \pi \cdot \cos(\text{temp} \cdot \pi/180)}$
10: $N_{\text{col}} = \lceil (\text{lon}_{\max} - \text{lon}_{\min})/\text{dLon} \rceil$ //获取网格列数
11: **for** $i = 0$ to N_{row} **do**
12:     **if** $\text{Lat} - \dfrac{\text{dLat}}{2} \leqslant \text{lat}_{\max}$ **then**
13:         $\text{dLon} = \dfrac{\text{width} \cdot 180}{r_e \cdot \pi \cdot \cos(\text{Lat} \cdot \pi/180)}$
14:         $\text{Lon} = \text{lon}_{\min} + \dfrac{\text{dLon}}{2}$
15:         **for** $j = 0$ to N_{col} **do**
16:             $I_{i,j} = -1$
17:             **if** $\text{Lon} - \dfrac{\text{dLon}}{2} \leqslant \text{lon}_{\max}$ **then**
18:                 $P = (\text{Lat}, \text{Lon}, 0)$ //构建网格中心点
19:                 **if** $\text{isPointInArea}(\Lambda, P)$ **then**
20:                       $g.\text{append}(\text{constructGird}(P))$ //添加构建的网格中心点以及网格四顶点
21:                       $I_{i,j} = k$ // 更新网格索引矩阵
22:                       $k = k + 1$
23:                 **end if**
24:             **end if**
25:             $\text{Lon} + = \text{dLon}$
26:         **end for**
27:     **end if**
28:     $\text{Lat} + = \text{dLat}$
29: **end for**
30: **return** v_{feature}, g, I

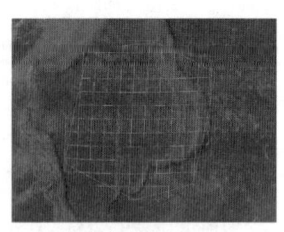

(a) 50 km　　　　　　　　(b) 100 km　　　　　　　　(c) 200 km

图 3.4　不同单景幅宽标准下的区域目标网格分解示例（见文后彩图）

2）目标运动预测及概率分布图

目标运动预测是一项比较复杂的问题，往往涉及很多不确定性因素，尤其是在目标对我方感知体系具备一定认知的条件下，往往会采取一些规避措施以应对系统的侦查。当然，对于规律性的移动目标，其预测具有很大的参考意义。由于本书侧重协同的架构体系与调度机制，为了方便快速地预测目标的运动，本书打算采用一种简单的方法实现对移动目标运动的预测，即基于高斯分布下的双约束运动预测。

星载图像识别算法能够依据光学图像对目标定位与航向识别，对于 SAR 载荷，还能够实现对目标航速的测定。因此，采用这两条信息能够很好地对目标的分布做出预测，预测基于两类约束条件：最大运动速度 $v_{\max}$ 以及最大方位角偏离速度 $\delta_{\max}$。例如，对于一般的舰船，目标运动速度具备上限值，其最大航速一般为 30 kn（节）（1 kn = 1 nmi/h = 1.852 km/h）。对于大型舰船，其短时间内进行大角度转向并非易事，因此，考虑采用这两个约束对目标运动做预测。如图 3.5(a) 所示，在最近一次对目标的识别过程中，判断出其位置 P_k 和方位角向 γ_k 信息，则能够判断在间隔时间 κ 后目标位于以 P_k 为圆心、以 $v_{\max}\kappa$ 为半径、关于航向对称的扇角为 $\delta_{\max}\kappa$ 的扇形区域内，并且其在该扇形区域的分布是均匀的（目标在每个网格的分布是均匀的）。

在双约束条件下的运动预测，一定程度减轻了目标的不确定程度。但是对于规划来说，据此生成的任务还是繁多的，因此，本书引入高斯分布度量来进一步降低目标的不确定性。目标的运动受到洋流等外部因素以及对抗策略等内部因素的诸多影响，难以预测，但是目标的目的性终将引导其向目标方向运动。本章研究拟采用高斯分布度量来衡量这种不确定性，而分布的参数可以适当放宽，随着跟踪的数据累积可以对分布参数进行更新。

依据最近一次对目标的识别过程中位置 P_k、航速 v_k 及方位角向 γ_k 信息，假设在先验信息之后目标运动的速度、方位角服从高斯分布，即 $v \sim N(v_k, \sigma_v^2)$、

$\gamma \sim N\left(\gamma_k, \sigma_\delta^2\right)$，则可以得到其速度与方位角的概率分布函数为

$$f(v) = \frac{1}{\sqrt{2\pi}\sigma_v} e^{-\frac{(v-v_k)^2}{2\sigma_v^2}} \tag{3.11}$$

$$f(\gamma) = \frac{1}{\sqrt{2\pi}\sigma_\delta} e^{-\frac{(\gamma-\gamma_k)^2}{2\sigma_\delta^2}} \tag{3.12}$$

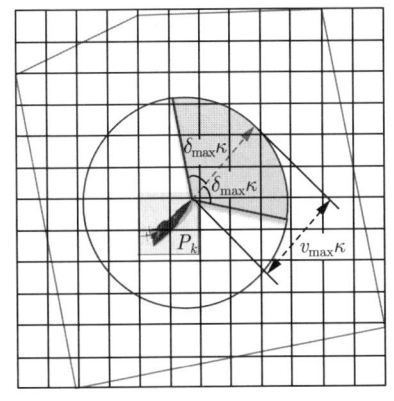

（a）双约束条件下的目标运动预测　　（b）高斯分布条件下的目标运动预测

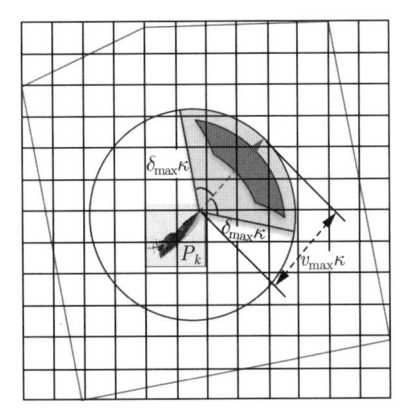

▱ 关注区域　▨ 非时敏移动目标　---▶ 目标轨迹　☐ 划分网格　▧ 潜在区域　▨ 高概率潜在区域

图 3.5　不同条件下的非时敏目标运动预测

经过时间 κ 之后，目标距离上次位置 P_k 的距离为 $r = v\kappa$，显然，距离 r 同样服从高斯分布 $r \sim N\left(\mu_r, \sigma_r^2\right)$，其概率分布为

$$f(r) = \frac{1}{\sqrt{2\pi}\sigma_r} e^{-\frac{(r-\mu_r)^2}{2\sigma_r^2}} \tag{3.13}$$

式中，$\mu_r = v_k \kappa$；$\sigma_r = \sigma_v \kappa$。

据此，可以得到目标下一阶段的距离与方位角的联合概率密度分布函数为

$$\begin{aligned} f(r,\gamma) &= \frac{1}{\sqrt{2\pi}\sigma_r} e^{-\frac{(r-\mu_r)^2}{2\sigma_r^2}} \cdot \frac{1}{\sqrt{2\pi}\sigma_\delta} e^{-\frac{(\gamma-\gamma_k)^2}{2\sigma_\delta^2}} \\ &= \frac{1}{2\pi\sigma_r\sigma_\delta} e^{-\left[\frac{(r-\mu_r)^2}{2\sigma_r^2} + \frac{(\gamma-\gamma_k)^2}{2\sigma_\delta^2}\right]} \end{aligned} \tag{3.14}$$

则对于某一划分网格 $g_{i,j}$ 来说,目标在下一阶段在该网格的概率分布为

$$
\begin{aligned}
p(i,j) &= \iint_{(r,\gamma)\in g_{i,j}} f(r,\gamma)\, r\mathrm{d}\gamma\mathrm{d}r \\
&= \iint_{(r,\gamma)\in g_{i,j}} \frac{1}{2\pi\sigma_r\sigma_\delta} \mathrm{e}^{-\left[\frac{(r-\mu_r)^2}{2\sigma_r^2}+\frac{(\gamma-\gamma_k)^2}{2\sigma_\delta^2}\right]} r\mathrm{d}\gamma\mathrm{d}r
\end{aligned}
\tag{3.15}
$$

这里,需要明确一下方位角的计算。以图 3.1为例,已知位置 P 与 P',则 P 到 P' 的方位角 γ 为

$$
\gamma = \begin{cases} \dfrac{180}{\pi}\cdot\arccos\dfrac{\boldsymbol{n}_\mathrm{p}\cdot\boldsymbol{n}_\mathrm{b}}{|\boldsymbol{n}_\mathrm{p}|\cdot|\boldsymbol{n}_\mathrm{b}|}, & (\boldsymbol{n}_\mathrm{p}\times\boldsymbol{n}_b)\cdot\boldsymbol{OP}\geqslant 0 \\ 360-\dfrac{180}{\pi}\cdot\arccos\dfrac{\boldsymbol{n}_\mathrm{p}\cdot\boldsymbol{n}_\mathrm{b}}{|\boldsymbol{n}_\mathrm{p}|\cdot|\boldsymbol{n}_\mathrm{b}|}, & \text{其他} \end{cases}
\tag{3.16}
$$

为了避免复杂的积分计算,本书采用一种近似的替代计算方法以提高预测的计算效率,该方法基于一条假设,即同一网格内的目标概率密度分布相等,并且以网格中心点 $\boldsymbol{G}_{i,j}$ 为参考。对划分网格 $g_{i,j}$ 来说,目标在下一阶段在该网格的概率分布近似为

$$
\begin{aligned}
p(i,j) &= \iint_{(r,\gamma)\in g_{i,j}} \frac{1}{2\pi\sigma_r\sigma_\delta} \mathrm{e}^{-\left[\frac{(r-\mu_r)^2}{2\sigma_r^2}+\frac{(\gamma-\gamma_k)^2}{2\sigma_\delta^2}\right]} r\mathrm{d}\gamma\mathrm{d}r \\
&\approx \int_{(r,\gamma)\leftarrow \boldsymbol{G}_{i,j}} \frac{1}{2\pi\sigma_r\sigma_\delta} \mathrm{e}^{-\left[\frac{(r-\mu_r)^2}{2\sigma_r^2}+\frac{(\gamma-\gamma_k)^2}{2\sigma_\delta^2}\right]} \mathrm{d}S \\
&\approx \frac{\mathrm{width}^2}{2\pi\sigma_r\sigma_\delta} \mathrm{e}^{-\left[\frac{(r_{i,j}-\mu_r)^2}{2\sigma_r^2}+\frac{(\gamma_{i,j}-\gamma_k)^2}{2\sigma_\delta^2}\right]}
\end{aligned}
\tag{3.17}
$$

在此基础上,通过归一化确保分布概率守恒,即目标分布概率和等于 1。故而,在双约束条件下,采用归一化得到目标在网格 $g_{i,j}$ 最终的概率分布为

$$
\tilde{p}(i,j) = \frac{p(i,j)}{\displaystyle\sum_{\substack{r_{i,j}<\kappa v_{\max} \\ |\gamma_{i,j}-\gamma_k|<\kappa\delta_{\max}}} p(i,j)}
\tag{3.18}
$$

基于上述推导,可以根据目标当前状态获取其下一阶段的概率分布,构建其概率分布图。通过基于高斯分布的双约束预测模型,可以得到目标高概率潜在分布位置,如图 3.5(b) 所示。通过该模型进一步降低目标的不确定性,提高资源的利用效率。

3.1.2 时敏移动目标运动模型与预测方法

时敏移动目标属于典型的高速高规律运动目标，该类目标在高速运行时，往往遵循一定的轨迹特征。本书以弹道导弹为例，该类目标在前期或者后期会存在较大的机动，在中期运行时虽然运动高速，但是由于其运行阶段受地球引力影响和考虑飞行的燃料低耗性，其飞行特征与轨道飞行器十分类似，存在一定的飞行轨道。本书首先考虑目标的运动模型，之后采用经典的二体模型来实现对时敏移动目标的预测。

1. 时敏移动目标运动模型

时敏移动目标的运动需要在惯性系下推导，这里需要引入一些关于坐标系的概念以及介绍坐标系的转换。

定义 3.5 地心固连系（earth centered fixed coordinate system, ECF）：地心固连系以地球质心为坐标原点，x 轴由地心指向国际时间局（BIH）经度零点，z 轴指向国际协议原点（CIO），y 轴依据右手关系确定。由于该坐标系固连于地球，在与大地坐标系进行转换时十分便利。

定义 3.6 地心惯性系（earth centered inertial coordinate system, ECI）：地心惯性系以地球质心为坐标原点，x 轴位于赤道且指向特定历元时刻的太阳春分点位置，z 轴指向特定历元时刻的地球北极的平均位置处，y 轴依据右手关系确定。本书地心惯性系采用 J2000.0 历元坐标系，其以公元 2000 年的春分点为基准历元时间。

直角坐标系之间的转换通常采用平移与旋转变化实现，平移主要作用于坐标系坐标原点的转换，其他坐标轴转换则是通过旋转变换实现的。坐标系共坐标原点的情况下，把一个坐标从坐标系 A 转换到坐标系 B 只需要通过一个欧拉旋转矩阵变换即可得到，如式 (3.19) 所示。

$$\begin{bmatrix} x_B \\ y_B \\ z_B \end{bmatrix} = \boldsymbol{R}_{A \to B} \begin{bmatrix} x_A \\ y_A \\ z_A \end{bmatrix} \qquad (3.19)$$

绕 x、y、z 轴旋转变换得到对应的旋转矩阵分别如式 (3.20)~ 式 (3.22) 所示，当两个坐标系之间的转换复杂时，可以通过多种旋转（一般采用两次单轴旋转变换即可得到）组合即可实现坐标的转换。

$$\boldsymbol{R}_x(\theta) = \begin{bmatrix} 1 & 0 & 0 \\ 0 & \cos\theta & \sin\theta \\ 0 & -\sin\theta & \cos\theta \end{bmatrix} \tag{3.20}$$

$$\boldsymbol{R}_y(\theta) = \begin{bmatrix} \cos\theta & 0 & -\sin\theta \\ 0 & 1 & 0 \\ \sin\theta & 0 & \cos\theta \end{bmatrix} \tag{3.21}$$

$$\boldsymbol{R}_z(\theta) = \begin{bmatrix} \cos\theta & \sin\theta & 0 \\ -\sin\theta & \cos\theta & 0 \\ 0 & 0 & 1 \end{bmatrix} \tag{3.22}$$

通过上述定义与坐标转换概念，可以轻松得到大地坐标 (α, β, h) 与地心固连系坐标 $(x^{\mathrm{ECF}}, y^{\mathrm{ECF}}, z^{\mathrm{ECF}})$ 的转换关系，如下所示：

$$\begin{cases} x^{\mathrm{ECF}} = (N+h) \cdot \cos\alpha \cdot \cos\beta \\ y^{\mathrm{ECF}} = (N+h) \cdot \cos\alpha \cdot \sin\beta \\ z^{\mathrm{ECF}} = [N(1-e^2)+h] \cdot \sin\alpha \end{cases} \tag{3.23}$$

式中，$N = \dfrac{a}{\sqrt{1-e^2\sin^2\alpha}}$；$a = 6\ 378\ 140$ m，为地球参考椭球长半径；e 为地球偏心率且 $e^2 = 0.006\ 69$。

采用欧拉旋转变换矩阵可以得到地心固连系坐标 $(x^{\mathrm{ECF}}, y^{\mathrm{ECF}}, z^{\mathrm{ECF}})$ 到地心惯性系坐标 $(x^{\mathrm{ECI}}, y^{\mathrm{ECI}}, z^{\mathrm{ECI}})$ 之间的转换关系为

$$\begin{bmatrix} x^{\mathrm{ECI}} \\ y^{\mathrm{ECI}} \\ z^{\mathrm{ECI}} \end{bmatrix} = \boldsymbol{R}_x(-\omega \cdot t) \begin{bmatrix} x^{\mathrm{ECF}} \\ y^{\mathrm{ECF}} \\ z^{\mathrm{ECF}} \end{bmatrix} \tag{3.24}$$

式中，ω 为地球自转角速度；t 为坐标转换时刻相对历元时间的相对时间。

对于时敏移动目标，本书基于以下假设构建目标的运动模型。

（1）二体模型中忽略了地球公转影响。

（2）预测模型基于地球的标准椭球模型。即椭球体长半轴长度为 $6\ 378\ 140$ m，椭球体扁率为 $0.003\ 352\ 81$，平均半径为 $6\ 371\ 000$ m。

（3）不考虑其他天体的引力摄动。

（4）对于大气阻力影响，采用美国标准大气模型。考虑作用在目标上的空气动力影响因素有大气动力系数（包括大气阻力系数 C_x 和大气升力系数 C_y）、大气密度 ρ、目标飞行速度 v 以及目标的最大横截面积 S，则目标受到的阻力 F_x 和升力 F_y 分别为

$$F_x = \frac{1}{2}C_x \rho v^2 S \tag{3.25}$$

$$F_y = \frac{1}{2}C_y \rho v^2 S \tag{3.26}$$

基于上述假设，根据王思[148]的研究，可以得到目标动力学向量方程为

$$\boldsymbol{a} = \boldsymbol{g} - \boldsymbol{a}_\mathrm{g} - \boldsymbol{a}_\mathrm{q} - \boldsymbol{a}_\mathrm{d} + \boldsymbol{a}_\mathrm{m} \tag{3.27}$$

式中，$\boldsymbol{a}$ 为再入目标加速度；$\boldsymbol{g}$ 为引力加速度；$\boldsymbol{a}_\mathrm{g}$ 为哥式加速度；$\boldsymbol{a}_\mathrm{q}$ 为牵连加速度，$\boldsymbol{a}_\mathrm{d}$ 为气动阻力加速度；$\boldsymbol{a}_\mathrm{m}$ 为机动加速度。

逐项推导上述动力向量，可以得到目标的动力学方程为

$$\begin{bmatrix} \dot{v}_x \\ \dot{v}_y \\ \dot{v}_z \end{bmatrix} = \omega^2 \begin{bmatrix} \sin^2 B_L & -\sin B_L \cos B_L & 0 \\ -\sin B_L \cos B_L & \cos^2 B_L & 0 \\ 0 & 0 & 1 \end{bmatrix} \begin{bmatrix} x - r\sin u_L \\ y + r\cos u_L \\ z \end{bmatrix} +$$

$$\begin{bmatrix} g_x \\ g_y \\ g_z \end{bmatrix} + 2\omega \begin{bmatrix} 0 & 0 & -\sin B_L \\ 0 & 0 & \cos B_L \\ \sin B_L & -\cos B_L & 0 \end{bmatrix} \begin{bmatrix} v_x \\ v_y \\ v_z \end{bmatrix} + \begin{bmatrix} a_x \\ a_y \\ a_z \end{bmatrix} -$$

$$\frac{1}{2}\rho\varepsilon\sqrt{v_x^2 + v_y^2 + v_z^2} \begin{bmatrix} v_x \\ v_y \\ v_z \end{bmatrix} \tag{3.28}$$

式中，$(a_x, a_y, a_z)^\mathrm{T}$ 为机动加速度向量；ω 为地球自转角速度；r 为地面站地心距；B_L 为地面站大地纬度；u_L 为地面站大地纬度与地心纬度差值；ε 为目标阻质比。式 (3.28) 中，所有变量均在北天东坐标系下。

2. 时敏移动目标运动预测

对于时敏移动目标，本书采用基于椭圆轨道与龙格-库塔积分结合的方法实现预测。采用龙格-库塔积分考虑的力学模型更为复杂，预测精度更高，但是计算速度较慢，而采用椭圆轨道能够对目标位置快速预测，不过在精度上相对差一些，对

于一些运动距离长的时敏目标来说，可以作为一种参考。因此，在目标跟踪的初始阶段采用龙格-库塔积分进行预测，当跟踪过程发现目标运动距离较长时，可以切换到基于椭圆轨道的方法，以实现快速预测。

1）基于椭圆轨道的目标位置预测

如图 3.6 所示，O 为地心，O' 为椭圆轨道的中心，设目标在 t_D 时刻在椭圆轨道上的位置为 D，其对应的偏近点角为 E_D。经过时间 $t_M - t_D$ 之后，目标运动到点 M，在该点对应的偏近点角为 E_M。以 D 点为已知点，以 M 点为预测点，则由开普勒方程可以得到以下关系：

$$t_M - t_D = (a^3/\mu)^{1/2}[(E_M - E_D) - e(\sin E_M - \sin E_D)] \tag{3.29}$$

式中，a 为轨道的长半轴；e 为偏心率；$\mu = 3.986 \times 10^{14}\ \mathrm{N \cdot m^2/kg}$，为常数。

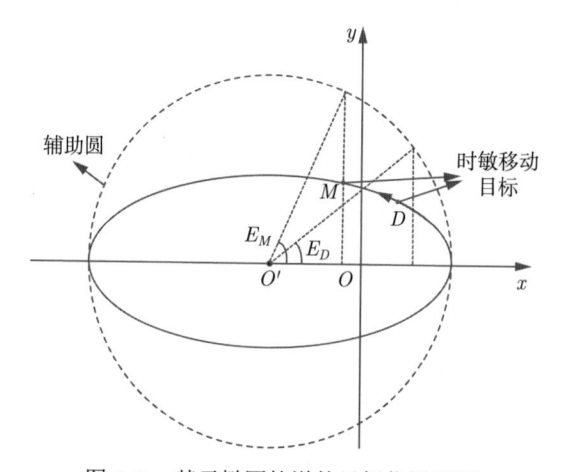

图 3.6　基于椭圆轨道的目标位置预测

由此可以确定椭圆轨道平面中 M 点的坐标为

$$\begin{bmatrix} x_M \\ y_M \\ z_M \end{bmatrix} = \begin{bmatrix} \dfrac{ab\sin E_M}{\sqrt{b^2\sin^2 E_M + a^2\cos^2 E_M}} \\ \dfrac{ab\cos E_M}{\sqrt{b^2\sin^2 E_M + a^2\cos^2 E_M}} \\ 0 \end{bmatrix} \tag{3.30}$$

通过旋转变换可以得到地固系下的 M 点的坐标如式 (3.31) 所示，这样可以实现对目标位置的预测。

$$\begin{bmatrix} x_M^{\text{ECF}} \\ y_M^{\text{ECF}} \\ z_M^{\text{ECF}} \end{bmatrix} = R_z\left(-L\right) R_z\left(-\Omega\right) R_x\left(-i\right) R_z\left(-\varpi\right) \begin{bmatrix} x_M \\ y_M \\ z_M \end{bmatrix} \tag{3.31}$$

式中，L 为 t_M 时刻相对历元时间的旋转角；Ω 为轨道升交点赤经；i 为轨道倾角；ϖ 为近地点幅角。

2）基于龙格-库塔积分的目标位置预测

该预测模型基于王思[148]所提出的龙格-库塔积分方法，实现目标的动力学模型求解。龙格-库塔积分方法在工程中应用广泛，属于一类高精度的单步算法。由于时敏目标的运动方程属于变系数非线性常微分方程，因此可以使用数值积分求解目标动力学模型的微分方程。具体步骤为：先获取目标状态值作为积分初值，再采用龙格-库塔积分进行求解。该算法精度高，能够有效抑制误差，具体采用的四阶龙格-库塔公式如下所示：

$$\begin{cases} y_{i+1} = y_i + \Delta t(k_1 + 2k_2 + 2k_3 + k_4)/6 \\ k_1 = f(x_i, y_i) \\ k_2 = f(x_i + \Delta t/2, y_i + \Delta t k_1/2) \\ k_3 = f(x_i + \Delta t/2, y_i + \Delta t k_2/2) \\ k_4 = f(x_i + \Delta t, y_i + \Delta t k_3) \end{cases} \tag{3.32}$$

通过上述求解获得目标在北天东坐标系下的坐标，采用欧拉旋转矩阵变换即可将其转换至地心固连系坐标。

3.2 面向移动目标的星上自主任务生成

星上自主任务生成是星上自主任务管理的重要模块之一，负责将不确定的目标转化为带属性的任务，其不仅为后续任务规划提供了必要的数据基础，更是引导系统优化方向的关键。在本书中，时敏移动目标的跟踪任务是成对存在的，具备相互关联性，故将任务的生成与调度放在一起，以提升系统调度的效率。本节主要考虑面向非时敏的星上自主任务生成，对于时敏移动目标的任务生成将会结合其调度在第 6 章中详细介绍。

星上自主任务生成需要解决 2 个重要的子问题，即任务生成时间决策（何时生成任务）以及任务生成要素决策（如何生成任务）。这里需要明确以下任务的定义。

定义 3.7 任务（task）：根据用户观测需求或者观测目标生成的成像任务，作为单独的观测任务，并不依赖于卫星资源，可以在多种资源上执行。其主要采用目标的单一经纬坐标或者经纬坐标序列描述，同时，任务也包含了任务优先级、成像时长、成像分辨率等必要的属性。

定义 3.8 元任务（meta-task）：元任务是卫星单次过境可执行的观测任务，依赖于卫星资源的任务描述，与卫星资源关联。其通常在卫星对观测任务集合进行任务预处理之后生成，对应于卫星的一个观测条带，采用条带的四顶点坐标进行描述。不同于任务的是，元任务包含了可见时间窗口属性，该窗口与卫星资源是一一对应的。

在本书中，星上自主任务生成主要是面向任务级别的任务生成，后续元任务的生成是面向单星自主调度问题的输入（复杂元任务的生成过程属于任务预处理范畴，任务预处理过程中典型的区域目标分解在专利 [149] 和专利 [150] 中涉及，本书元任务在任务生成过程中建立在划分网格基础上，不需要再做任务的分解，后续面向元任务的预处理仅仅计算可见时间窗口）。图 3.7 所示为面向非时敏移动目标的星上自主任务生成决策树，主要包括任务生成时间决策及任务生成要素决策两大模块。

3.2.1 任务生成时间决策

任务生成时间决策，即考虑何时生成新的任务，以方便后续规划。实际上，在星上图像处理的过程中，获取的目标信息会不断反馈到星上自主任务管理模块，但是频繁触发规划并非必须。首先，目标运动速度并不够快，不需要近实时地响应其运动变化；其次，频繁触发规划会加重系统的计算与通信代价，增加成本。任务生成时间决策主要从以下两个方面考虑。

（1）用户对目标的期望跟踪时间间隔 κ^{user}。在有限的天基卫星资源条件下，对目标长时间不间断跟踪是比较困难的，而且难以兼顾多目标跟踪的情况。用户对于目标一般是存在跟踪需求的，跟踪时间间隔对用户来说存在一定的效用。当跟踪时间间隔过小时，可能无法获取有用的目的信息；当跟踪时间间隔较大时，目标可能会丢失且无法判断其战略意图。故此，采用用户对目标的期望跟踪时间间隔来考虑任务的生成。

（2）目标运动预测的时效性 κ^{predict}。执行跟踪任务是后续调度的结果，在生成任务时，如果间隔周期过长，会导致目标脱离原来的分布网格，目标的运动预测的有效性降低。以最大速度 30 kn（约 55.56 km/h）为例，如果网格划分的粒度为 10 km，那么目标有可能在约 0.2 h 就脱离了预测网格，也就是 11 ~ 12 min 的运动预测时效性，之后目标的运动预测效率降低。

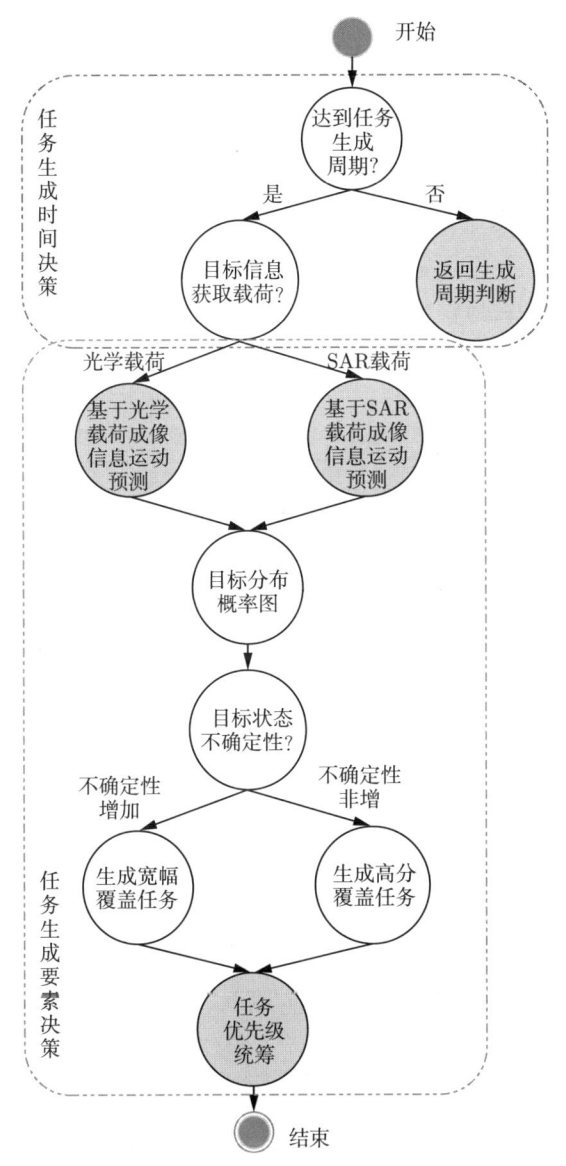

图 3.7　面向非时敏移动目标的星上自主任务生成决策树

综合以上两点考虑，本书针对任务生成时间间隔 κ^{generate} 采用如式 (3.33) 所示的规则，即采用用户对目标的期望跟踪时间间隔与目标运动预测的时效性中的较小者作为任务生成时间周期：

$$\kappa^{\text{generate}} = \min\left(\kappa^{\text{user}}, \kappa^{\text{predict}}\right) \tag{3.33}$$

3.2.2 任务生成要素决策

任务生成要素决策，即考虑不同信息状态下任务属性的配置问题。该模块主要分为 3 个阶段：对目标运动的分类预测、对任务载荷模式的选择及对任务优先级的统筹。

针对非时敏移动目标，本书采用的星座资源是中低轨结合的 SAR 卫星与光学卫星。星上具备图像识别的功能，在 3.1.1 节中，对目标的运动预测进行了说明，但是需要指出的是，SAR 载荷与光学载荷提供的识别信息是存在差异的。最明显的一条是，SAR 载荷能够提供目标的速度信息，因此能够完美地利用基于高斯分布下的双约束运动预测模型；对于光学载荷来说，其不能提供目标的速度信息。本书采用一条规则来实现目标的速度更新，即当上次周期得到的历史信息存在时，应采用上周期模型得到的历史速度信息，否则应采用如式 (3.34) 所示的历史均值速度 $\bar{v}$。

$$\bar{v} = \frac{1}{k}\sum_{i=1}^{k} v_i \tag{3.34}$$

式中，v_i 表示历史第 i 次观测得到的目标速度。

任务载荷的模式选择是对目标不确定状态下载荷多模式的决策。这种决策主要针对 SAR 载荷的多成像模式，其不同的成像模式带来的目标分辨率是不一致的，对目标的识别概率也存在差异。跟踪的幅宽越宽，覆盖范围越广，但是分辨率越低，对目标的识别概率就越低。在通常的跟踪模式下，一般采用高分辨率成像模式，当目标不确定程度增加时，可以采用宽幅模式成像，但是增加幅宽会导致目标识别率降低，故此只能通过增加成像次数来实现目标识别率的提升。假设载荷的工作模式划分为 l 级，对应的幅宽与目标识别率分别为 width_l 和 pd_l（幅宽随级别 l 增加，识别率随级别 l 降低，常规高分模式下对应为 width_0 和 pd_0），需要在保证最低目标识别分辨率 pd_α（$\text{pd}_0 > \text{pd}_\alpha$）条件下实现目标任务的生成。这里主要考虑两种情况。

（1）常规跟踪模式下的任务生成。常规跟踪即每周期都能发现并识别目标信息，这种情况下，由于高分辨率的模式能够满足最低目标识别分辨率 pd_α 的要求，生成的任务即为预测的每个划分的最小单景网格。

（2）目标不确定性增加下的任务生成。当上周期成像的结果无法获得目标的识别信息时，目标的不确定性增加，采用双约束得到的扇面区域半径为 r^{predict}。此时，需要决策载荷的模式与任务的生成次数，载荷的工作模式会转入宽幅模式下，并适当增加成像次数。由于幅宽增加，任务不再是最小单景网格，而是采用以最近历史位置为中心的对应决策幅宽的新网格任务，同样采用算法 3.2 中的等距网格划分规则生成。载荷的工作模式级别 l 与任务的生成次数 k 采用式 (3.35) 与式 (3.36) 所示的规则决策。

$$\text{width}_{l-1} < 2 \cdot r^{\text{predict}} \leqslant \text{width}_l \tag{3.35}$$

$$1 - (1 - \text{pd}_l)^k \geqslant \text{pd}_\alpha \tag{3.36}$$

3.3 面向移动目标的任务优先级统筹

面向移动目标的任务优先级统筹，旨在通过权衡目标多属性信息，实现对目标的综合评估，属性中包括对目标不确定性因素的考量。任务优先级统筹可为后续任务规划提供数据支撑。需要指出的是，时敏移动目标在跟踪时的协同特征，其跟踪任务并不是独立存在的，故将任务生成与调度放在一起。在优先级统筹中，面向非时敏移动目标的是对生成任务的优先级统筹，对于时敏移动目标则是对目标的优先级统筹，以目标优先级引导规划决策。

3.3.1 面向非时敏移动目标的任务优先级统筹

通过上述基于运动预测的任务生成，可以得到相关任务的位置、对应载荷模式、成像次数的决策。但是，任务优先级统筹作为最关键的一点，是实现目标不确定性向确定性度量的转变，也是整个系统优化方向的关键。对于任务优先级统筹，需要考虑多方面的因素，即生成网格存在不同概率、目标需要满足时空覆盖率以及多目标跟踪下任务的重叠等。针对上述问题本书采用多层级的任务优先级统筹实现对任务优先级的度量，其流程如图 3.8 所示。

1. 预测层归一化

采用运动模型实现对目标的运动预测，为满足概率守恒对网格任务分布概率的归一化操作需求，具体采用式 (3.18) 进行归一化。

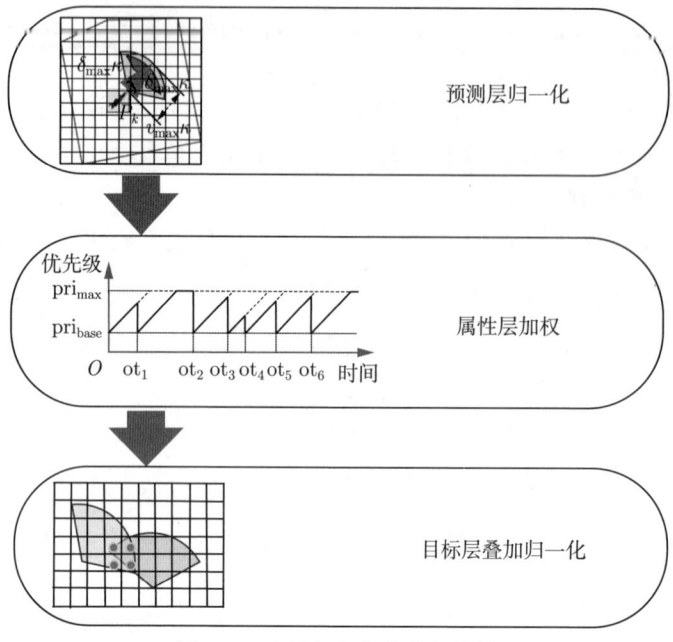

图 3.8　多层级任务优先级统筹

2. 属性层加权

属性层加权考虑的是对任务的优先级加权。但是，移动目标的任务优先级不同于静止目标，仅仅采用常量值的优先级衡量移动目标，难以体现其对时空覆盖率的要求。因此，在加权优先级属性之前需要对优先级重新设定。参考 Kennedy[98] 定义目标信息收益，本书引入动态优先级的概念，即在基础优先级上构造动态优先级，实现目标优先级的动态管理，达到对目标时空覆盖性的属性度量。

目标的基础优先级表明用户对目标的关注度，采用 pri_{base} 衡量。若目标动态优先级最大上限为 pri_{max}，则 $\text{pri}_{\text{max}} - \text{pri}_{\text{base}}$ 表征了在时间概率方面对目标优先级产生的影响，通常其为基础优先级 pri_{base} 的 2 倍，以保证在时空覆盖上的均衡性，确保低基础优先级的目标在时间标度上能够超过高基础优先级目标，并获得观测机会。通过上述假设，引入第 $k+1$ 次规划目标动态优先级 $\text{pri}_{\text{dynamic}}(t)$，具体如下：

$$\text{pri}_{\text{dynamic}}(t) = \begin{cases} \text{pri}_{\text{base}} + \dfrac{t - \text{ot}_k}{\kappa^{\text{user}}} \cdot (\text{pri}_{\text{max}} - \text{pri}_{\text{base}}), & t \leqslant \text{ot}_k + \kappa^{\text{user}} \\ \text{pri}_{\text{max}}, & \text{其他} \end{cases} \quad (3.37)$$

式中，ot_k 为第 k 次目标观测获取的目标信息时间。

如图 3.9 所示，引入目标动态优先级后，在 $ot_1 \sim ot_6$ 的 6 次跟踪过程中，任务优先级呈现锯齿状变化。相邻两次跟踪任务间隔较小，获取的收益并不高；而当相邻间隔过大时，目标的收益不会再增加，还可能会丢失。因此，在资源有限的情况下，获得最大的跟踪收益要求尽可能均匀且最大化任务间的时间间隔。

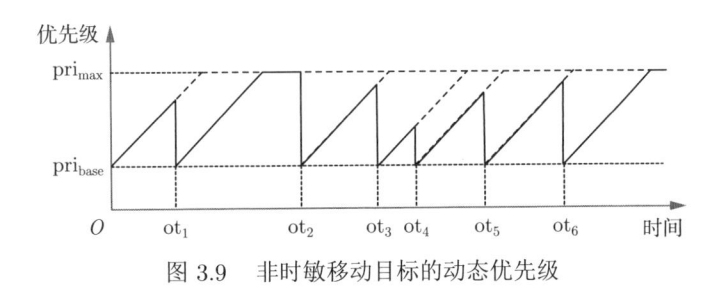

图 3.9　非时敏移动目标的动态优先级

在引入动态优先级后，属性层根据式 (3.38) 进行加权处理。

$$\widetilde{\text{pri}}(i,j,t) = \text{pri}_{\text{dynamic}}(t) \cdot \tilde{p}(i,j) \tag{3.38}$$

3. 目标层叠加归一化

在目标层需要考虑多目标跟踪的情况，对于多目标预测分布，多个目标可能会出现在同一个网格之中。实施目标层叠加归一化，是为了规避同一网格任务的冗余观测，同时综合考量多目标对任务属性的影响。首先消除网格任务冗余，采用式 (3.39) 获取每个网格的叠加优先级属性 $\overline{\overline{\text{pri}}}(i,j,t)$：

$$\overline{\overline{\text{pri}}}(i,j,t) = \sum_{m \in |\text{tgt}|} \widetilde{\text{pri}}(i,j,t,m) \tag{3.39}$$

式中，|tgt| 为跟踪目标集合。

其次，对每个网格的叠加优先级属性进行归一化得到

$$\overline{\text{pri}}(i,j,t) = \frac{\overline{\overline{\text{pri}}}(i,j,t)}{\max\limits_{i,j}\left(\overline{\overline{\text{pri}}}(i,j,t)\right)} \tag{3.40}$$

最后，通过将归一化结果与最大基础优先级相乘就能够得到最终统筹的优先级值 $\widehat{\text{pri}}(i,j,t)$：

$$\widehat{\text{pri}}(i,j,t) = \overline{\text{pri}}(i,j,t) \cdot \max(\text{pri}_{\text{base}}) \tag{3.41}$$

3.3.2 面向时敏移动目标的目标优先级统筹

时敏移动目标虽然具备较高的运动规律性，但是由于定位以及模型预测等误差的存在，对目标飞行轨迹的预测只能在短期内有效。此外，对于目标的跟踪精度是后验的，只有在跟踪信息处理完成之后才能得到评估。因此，一旦跟踪间隔时间过长，目标轨迹预测的误差增大，会导致目标位置不确定性增加，带来下次跟踪时目标脱离卫星载荷视场的影响。由此，可见目标跟踪精度对目标跟踪任务规划的重要性。本书在星上自主任务管理模块的目标优先级统筹中引入动态优先级来综合衡量目标跟踪精度与目标重要度，以实现对后续规划的决策引导。

动态优先级的设计对整个系统的跟踪效率是十分重要的。其不仅需要考虑整个卫星系统对多目标跟踪的系统容量，而且需要兼顾对重要目标资源的偏向性分配。基于以上考量，本书引入两种属性来构造目标的动态优先级。这两种属性分别为目标重要度 imp^{tgt} 和目标跟踪精度 pcs^{tgt}。目标重要度是对目标属性的评估，评估结果通过最近的一次目标跟踪信息融合得到，而且一般在高置信度信息融合得到评估之后会保持不变。如式 (3.42) 所示，目标的重要度可以通过目标属性 pty^{tgt} 的函数表示，该属性来源于最新的跟踪信息融合结果。

$$\text{imp}^{\text{tgt}}(t) = f\left(\text{pty}^{\text{tgt}}\right) \quad t \geqslant \text{npt}^{\text{tgt}} \tag{3.42}$$

类似地，用函数 $g(\cdot)$ 来描述目标跟踪精度对目标动态优先级的影响，则动态优先级可以通过加法运算进行构造，如式 (3.43) 所示：

$$\text{pri}^{\text{tgt}}(t) = \text{imp}^{\text{tgt}} + g\left(\text{pcs}^{\text{tgt}}, \text{npt}^{\text{tgt}}\right) \quad t \geqslant \text{npt}^{\text{tgt}} \tag{3.43}$$

如何衡量目标的跟踪精度对动态优先级的影响关系到系统整体跟踪效能的高低。本书基于防止目标脱离载荷视场原则，构建目标跟踪精度与动态优先级的关系。在跟踪时敏移动目标的过程中，目标的运动轨迹通过预测得到。但是预测存在着误差，而且误差会随着时间而变大，图 3.10(a) 给出了一段目标预测轨迹与实际轨迹的 3D 展示图。如果简单考虑一个坐标方向上的最大误差，从图 3.10(b) 中可以发现，对于载荷视场幅宽为 $\text{wid}^{\text{sat}} = 40$ km 的卫星来说，目标会在 381 s 脱离卫星的视场，进而导致目标丢失。

假设目标在时刻 t 的实际位置与预测位置分别为 $(x^{\text{act}}, y^{\text{act}}, z^{\text{act}})$ 和 $(x^{\text{pre}}, y^{\text{pre}}, z^{\text{pre}})$，从保守角度来说，采用单个方向上的最大误差并不合适，而是应当采用如式 (3.44) 所示的欧拉距离来衡量预测轨迹的误差：

$$d^{\text{error}} = \sqrt{(x^{\text{act}} - x^{\text{pre}}) + (y^{\text{act}} - y^{\text{pre}}) + (z^{\text{act}} - z^{\text{pre}})} \tag{3.44}$$

第3章 面向移动目标跟踪的星上自主任务管理　73

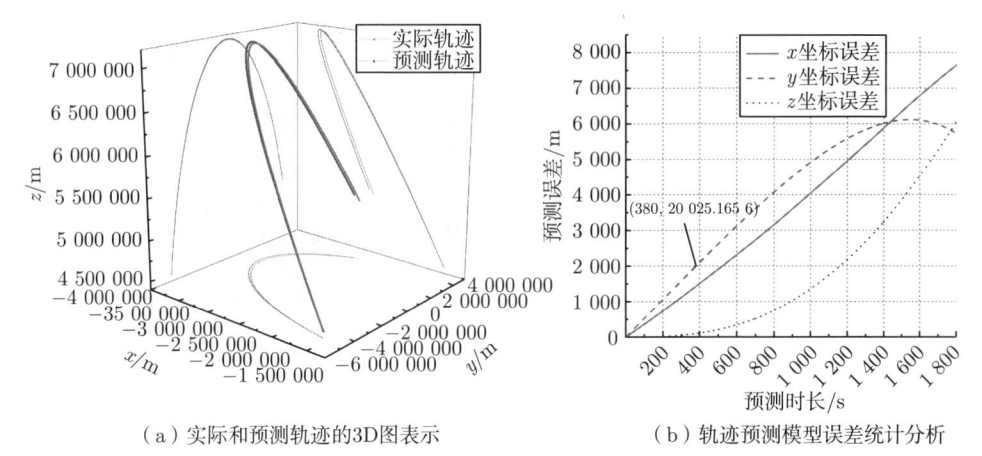

（a）实际和预测轨迹的3D图表示　　　　（b）轨迹预测模型误差统计分析

图 3.10　目标轨迹 3D 图表示与轨迹预测误差统计分析

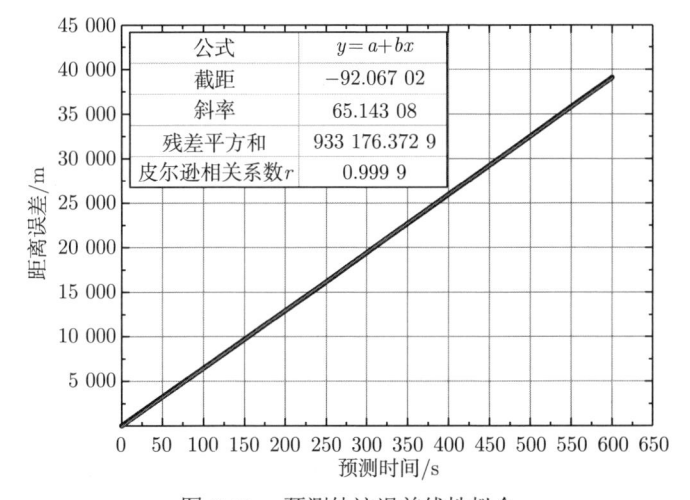

公式	$y = a + bx$
截距	−92.067 02
斜率	65.143 08
残差平方和	933 176.372 9
皮尔逊相关系数 r	0.999 9

图 3.11　预测轨迹误差线性拟合

两次跟踪任务之间的时间间隔不能太长，本书针对前 600 s 的预测时间与距离误差数据进行线性拟合得到结果如图 3.11所示。从图中可以看到，预测时间和距离误差的皮尔逊（Pearson）相关系数达到了 0.999 9，这意味着预测时间与距离误差可以通过线性关系进行表达。因此，假设目标重要度 $\text{imp}^{\text{tgt}} \in [I_{\min}, I_{\max}]$，目标轨迹预测时间与距离误差之间的斜率为 l，则在时刻 t，时敏移动目标的动态优先级可以定义并采用如式 (3.45) 所示的方式进行更新：

$$\text{pri}^{\text{tgt}}(t) = c \cdot \frac{(t - \text{npt}^{\text{tgt}})l + (\text{pcs}^{\text{tgt}} - \text{pcs}^{\text{ref}})}{\text{wid}^{\text{sat}}/2 - \text{pcs}^{\text{ref}}}.$$

$$(I_{\max} - I_{\min}) + I_{\min} + \text{imp}^{\text{tgt}}(t) \tag{3.45}$$

式中，c 是动态优先级因子，c 为常量，通常 $c \geqslant 1$；pcs^{ref} 是精度参考值；pcs^{tgt} 是目标精度值；npt^{tgt} 是目标最近跟踪信息融合时间。由式 (3.45) 可知，c 的存在可以使得低重要度的目标也能分到跟踪卫星资源，同时，具备高优先级的目标更容易被分配到跟踪卫星资源。

3.4 本章小结

本章研究了面向移动目标跟踪的星上自主任务管理问题。对于非时敏移动目标，基于高斯分布特性构建了移动目标运动模型，并提出了高斯分布下双约束条件的目标运动预测模型，实现对目标运动不确定性的度量。在此基础上，本章构建了面向非时敏移动目标的星上自主任务生成决策树，具体化其生成流程，并采用多层级方法实现对任务优先级的统筹，为后续多星任务的规划提供必要的输入数据。对于时敏移动目标，本书采用结合椭圆轨道以及龙格-库塔积分方法实现对目标的短期预测，并采用动态优先级的方法实现对目标跟踪精度与目标重要度的加权，为后续任务规划提供决策和引导。

第4章

面向非时敏移动目标跟踪的单星自主任务调度技术

面向非时敏移动目标跟踪的单星自主任务调度问题（SSATSP）是一类面向动态目标的跟踪问题，其目标状态是不断变化的。为了响应目标的不确定性，结合星上图像识别能力，需要星上快速自主调度并生成调度方案。同时，星上涉及的运控约束纷繁复杂，需要精准规避约束冲突。本章研究的内容是一类典型的具备复杂约束组合优化问题的快速、高质量以及精细化的求解方法。面向非时敏移动目标跟踪的单星自主调度技术首先将该问题建模为典型的具有时间依赖特征的多约束组合优化问题。在该模型的基础上，采用图模型对问题进行描述，从而通过图注意力网络提取问题特征向量。以图注意力网络构建单星自主任务调度决策网络，设计基于近端策略优化的深度强化学习对网络进行训练，进而获得问题求解的决策网络。最后，通过循环调用决策网络生成任务调度序列，获取最终的单星自主调度方案。该技术的框架如图 4.1所示。

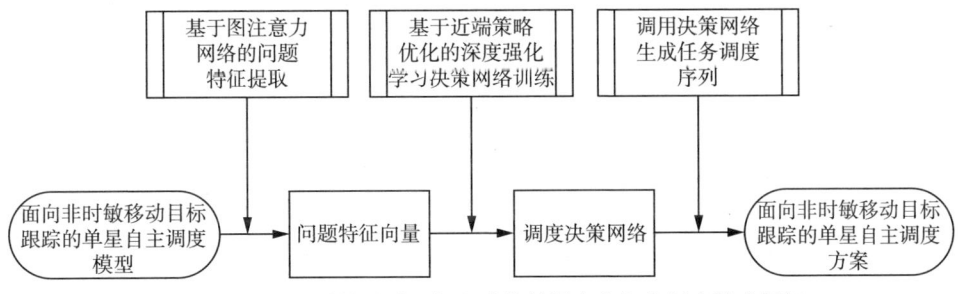

图 4.1 面向非时敏移动目标跟踪的单星自主任务调度技术框架

4.1 问题描述与建模

面向非时敏移动目标跟踪的 SSATSP 属于一类复杂约束条件下的组合优化问题，其目的是通过快速选择成像任务、调度任务成像时间以形成任务调度序列作为卫星的成像方案，实现卫星对观测任务的总收益最大化。任务来源于多星协同任务分配到单星上的任务，其包含任务优先级、成像时长、可见时间窗口及姿态等多属性信息。为快速响应移动目标的动态不确定性，需要对分配任务实现快速高效的调度，因此，利用机器学习方法速度快、效果佳的优势求解 SSATSP 是最佳的选择。由于多个任务可以视作多个图节点，任务间的关系可以视作图中的加权边关系，SSATSP 可以转化为图问题并结合图神经网络进行求解，其关键在于构建合适且合理的图模型。本章先将面向非时敏移动目标跟踪的 SSATSP 建模为一类具有时间依赖约束特征的组合优化问题，进而引入时姿邻接图模型，形成问题形象化的图模型描述。该过程具体如下。

4.1.1 问题假设

完备的假设是构建适配问题模型的前提，本章研究问题主要基于以下假设。

（1）卫星搭载可见光载荷与 SAR 载荷，无论搭载哪种载荷的平台都具备敏捷的三轴姿态机动能力，能够形成对目标的一段观测窗口。

（2）同一卫星同一时刻只能有一个载荷工作，SAR 载荷在每一时刻只能处于一种成像模式。

（3）卫星每一圈次为一个调度周期，在卫星工作期间卫星能保持一定的充电速率，在保证一定电量使用比的前提下，能够保证在下一圈次电量恢复如初。

（4）忽略卫星固存约束。星上具备图像识别能力之后，对于不具备参考信息的无价值图像能够选择不回传并直接擦除。同时，对于移动目标可以提取其态势描述信息与观测缩略图回传，这些数据量相比于传统回传的高分辨率图像数据量图像要小很多。卫星能够利用过境时的测控窗口直接将有效信息回传并释放固存。因此，固存约束将不再是紧约束。

（5）卫星进行成像与姿态机动都会产生电量消耗，并且电量消耗分别与成像时长与姿态机动时长成正比。

（6）卫星对目标成像采用匀地速成像方式，对任务的观测时长与任务的生成条带长度（网格边长）成正比，这些在任务生成时已经考虑。

（7）忽略卫星对目标成像观测角度对成像分辨率的影响。星上图像识别准确率依赖于成像分辨率，但是成像角度对成像分辨率的影响是不及载荷工作模式的，同时在任务预处理中可以通过窗口裁剪限制卫星对目标的成像观测角度以满足星上图像识别要求，因此本书不考虑成像观测角度对成像分辨率的影响。

4.1.2 符号说明

本章研究的面向非时敏移动目标跟踪的 SSATSP 采用的符号定义如表 4.1 所示。

表 4.1 面向非时敏移动目标跟踪的 SSATSP 通用符号定义

符号	释义
n_{tsk}	待规划任务数目
i, j	待规划任务编号，$i, j = 0, 1, 2, \cdots, n_{tsk}$，编号取值为 0 时为虚拟任务
pri_i	任务 i 的统筹优先级，$pri_0 = 0$
$\theta_{i,t}$	卫星在时刻 t 对任务 i 的观测侧摆角
$\varphi_{i,t}$	卫星在时刻 t 对任务 i 的观测俯仰角
$\psi_{i,t}$	卫星在时刻 t 对任务 i 的观测偏航角
wb_i	卫星对任务 i 的可见时间窗口的开始时间，$wb_0 = 0$
we_i	卫星对任务 i 的可见时间窗口的结束时间，$we_0 = 0$
tb_i	卫星对任务 i 的开始观测时间，$tb_0 = 0$ 表示卫星初始状态时间
te_i	卫星对任务 i 的结束观测时间，$te_0 = 0$ 表示卫星初始状态时间
ct_i	卫星对任务 i 的持续观测时间，$ct_0 = 0$
ba_i	卫星对任务 i 的开始观测姿态，由侧摆 θ_{i,tb_i}、俯仰 φ_{i,tb_i} 与偏航 ψ_{i,tb_i} 三轴姿态向量构成，ba_0 为卫星初始姿态
ea_i	卫星对任务 i 的结束观测姿态，由侧摆 θ_{i,te_i}、俯仰 φ_{i,te_i} 与偏航 ψ_{i,te_i} 三轴姿态向量构成，ea_0 为卫星初始姿态
ρ_{ij}	卫星在任务 i 与任务 j 之间的姿态转换角度
$trans(ea_i, ba_j)$	任务 i 与任务 j 之间的姿态转换时间
Egy_{max}	卫星最大电量总量，单位为 unit
ζ	卫星剩余电量阈值比例
ute	进行姿态机动时单位时间消耗的电量，单位为 unit
uie	进行成像时单位时间消耗的电量，单位为 unit
x_{ij}	0—1 决策变量，$x_{ij} = 1$ 表示在调度序列解中任务 i 为任务 j 的紧前任务

4.1.3 问题模型

面向非时敏移动目标跟踪的 SSATSP 属于一类典型的复杂多约束组合优化问题，其本质是通过快速选择执行任务、调度任务执行时间生成任务的调度方案以实现卫星资源利用的最大化，获得最大的收益。本书基于表 4.1 的符号定义构建问题的数学模型，如下所示：

$$\max \sum_{i=0}^{n_{\text{tsk}}} \sum_{j=0}^{n_{\text{tsk}}} x_{ij} \text{pri}_j \qquad (4.1)$$

$$\text{wb}_i \leqslant \text{tb}_i \leqslant \text{te}_i \leqslant \text{we}_i, \qquad \forall i \in \{0, 1, 2, \cdots, n_{\text{tsk}}\} \qquad (4.2)$$

$$\text{tb}_i + \text{ct}_i = \text{te}_i, \qquad \forall i \in \{0, 1, 2, \cdots, n_{\text{tsk}}\} \qquad (4.3)$$

$$\text{te}_i + \text{trans}(\text{ea}_i, \text{ba}_j) - \text{tb}_j \leqslant 0, \qquad \forall x_{ij} = 1 \qquad (4.4)$$

$$\sum_{i=0}^{n_{\text{tsk}}} \sum_{j=0}^{n_{\text{tsk}}} x_{ij} \left(\text{ct}_j \cdot \text{uie} + \text{ute} \cdot \text{trans}(\text{ea}_i, \text{ba}_j)\right) \leqslant (1-\zeta) \cdot \text{Egy}_{\max} \qquad (4.5)$$

$$\sum_{i=0}^{n_{\text{tsk}}} x_{ij} \leqslant 1, \qquad \forall j \in \{0, 1, 2, \cdots, n_{\text{tsk}}\} \qquad (4.6)$$

$$\sum_{j=0}^{n_{\text{tsk}}} x_{ij} \leqslant 1, \qquad \forall i \in \{0, 1, 2, \cdots, n_{\text{tsk}}\} \qquad (4.7)$$

$$x_{ii} = 0, \qquad \forall i \in \{0, 1, 2, \cdots, n_{\text{tsk}}\} \qquad (4.8)$$

$$x_{ij} \in \{0, 1\}, \qquad \forall i, j \in \{0, 1, 2, \cdots, n_{\text{tsk}}\} \qquad (4.9)$$

$$\text{trans}(\text{ea}_i, \text{ba}_j) = \begin{cases} b_0, & \rho_{ij} \leqslant z_0 \\ b_1 + \rho_{ij}/a_1, & z_0 < \rho_{ij} \leqslant z_1 \\ b_2 + \rho_{ij}/a_2, & z_1 < \rho_{ij} \leqslant z_2, \quad \forall x_{ij} = 1 \\ b_3 + \rho_{ij}/a_3, & z_2 < \rho_{ij} \leqslant z_3 \\ b_4 + \rho_{ij}/a_4, & \rho_{ij} > z_3 \end{cases} \qquad (4.10)$$

$$\rho_{ij} = \left|\theta_{i,\text{te}_i} - \theta_{j,\text{tb}_j}\right| + \left|\varphi_{i,\text{te}_i} - \varphi_{j,\text{tb}_j}\right| + \left|\psi_{i,\text{te}_i} - \psi_{j,\text{tb}_j}\right|, \qquad \forall x_{ij} = 1 \qquad (4.11)$$

通过上述模型构建起面向非时敏移动目标跟踪的 SSATSP 的约束规划模型，其中，式 (4.1) 表示问题的优化目标函数，即最大化完成任务优先级总和；式 (4.2) 表示卫星的硬时间窗口约束，即任务必须在卫星可见时间窗口内观测；式 (4.3) 表示任务的成像开始、结束与持续时间的等式关系；式 (4.4) 表示任务之间时间受到转换时间约束；式 (4.5) 表示卫星的电量约束，即单轨内消耗电量不能超过卫星剩余电量阈值；式 (4.6) 表示每个任务最多存在一个紧前（前驱）任务；式 (4.7)

表示每个任务最多存在一个紧后（后继）任务；式 (4.8) 表示任务既不能是自己的紧前任务也不能作为自己的紧后任务，只能够完成一次；式 (4.9) 表示决策变量的值域；式 (4.10) 表示两姿态之间的最短姿态转换时间计算方式，a_1、a_2、a_3、a_4、b_0、b_1、b_2、b_3、b_4、z_0、z_1、z_2 以及 z_3 为常量，与卫星能力相关；式 (4.11) 表示两姿态之间的转换角度计算方式。

本书引入时姿坐标后，基于构建的约束优化模型能够通过一种特定的邻接图模型来描述面向非时敏移动目标跟踪的 SSATSP。卫星对每个过境的任务都存在一个观测窗口，当卫星经过目标正上方时（过顶时刻），卫星对目标的观测俯仰角为 0°。在邻接图中，以卫星运行的时间线为水平轴，以过顶时刻侧摆角姿态为纵向轴，以 (0,0) 为参考基准点，在坐标系下，可以将每个任务视作图中的一个节点，每个节点对应的坐标 $(t_i^{\text{side}}, \theta_i^{\text{side}})$ 由卫星过顶时间与对应侧摆角构成，则能够构建基于时姿坐标的邻接图模型。基于时姿坐标的邻接图模型是一类典型的有向无环图，如图 4.2 所示，每个节点都具备 pri_i、wb_i、we_i、tb_i、te_i、ba_i 与 ea_i 7 个属性，节点 i 与 j 之间的边权重 $w_{ij} = \text{trans}(\text{ea}_i, \text{ba}_j)$。在时姿邻接图模型中，问题的优化目标是从虚拟节点 0 出发寻找一条满足所有约束的路径，使得路径上所有节点的优先级和最大。

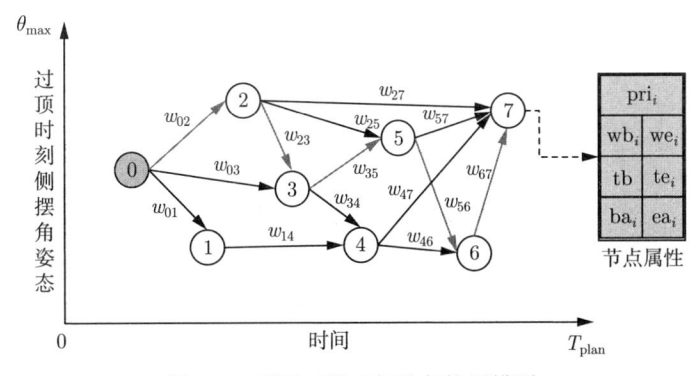

图 4.2 基于时姿坐标的邻接图模型

时姿邻接图模型虽然能够描述面向非时敏移动目标跟踪的 SSATSP，但是也存在不足。首先，图模型是静态的，不能很好地描述问题中时间依赖的转换时间约束特征；其次，面向非时敏移动目标跟踪的 SSATSP 与传统的敏捷卫星调度问题从静态规划来说是一致的，后者已经被 Wolfe 和 Sorensen[2] 证明为 NP-hard 问题。当问题规模增大时，求解空间指数级会爆炸式增长。因此，无论采用经典的数学规划方法还是元启发式方法来求解都很难快速获得问题的最优解，而一般的构造启发式虽然求解很快，但是解的质量不高。借鉴动态规划的思想，可以将问题分解为多阶段的子问题进行求解，由于每个阶段时间是确定的，在这个瞬态下，时姿邻接图模型中已决策节点的时间固定，此时的瞬态时姿邻接图能够更好地描述子问题的状态，根据瞬态时姿邻接图决策需要选择的任务节点，依次构造出问题的序列解。如图 4.3 所示，在每次决策中根据瞬态时姿邻接图（表征每次决策的输入状态 s_n）以及最优决策网络能够决策下一任务节点（表征每次决策的输出动作 a_n），决策之后更新瞬态时姿邻接图以进行下一步决策，这样就能构造出问题的最优调度序列解 $\{0, 2, 3, 5, 6, 7\}$。

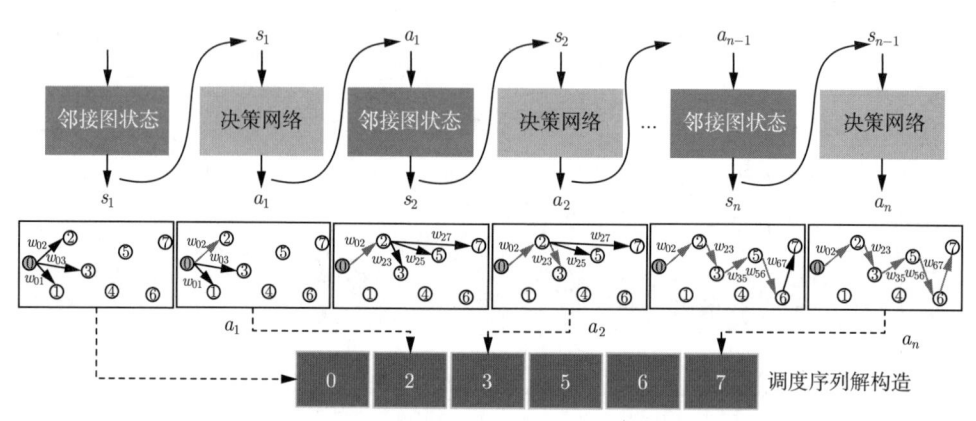

图 4.3　基于瞬态时姿邻接图的 SSATSP 序列解构造

上述过程可以理解为面向非时敏移动目标跟踪的 SSATSP 向 MDP 建模的转化，即面向非时敏移动目标跟踪的 SSATSP 可以采用 $\langle S, A, T, R, C \rangle$ 五元组描述，具体如下。

(1) S 为瞬态时姿邻接图模型的状态集合。

(2) A 单星能够执行的动作集合，即决策的任务集合。

(3) $T : S \times A \to S$ 为状态转移函数。

(4) $R : S \times A \to \mathbf{R}^+$ 为报酬函数，即对应选择任务的优先级。

(5) $C : S \times A \to \{0, 1\}$ 属于约束集合，表征式 (4.2)、式 (4.4) 与式 (4.5) 所代表的约束。当 $C(s, a) = 0$ 有 $T(s, a) = \perp$，表示约束不满足，状态转换不可行。

根据贝尔曼（Bellman）方程，在最优策略 π^* 下，最优值函数满足

$$V^*(s) = \max_{a \in A} [R(s, a) + V(T(s, a))], \quad \forall s \in S, \text{ s.t. } T(s, a) \neq \perp \qquad (4.12)$$

对应的最优策略 π^* 为

$$\pi^*(s) = \arg\max_{a \in A} [R(s,a) + V(T(s,a))], \qquad \forall s \in S, \text{ s.t. } T(s,a) \neq \bot \qquad (4.13)$$

通过上述分析，构建了面向非时敏移动目标跟踪的 SSATSP 图模型表示并转化为 MDP 建模求解，方便后续 GAT 特征提取与强化学习方法的使用。

4.1.4 敏捷姿态机动能力下时间依赖转换时间约束处理

除硬时间窗口约束外，时间依赖的姿态转换时间约束是面向非时敏移动目标跟踪的 SSATSP 中最难处理的约束，其因观测平台的敏捷三轴姿态机动能力存在。在 2.2.1 节中，本书对该时间依赖型约束进行了介绍，这里将分析该约束的特征并给出在该约束条件下根据当前任务确定下一任务的最早成像时间的方法，以辅助整个调度序列解的构造。首先，采用与文献 [151] 相同的办法，定义一个时间延迟函数，该函数亦可以看作式 (4.4) 约束的变形。

定义 4.1　时间延迟函数（time delay function）：对于相邻任务 i 与 j，在时间依赖姿态转换时间约束条件 $(\text{te}_i, \text{tb}_j, \text{trans}(\text{ea}_i, \text{ba}_j))$ 下的时间延迟函数定义为 $\text{tidy}(\text{te}_i, \text{tb}_j) = \text{te}_i + \text{trans}(\text{ea}_i, \text{ba}_j) - \text{tb}_j$。

一般来说，卫星在上一任务结束于 te_i 时开始姿态机动，经过 $\text{trans}(\text{ea}_i, \text{ba}_j)$ 时间完成机动，然后等至 tb_j 时刻进行下一任务成像。当 $\text{tidy}(\text{te}_i, \text{tb}_j) < 0$ 时，说明在成像前已经姿态机动到位，满足最短姿态机动时间约束；当 $\text{tidy}(\text{te}_i, \text{tb}_j) > 0$ 时，则表示违反了最短姿态机动时间约束；当 $\text{tidy}(\text{te}_i, \text{tb}_j) = 0$ 时，则表示机动时间刚好够。

Pralet 和 Verfailie[151] 已经证明，对于敏捷卫星平台来说，其时序约束下时延函数 $\text{tidy}(\text{te}_i, \text{tb}_j)$ 是关于 te_i 单调递增且关于 tb_j 单调递减的。该性质对构造问题的调度序列解具有非常重要的意义，即在不考虑成像质量前提下，辅助确定紧后任务最早成像开始时间，进而压缩任务间姿态转换时间，提高卫星对目标观测窗口的利用率，增加卫星成像总收益。本书设计了 EarliestImageCal（最早成像计算）算法求解紧后任务最早成像开始时间，核心思想是采用线性近似迭代的方法求解，具体算法伪码如算法 4.1 所示。

EarliestImageCal 算法思想实际上是将求解分为 3 种情况来处理：根据时延函数的单调性质，当紧后任务可见窗口开始时间满足姿态机动约束时，整个窗口都是满足的，如图 4.4（a）所示；当紧后任务可见窗口结束时间不满足姿态机动

算法 4.1 EarliestImageCal 算法

输入： 当前任务结束时间 te_i，紧后任务可见时间窗口 $[wb_j, we_j]$，最大迭代次数 NumIter，计算时间精度 prc

输出： 紧后任务的最早开始成像时间 t_m

1: $h_1 = \text{tidy}(te_i, wb_j)$
2: **if** $h_1 \leq 0$ **then**
3:     **return** wb_j //在紧后任务最早可见时间可成像
4: **end if**
5: $h_2 = \text{tidy}(te_i, we_j)$
6: **if** $h_1 > 0$ **then**
7:     **return** $+\infty$ //在整个窗口都无法完成对紧后任务的姿态转换
8: **end if**
9: **for** $j = 1$ to NumIter **do**
10:     $t_m = (h_2 \cdot wb_j - h_1 \cdot we_j)/(h_2 - h_1)$
11:     $h_m = \text{tidy}(te_i, t_m)$
12:     **if** $|h_m| < \text{prc}$ **then**
13:        **return** t_m
14:     **end if**
15:     **if** $h_m > 0$ **then**
16:        $wb_j = t_m$
17:        $h_1 = h_m$
18:     **else**
19:        $we_j = t_m$
20:        $h_2 = h_m$
21:     **end if**
22: **end for**
23: **return** we_j

（a）整个窗口都满足姿态机动约束

（b）整个窗口都无法满足姿态机动约束

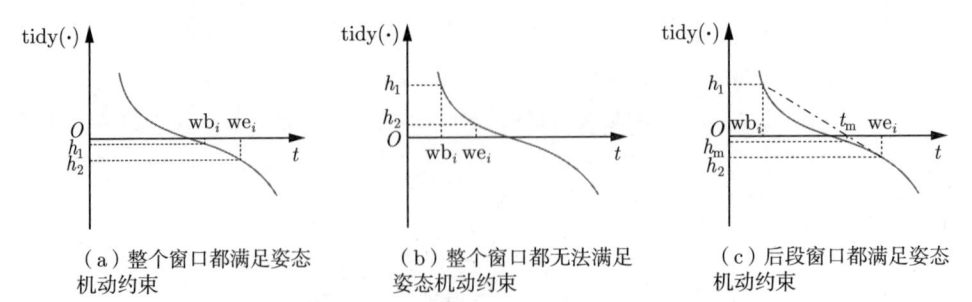

（c）后段窗口都满足姿态机动约束

图 4.4 线性近似迭代求解紧后任务最早开始成像时间

约束时，整个窗口都是不满足的，如图 4.4（b）所示；当紧后任务可见窗口开始时间不满足而结束时间满足时，则采用线性近似方法来替代时延函数进行迭代搜索。

4.2　基于图注意力网络的问题特征提取

上述对问题的分析建模为后续问题的求解提供了一种思路，本节引入 GAT 来构建面向非时敏移动目标跟踪的 SSATSP 调度序列解构造过程中使用的最优决策网络，在提取问题特征的基础上设计 GAT 结构，以实现对面向非时敏移动目标跟踪的 SSATSP 输入图状态属性向输出决策动作概率分布的转化。

4.2.1　图注意力网络

GAT 是由 Veličković 等[152] 提出的一种图神经网络结构，该网络将注意力机制引入图神经网络结构，能够很好地加权图节点之间的关系，获取图的本质结构特征。GAT 对比图卷积网络[153]（GCN）在处理图模型问题时是具备明显优势的。GCN 将局部图结构和节点特征相结合，在节点分类中具有良好的表现，但是 GCN 依赖于图结构，因此限制了该模型在其他图结构的泛化能力。GAT 采用注意力机制，仅对邻近节点特征进行加权求和，其节点特征的更新独立于图结构，在不同规模图结构的泛化能力更强。

GAT 单层嵌入层对节点的属性加权原理如图 4.5 所示。对于一个具备 N 个节点的图 G，其节点的特征可以描述为向量 $\boldsymbol{h} = (\boldsymbol{h}_1, \boldsymbol{h}_2, \cdots, \boldsymbol{h}_N)$，其中 $\boldsymbol{h}_i \in \mathbb{R}^F$，$F$ 为节点特征维度或者数目。通过单层 GAT 能够产生新的节点属性特征 $\boldsymbol{h}' = (\boldsymbol{h}'_1, \boldsymbol{h}'_2, \cdots, \boldsymbol{h}'_N)$，其中 $\boldsymbol{h}'_i \in \mathbb{R}^{F'}$，$F'$ 为新的节点特征数目，则 GAT 单层对节点属性的特征加权可分为以下 4 个步骤。

（1）采用式 (4.14) 对输入节点属性做线性变换，其中 $\boldsymbol{W}$ 为训练参数。

$$\boldsymbol{z}_i = \boldsymbol{W}\boldsymbol{h}_i, \boldsymbol{W} \in \mathbb{R}^{F' \times F} \tag{4.14}$$

（2）将节点 i 的所有相邻节点 j 的 $\boldsymbol{z}$ 向量与节点 i 的 $\boldsymbol{z}$ 向量进行拼接，然后执行点积操作，再采用 LeakyReLU（带泄露修正线性单元）函数进行激活得到原始注意力分数 e_{ij}。这里引入了权值向量 $\boldsymbol{a}$ 作为注意力机制，具体的操作如下所示：

$$e_{ij} = \mathrm{LeakyReLU}\left(\boldsymbol{a}^{\mathrm{T}}[\boldsymbol{z}_i \| \boldsymbol{z}_j]\right), \boldsymbol{a} \in \mathbb{R}^{2F'} \tag{4.15}$$

（3）采用 Softmax（软最大）函数对 c_{ij} 进行操作，得到注意力权重，如下所示：

$$\alpha_{ij} = \frac{\exp(e_{ij})}{\sum\limits_{k \in \boldsymbol{N}_i} \exp(e_{ik})} \tag{4.16}$$

式中，$\boldsymbol{N}_i$ 为节点 i 的所有邻居节点编号集合。

（4）采用如下公式对节点 i 的所有邻居节点做注意力加权求和，得到节点 i 新的节点特征。

$$\boldsymbol{h}'_i = \sigma\left(\sum_{j \in \boldsymbol{N}_i} \alpha_{ij} \boldsymbol{z}_j\right) \tag{4.17}$$

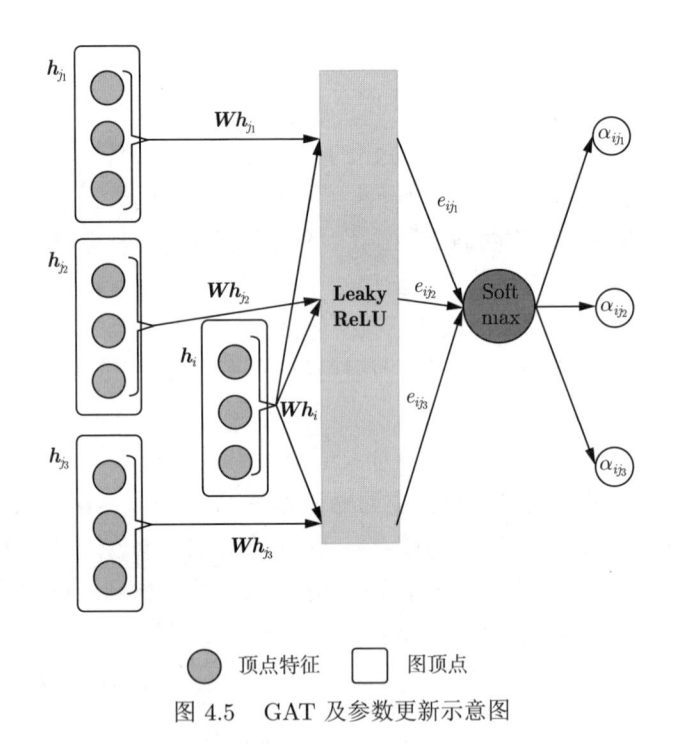

图 4.5　GAT 及参数更新示意图

4.2.2　单星自主任务调度问题特征提取

针对本书的单星自主调度问题，需要提取适合问题的特征，以方便后续网络的训练。从前面构造的时姿邻接图模型来看，想要表达好问题的特征，不仅需要提取每个节点的特征，还必须考虑节点之间的关系，即通过节点与边的属性特征来表征。结合问题的特点，本书提取 8 个节点的特征与 5 个边特征作为问题的特征。边特征存在于两节点之间，能够构造出边特征矩阵 $\boldsymbol{E}$，矩阵中每个元素满足 $e_{ij} = \left(\hat{d}_{ij}, l_i^{\mathrm{n1}}, l_i^{\mathrm{n5}}, l_i^{\mathrm{n10}}, l_i^{\mathrm{n20}}\right) \in \mathbb{R}^5$。由于问题的邻接图是一个无自环的完全图，$\boldsymbol{E}$ 矩阵不存在对角线元素。每个节点都具备独立的节点特征，所有节点特征可以构造出节点特征向量 $\boldsymbol{v}$，节点特征向量每个维度的元素满足 $\boldsymbol{v}_i = \left(\widehat{\mathrm{pri}}_i, \widehat{t}_i^{\mathrm{side}}, \widehat{\theta}_i^{\mathrm{side}}, \widehat{\mathrm{ct}}_i, \widehat{\mathrm{wb}}_i, \widehat{\mathrm{we}}_i, l_i^{\mathrm{wait}}, l_i^{\mathrm{last}}\right) \in \mathbb{R}^8$，如图 4.6 所示。下面具体介绍这些特征的含义以及作为问题输入时实现归一化预处理的方法。需要说明的是，实行归一化处理是为了增强模型的泛化能力，避免数据分布差异导致的网络决策效果弱化或者失效。

（1）边特征 1：时姿坐标下与边关联的两节点距离 d_{ij}。

由于时姿坐标两个维度在度量上是不一致的，需要考虑两者对姿态转换时间的影响对其中的一个维度进行缩放。卫星的姿态转换主要受到姿态的影响，所以考虑对过顶时间的差值进行缩放。另外，卫星在姿态机动时，其侧摆与俯仰的变化对姿态机动模型的影响是等同的，卫星在过顶时间的变化表征对应俯仰角的变化，而最大俯仰角很大程度决定了可见时间窗口的长度，通过俯仰角将时间维度与姿态维度关联在一起，因此缩放程度上应当考虑卫星最大侧摆与俯仰能力均衡。另外，式 (4.11) 采用了曼哈顿距离计算姿态转换角度，因此，为表征该特征在时间依赖姿态转换时间约束上的影响，对于特征 d_{ij} 也采用曼哈顿距离计算，如下所示：

$$d_{ij} = |t_i^{\mathrm{side}} - t_j^{\mathrm{side}}| \cdot 2\varphi_{\max}/\mathrm{tw}_{\max} + |\theta_i^{\mathrm{side}} - \theta_j^{\mathrm{side}}| \tag{4.18}$$

式中，$\mathrm{tw}_{\max}$ 为卫星对目标的最长时间窗口长度；$\varphi_{\max}$ 为卫星的最大俯仰角。对特征 d_{ij} 进行归一化可以得到归一化的特征 $\hat{d}_{ij}$ 如下所示：

$$\hat{d}_{ij} = d_{ij}/(2\theta_{\max} + 2\varphi_{\max} \cdot T_{\mathrm{plan}}/\mathrm{tw}_{\max}) \tag{4.19}$$

式中，$\theta_{\max}$ 为卫星最大侧摆角；T_{plan} 为任务规划周期，通常将其设置为卫星单轨时长。

（2）边特征 2：时姿坐标下，邻居节点 j 是否为与节点 i 距离升序排序第一的节点标识 l_i^{n1}。

对于 $k \in \mathrm{N}_i$，对所有 d_{ik} 进行升序排序，若 d_{ij} 排在第一，则 $l_i^{\mathrm{n1}} = 1$，否则 $l_i^{\mathrm{n1}} = 0$。$l_i^{\mathrm{n1}} \in \{0,1\}$，不需要归一化。

（3）边特征 3：时姿坐标下，邻居节点 j 是否为与节点 i 距离升序排序第五以内的节点标识 l_i^{n5}。

对于 $k \in \mathrm{N}_i$，对所有 d_{ik} 进行升序排序，若 d_{ij} 排在第五以内（包括第五），则 $l_i^{\mathrm{n5}} = 1$，否则 $l_i^{\mathrm{n5}} = 0$。$l_i^{\mathrm{n5}} \in \{0,1\}$，不需要归一化。

图 4.6 问题特征提取

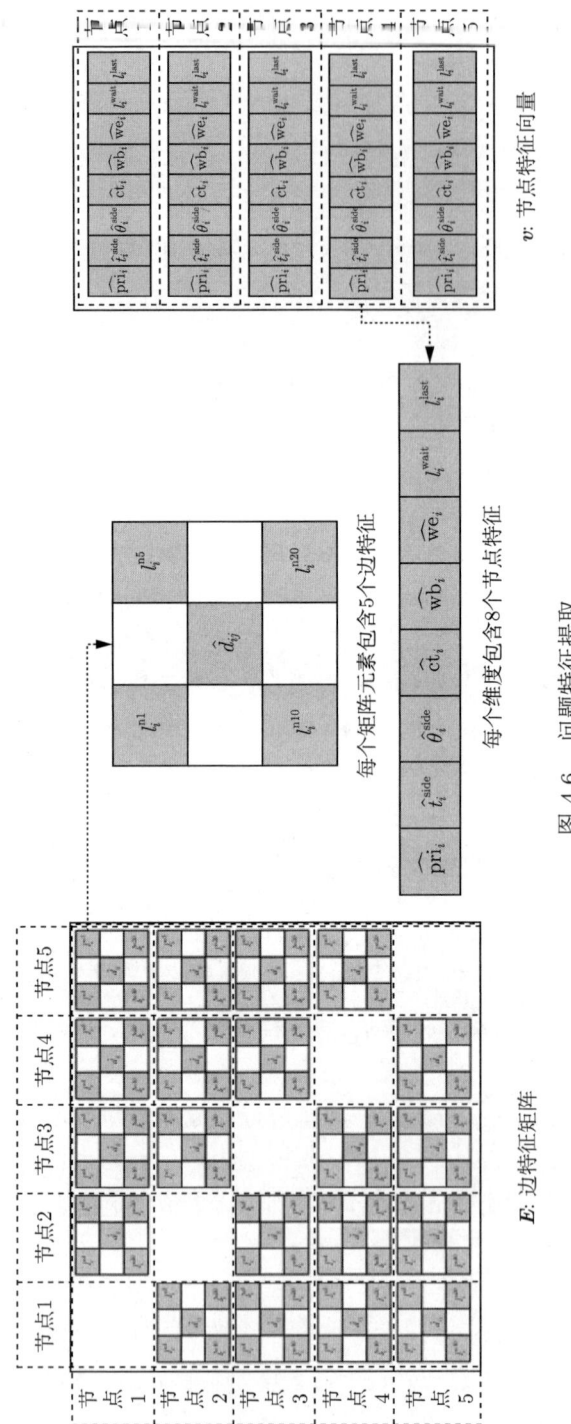

（4）边特征 4：时姿坐标下，邻居节点 j 是否为与节点 i 距离升序排序第十以内的节点标识 $l_i^{\text{n}10}$。

对于 $k \in \text{N}_i$，对所有 d_{ik} 进行升序排序，若 d_{ij} 排在第十以内（包括第十），则 $l_i^{\text{n}10} = 1$，否则 $l_i^{\text{n}10} = 0$。$l_i^{\text{n}10} \in \{0, 1\}$，不需要归一化。

（5）边特征 5：时姿坐标下，邻居节点 j 是否为与节点 i 距离升序排序二十以内的节点标识 $l_i^{\text{n}20}$。

对于 $k \in \text{N}_i$，对所有 d_{ik} 进行升序排序，若 d_{ij} 排在二十以内（包括二十），则 $l_i^{\text{n}20} = 1$，否则 $l_i^{\text{n}20} = 0$。$l_i^{\text{n}20} \in \{0, 1\}$，不需要归一化。

（1）节点特征 1：节点 i 的优先级属性 pri_i。

优先级属性表征了任务的重要性，同时也是系统优化获取最大效益的度量。对其进行归一化得到 $\widehat{\text{pri}}_i$，如下所示：

$$\widehat{\text{pri}}_i = \text{pri}_i / \text{pri}_{\max} \tag{4.20}$$

式中，$\widehat{\text{pri}}_{\max}$ 为最大优先级。

（2）节点特征 2：节点 i 对应任务的过顶时间 t_i^{side}。

过顶时间作为时姿坐标维度之一，能够衡量任务的属性特征。对其进行归一化得到 $\widehat{t}_i^{\text{side}}$，如下所示：

$$\widehat{t}_i^{\text{side}} = t_i^{\text{side}} / T_{\text{plan}} \tag{4.21}$$

（3）节点特征 3：节点 i 对应任务的过顶侧摆角 θ_i^{side}。

过顶侧摆角作为时姿坐标之一，能够表征目标位置，影响姿态转换计算。对其进行归一化得到 $\widehat{\theta}_i^{\text{side}}$，如下所示：

$$\widehat{\theta}_i^{\text{side}} = \frac{\theta_i^{\text{side}} + \theta_{\max}}{2\theta_{\max}}, \quad \theta_i^{\text{side}} \in [-\theta_{\max}, \theta_{\max}] \tag{4.22}$$

（4）节点特征 4：节点 i 对应任务的持续观测时间 ct_i。

持续观测时间能够衡量任务对资源的消耗，将其纳为节点特征之一。对其归一化得到 $\widehat{\text{ct}}_i$，如下所示：

$$\widehat{\text{ct}}_i = \frac{\text{ct}_i - \text{ct}_{\min}}{\text{ct}_{\max} - \text{ct}_{\min}} \tag{4.23}$$

式中，$\text{ct}_{\min}$、$\text{ct}_{\max}$ 分别为任务的最短、最长持续观测时间；$\text{ct}_i \in [\text{ct}_{\min}, \text{ct}_{\max}]$。

（5）节点特征 5：节点 i 对应任务的可见时间窗口开始时间 wb_i。

可见时间窗口开始时间表征了任务能够被开始观测的时间，对任务的选择调度具有重要意义。对其归一化得到 $\widehat{\text{wb}}_i$，如下所示：

$$\widehat{\text{wb}}_i = \text{wb}_i / T_{\text{plan}} \tag{4.24}$$

(6) 节点特征 6：节点 i 对应任务的可见时间窗口结束时间 we_i。

可见时间窗口结束时间表征了任务能够被最晚观测的时间，对任务的选择调度具有重要意义。对其归一化得到 $\widehat{we}_i$，如下所示：

$$\widehat{we}_i = we_i / T_{\text{plan}} \tag{4.25}$$

(7) 节点特征 7：节点 i 对应的任务是否为当前状态待选择的任务的标识 l_i^{wait}。

对于每个图状态，需要通过网络进行决策下一个选择的任务，选择的任务必须是可行的，即必须出现在候选任务集合中。在候选任务集中，任务根据约束检查得到，l_i^{wait} 特征表示决策选择任务的可行性。当节点 i 对应的任务在候选任务集之内时，$l_i^{\text{wait}} = 1$，否则 $l_i^{\text{wait}} = 0$。$l_i^{\text{wait}} \in \{0, 1\}$，不需要归一化。

(8) 节点特征 8：节点 i 对应的任务是否为当前已调度序列中最后一个任务的标识 l_i^{last}。

l_i^{last} 用来表示节点 i 对应的任务是否为当前决策状态对应的任务，其与 l_i^{wait} 作为问题重要的状态属性，在推进序列解的构造中发挥着关键作用。判断 l_i^{last} 是否为当前已调度序列中最后一个任务，若是，则 $l_i^{\text{last}} = 1$，否则 $l_i^{\text{last}} = 0$。$l_i^{\text{last}} \in \{0, 1\}$，不需要归一化。

4.2.3 单星自主任务调度问题的图注意力网络结构

以上特征属性作为 GAT 的输入，通过网络对当前的状态进行特征提取，在网络终端通过 Mask（掩码）机制对不可行动作进行规避，最终输出动作的评分。GAT 作为问题序列决策的网络，是后续训练的核心"大脑"。本书针对 SSATSP 采用的网络结构如图 4.7 所示。

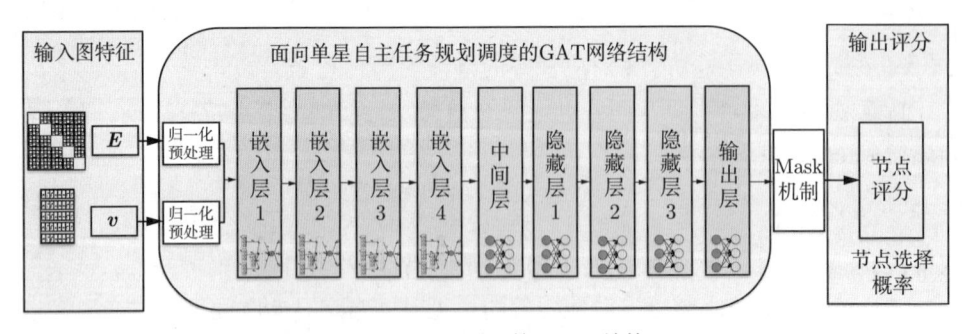

图 4.7 SSATSP 的 GAT 结构

从图 4.7 中可以看到，网络分为 9 层，属于典型的深度学习网络。前面 4 层为嵌入层，全部采用单层 GAT，通过注意力机制对边与节点属性进行加权并更新新的节点属性特征。需要注意的是，更新后的节点属性维度与提取的输入特征维度不一致。后面 5 层全部为全连接层，仅仅负责图节点特征的更新，其中，第 5 层为中间层，负责网络维度的转换，第 6~8 层为隐藏层，其维度保持一致，最后一层为输出层，其输出维度为 1。整个网络对节点的特征更新是独立于图结构的，意味着其仅仅对特征进行加权，所以学习得到的决策网络不受图节点规模的影响，并且不同节点规模图训练得到的网络参数数量是相等的，这凸显了 GAT 在泛化能力上的优势。

对于输入节点特征 $\boldsymbol{v}_i \in \mathbb{R}^{F_1}$ 与边特征 $\boldsymbol{e}_{ij} \in \mathbb{R}^{F_2}$，显然有 $F_1 = 8$，$F_2 = 5$。为了避免复杂化网络，本书令采用的 GAT 结构除去两端的中间网络层结构的维度保持一致，统一为 F_3。特征数据在网络层中的传递过程如下（其中，l 表示网络层标识 $l \in [1,9] \wedge l \in \mathbb{N}^+$）。

1. 嵌入层网络传递（$l \in [1,4]$）

节点特征数据 $\boldsymbol{v}$ 在嵌入层网络传递依序采用式 (4.26)~式 (4.28) 的方式进行，其应满足式 (4.29) 所示的条件，层与层之间采用 ReLU 函数激活。边特征数据 $\boldsymbol{E}$ 在嵌入层网络传递采用式 (4.30) 的方式进行，其应满足式 (4.31) 和式 (4.32) 所示的条件，层与层之间同样采用 ReLU 函数激活：

$$\boldsymbol{z}_{ij}^{(l)} = \boldsymbol{W}_{\boldsymbol{v}}^{(l)} \left[\boldsymbol{v}_i^{(l)} \left\| \boldsymbol{e}_{ij}^{(l)} \right\| \boldsymbol{v}_j^{(l)} \right] \tag{4.26}$$

$$\alpha_{ij}^{(l)} = \frac{\exp\left(\text{LeakyReLU}\left(\boldsymbol{a}^{(l)T} \boldsymbol{z}_{ij}^{(l)}\right)\right)}{\sum\limits_{k \in \mathrm{N}_i} \exp\left(\text{LeakyReLU}\left(\boldsymbol{z}_{ik}^{(l)}\right)\right)}, \quad \boldsymbol{a}^{(l)} \in \mathbb{R}^{F_3} \tag{4.27}$$

$$\boldsymbol{v}_i^{(l+1)} = \text{ReLU}\left(\sum_{j \in \mathrm{N}_i} \alpha_{ij}^{(l)} \boldsymbol{z}_{ij}^{(l)}\right) \tag{4.28}$$

$$\boldsymbol{W}_{\boldsymbol{v}}^{(l)} \in \begin{cases} \mathbb{R}^{F_3 \times (2F_1 + F_2)}, & l = 1 \\ \mathbb{R}^{F_3 \times (2F_3)}, & l \in [2,4] \end{cases} \tag{4.29}$$

$$\boldsymbol{e}_{ij}^{(l+1)} = \text{ReLU}\left(\boldsymbol{W}_{\boldsymbol{E}}^{(l)} \boldsymbol{v}_i^{(l)} + \boldsymbol{W}_{\boldsymbol{E}}^{(l)} \boldsymbol{v}_j^{(l)} + \boldsymbol{W}_{\boldsymbol{EE}}^{(l)} \boldsymbol{e}_{ij}^{(l)}\right) \tag{4.30}$$

$$\boldsymbol{W}_{\boldsymbol{E}}^{(l)} \in \begin{cases} \mathbb{R}^{F_3 \times F_1}, & l = 1 \\ \mathbb{R}^{F_3 \times F_3}, & l \in [2,4] \end{cases} \tag{4.31}$$

$$\boldsymbol{W}_{\boldsymbol{EE}}^{(l)} \in \begin{cases} \mathbb{R}^{F_3 \times F_2}, & l = 1 \\ \mathbb{R}^{F_3 \times F_3}, & l \in [2,4] \end{cases} \tag{4.32}$$

2. 中间层及隐藏层网络传递（$l \in [5,8]$）

中间层及隐藏层全部为全连接层，输入与输出的维度皆为 F_3，其数据传递采用式 (4.33) 所示方式，层与层之间同样采用 ReLU 函数激活。

$$\boldsymbol{v}_i^{(l+1)} = \text{ReLU}\left(\boldsymbol{W}_{\boldsymbol{v}}^{(l)} \boldsymbol{v}_i^{(l)}\right), \qquad \boldsymbol{W}_{\boldsymbol{v}}^{(l)} \in \mathbb{R}^{F_3 \times F_3} \tag{4.33}$$

3. 输出层网络传递（$l = 9$）

输出层亦为全连接层，输出的维度为 1，其数据传递采用如下所示方式：

$$\boldsymbol{v}_i^{(l+1)} = \boldsymbol{W}_{\boldsymbol{v}}^{(l)} \boldsymbol{v}_i^{(l)}, \boldsymbol{W}_{\boldsymbol{v}}^{(l)} \in \mathbb{R}^{1 \times F_3} \tag{4.34}$$

Mask 机制的引入是为了规避不可行的动作选择，即对于违反约束的节点对应的任务，采用 Mask 机制控制其输出评分为零。称节点 i 的 Mask 标签为 m_i，当在决策下一个节点时，若节点 i 对应的任务违反约束，则 $m_i = 0$，否则 $m_i = 1$。若最终输出节点 i 的评分为 $\boldsymbol{v}_i^*$，则可以依序通过如下计算公式实现 Mask 机制。

$$\boldsymbol{v}_i^* = \boldsymbol{v}_i^* + \left|\min_i \boldsymbol{v}_i^*\right| \tag{4.35}$$

$$\boldsymbol{v}_i^* = \boldsymbol{v}_i^* - \max_i \left(\boldsymbol{v}_i^* m_i\right) \tag{4.36}$$

$$\boldsymbol{v}_i^* = \frac{\exp\left(\boldsymbol{v}_i^* m_i\right)}{\sum\limits_{k} \exp\left(\boldsymbol{v}_k^* m_k\right)} \tag{4.37}$$

$$\boldsymbol{v}_i^* = \frac{\boldsymbol{v}_i^* m_i}{\sum\limits_{k} \boldsymbol{v}_k^* m_k} \tag{4.38}$$

4.3 基于近端策略优化的深度强化学习的问题求解

4.2 节在模型转化基础上，引入了 GAT 作为问题的求解决策。然而朴实的网络结构是无法实现最优决策的，必须经过训练数据的学习实现网络结构参数的最优调整才能够达到问题的有效求解。GAT 的优劣决定了问题最终的求解质量，这依赖于训练数据与训练方法的效率。对于面向非时敏移动目标跟踪的 SSATSP，目前缺乏标准的有监督学习数据，可以通过自生成训练数据进行学习。强化学习作为当前计算时代热门的机器学习方法，能够完成数据自生成、自采集以及模型自训练、自提升，很适合解决序列化建模的面向非时敏移动目标跟踪的 SSATSP。本书将采用高效的强化学习方法实现对 GAT 决策网络训练，获取最优决策网络，达到对问题的有效求解。

4.3.1 问题求解框架

在将面向非时敏移动目标跟踪的 SSATSP 转化为图模型，并采用 MDP 进行建模的基础上，本书引入了 GAT。在网络训练上，将采用近端策略优化（PPO）的方法，实现对 GAT 的训练。通过上述步骤构建问题的求解方法框架与求解过程，具体如图 4.8 所示。

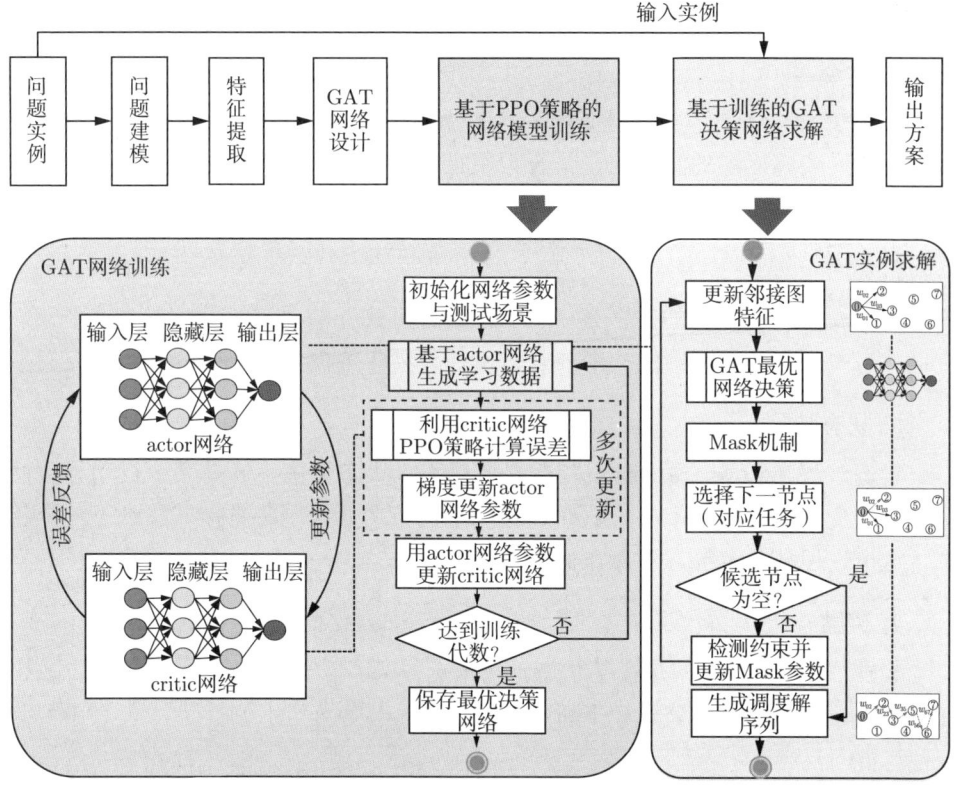

图 4.8　基于 PPO 的 DRL 的 SSATSP 求解框架

基于 PPO 深度强化学习的 SSATSP 求解框架包含从问题实例、建模、特征提取、网络设计、网络训练、基于网络求解到方案输出的整个流程，重点在于基于网络的问题求解与网络模型的训练。基于网络的问题求解是一个序列解构造的过程，通过循环调用最优决策网络实现对调度序列解的构造，该过程与网络训练过程中在每个 episode（回合）采集学习数据的过程是一致的。本节将重点讲解基于 PPO 的网络模型训练。PPO 是强化学习的一种策略梯度方法，该方法基于行动者-评论者（actor-critic）学习框架，actor 网络负责生成动作并和环境进行交互，critic 网络负责评估 actor 网络表现并进行误差反馈，最后每次学习迭代将采用复制 actor 网络的方式更新 critic 网络，两者不断进行交互提升，达到网络参数的最优化。

4.3.2 强化学习中的基本概念

为帮助了解求解最优网络的训练过程，本书首先给出强化学习中的一些基本概念。

1. 状态

状态（states）通常是描述问题特征的所有集合，在本书中，其具体指的是问题转化为时姿邻接图的特征向量集合，集合中每一个元素对应一个状态，也就是提取的时姿邻接图的边与节点特征 $\{\boldsymbol{E}, \boldsymbol{v}\}$。

2. 动作

动作（actions）指的是在某一状态下所有可选择的决策对象。在本书中，一个动作对应时姿邻接图中的一个节点，也是卫星任务规划中的一个任务。

3. 状态转移

状态转移（state transition）指的是在某一状态下决策选择某一行动导致问题状态改变的过程。在本书中，在选择一个任务之后问题将直接转移到下一个状态，这个过程是确定的，不存在概率性特征。

4. 奖励

奖励（rewards）指的是在某状态下决策选择某一动作带来的系统性收益变化。在本书中，奖励的计算公式如下所示：

$$r\left(\{\boldsymbol{E}_t, \boldsymbol{v}_t\}, \boldsymbol{v}_i\right) = \mathrm{pri}_i \tag{4.39}$$

从单步决策角度来看，动作的奖励就是选择节点对应任务的优先级收益，可以乘以折扣因子。但是，对于一个序列决策来说，还需要考虑其未来的收益值，因此后面将针对奖励的设置作具体说明。

5. 策略

策略（policy）指的是当通过决策网络计算出待选择节点的评分后，进行动作选择的方法。本书中存在两种动作选择策略，在网络训练过程中采用依输出概率抽样选择或者也可以看作轮盘赌方式选择，当采用网络进行求解时，采用贪婪规则选择输出概率评分最大的节点。

强化学习方法在学习过程中会根据收集到的每个"状态-动作-奖励"组合数据对网络进行正向或反向的强化，从而达到网络参数的自适应调整，实现网络的训练。

4.3.3 基于 GAT 的问题求解

采用训练得到的 GAT 在求解问题时是一个序列决策实现序列解构造的过程，循环调用 GAT 并使用贪婪规则就能实现序列解的构造，具体求解过程如算法 4.2 所示。

算法 4.2 GATSolver 算法

输入： 当前 SSATSP 实例图特征 $\{\boldsymbol{E}_0, \boldsymbol{v}_0\}$，卫星约束集合 C，卫星初始状态 S_0^{sat}
输出： 调度的任务序列解 Sln

1: Sln $= \varnothing$
2: **for** $t = 0$ to $(|\boldsymbol{v}| - 1)$ **do**
3:    $\Omega_{\text{cdt}} = \text{calCandidateTask}\left(S_t^{\text{sat}}, C\right)$
4:    **if** $\Omega_{\text{cdt}} = \varnothing$ **then**
5:       **return** Sln   //候选任务集合为空则完成求解
6:    **end if**
7:    $\boldsymbol{v}^* = Q^{\text{GAT}}\left(\boldsymbol{E}_t, \boldsymbol{v}_t\right)$
8:    $\boldsymbol{v}^* = \text{Mask}\left(\boldsymbol{v}^*\right)$
9:    $j = \underset{i}{\arg\max}\ \boldsymbol{v}^*$ //根据贪婪规则选择下一节点对应任务，获取索引
10:   $t_m = \text{EarliestImageCal}\left(S_t^{\text{sat}}, [\text{wb}_j, \text{we}_j]\right)$
11:   Sln.append$\left(\{j, t_m, t_m + \text{ct}_j\}\right)$
12:   $\left(\boldsymbol{E}_{t+1}, \boldsymbol{v}_{t+1}, S_{t+1}^{\text{sat}}\right) \leftarrow \text{update}\left(\boldsymbol{E}_t, \boldsymbol{v}_t, S_t^{\text{sat}}\right)$
13: **end for**

4.3.4 基于 PPO 的网络模型训练

强化学习按照学习策略可以分为基于值和基于策略两种，具有代表性的分别为 Q 学习（Q-learning）与策略梯度（policy gradient）算法。深度 Q 网络（DQN）是 Q 学习与深度学习的结合，能够决策更为复杂的问题。而后又出现了 DRL 中更为优秀的"行动者-评论者"(actor-critic)、异步优势"行动者-评论者"(asynchronous advantage actor-critic，A3C)等策略梯度算法。PPO 是 Schulman 等[154]于 2017 年提出的一种 DRL 算法，采用行动者-评论者框架，其具备良好的学习性能且具有广泛的适用性，尤其是在连续变量决策问题中表现出色。PPO 提出了新的目标

函数可以在多个训练步骤实现小批量的更新，解决了策略梯度算法中步长难以确定的问题，而且易于求解。综合 PPO 众多优势，本书拟采用基于 PPO 的 DRL 实现网络的训练。下面主要介绍训练中的奖励设计以及网络训练过程。

1. 奖励值设计

奖励值作为训练过程中误差反馈组成的重要部分，关系到网络训练的收敛性及收敛程度。关于奖励值的设计，本书主要考虑两种情况，第一种是训练数据采集时的奖励，第二种是采用梯度下降法更新网络参数需要计算损失函数时的奖励。第一种情况采用式 (4.39)，直接将节点对应优先级作为奖励。第二种情况，在序列决策中，某一个动作的选择收益并非只是当前的，需要考虑对后续行动选择的影响，所以应该将行动选择终止前的奖励叠加到当前动作选择上，体现其对未来长期收益的评估。因此，单次训练数据（给定实例，从零状态调用网络决策直到候选节点为空）采集获取的"状态-动作-奖励"序列为

$$\{[(\boldsymbol{E}_0,\boldsymbol{v}_0),j_0,r_0],[(\boldsymbol{E}_1,\boldsymbol{v}_1),j_1,r_1],\cdots,[(\boldsymbol{E}_n,\boldsymbol{v}_n),j_n,r_n]\} \tag{4.40}$$

则奖励值更新为

$$\hat{r}_i = \sum_{k=i}^{n} r_k = \sum_{k=i}^{n} \gamma \cdot \text{pri}_{j_k} \tag{4.41}$$

式中，γ 为折扣因子。

2. 网络训练

网络的具体训练过程如下。

步骤 1：初始化训练参数，如裁剪因子 ϵ、均方差系数 c_1、熵值系数 c_2、批规模 K、参数更新步长 Tp、参数更新优化次数 k、训练场景数 N。

步骤 2：生成新的训练实例 $\text{Emp} = \{\boldsymbol{E},\boldsymbol{v},S^{\text{sat}}\}$。

步骤 3：根据状态 $s_t = (\boldsymbol{E}_t,\boldsymbol{v}_t)$ 采用 Actor 网络输出的概率进行抽样选择每个节点对应的动作 a_t，记录对应的动作概率 $p_{\Theta_Q}(a_t|s_t)$，如下所示：

$$a_t = \text{sample}(Q_\Theta(\boldsymbol{E},\boldsymbol{v})) \tag{4.42}$$

式中，$\text{sample}(\cdot)$ 为概率抽样函数，依据概率获取位置索引。

步骤 4：执行选择动作 a_t，计算奖励 r_t，并将样本 $\{s_t,a_t,r_t,p_{\Theta_Q}(a_t|s_t)\}$ 保存在采样池中。累计采样次数 $\text{tp} = \text{tp} + 1$。

步骤 5：判断采样次数 t 是否达到参数更新步长 Tp，若 $\text{tp} = \text{Tp}$ 则转入下一步参数训练更新，否则转入步骤 15。

步骤 6：根据式 (4.41) 更新采样池中的奖励值数据。

步骤 7：根据批处理规模 K，计算 Critic 与 Actor 网络即新旧网络的输出概率比值 $u_t(\Theta)$，如下所示：

$$u_t(\Theta) = \frac{p_{\Theta_V}(a_t|s_t)}{p_{\Theta_Q}(a_t|s_t)} \tag{4.43}$$

步骤 8：计算优势函数 $\hat{A}_t$，如下所示：

$$\hat{A}_t = \hat{r}_t - V_\Theta(a_t|s_t) \tag{4.44}$$

步骤 9：计算替代损失值 $L_t(\Theta)$，如下所示：

$$L_t(\Theta) = \hat{E}_t\left[L_t^{\mathrm{CLIP}}(\Theta) - c_1 L_t^{\mathrm{VF}}(\Theta) + c_2 S[p_\Theta](s_t)\right] \tag{4.45}$$

式中，CLIP 损失 L_t^{CLIP}，均方误差 $L_t^{\mathrm{VF}}(\Theta)$ 和熵奖励 S 分别为

$$L_t^{\mathrm{CLIP}}(\Theta) = \min\left(u_t(\Theta)\hat{A}_t, \mathrm{clip}(u_t(\Theta), 1-\epsilon, 1+\epsilon)\hat{A}_t\right) \tag{4.46}$$

$$L_t^{\mathrm{VF}}(\Theta) = (\hat{r}_t - V_\Theta(a_t|s_t))^2 \tag{4.47}$$

$$S[p_\Theta](s_t) = -\sum_a p_\Theta(a_t|s_t)\ln(p_\Theta(a_t|s_t)) \tag{4.48}$$

式 (4.46) 中，$\mathrm{clip}(\cdot)$ 为修剪函数，能够将 $u_t(\Theta)$ 限制在 $[1-\epsilon, 1+\epsilon]$。

步骤 10：采用随机梯度下降（stochastic gradient desent，SGD）法更新网络参数 Θ。

步骤 11：若完成所有批次训练，转入下一步骤，否则转入步骤 7。

步骤 12：若完成 k 次参数更新，转入下一步骤，否则转入步骤 7。

步骤 13：采用 Actor 网络参数更新 Critic 网络参数，即 $\Theta_V = \Theta_Q$。

步骤 14：清空采样池，采样计数 $t = 1$。

步骤 15：若当前实例数据采样状态终止，则转入步骤 2，否则转入下一步骤。

步骤 16：若训练场景数达到 N，则终止网络训练并返回网络参数 Θ，否则转入步骤 2。

上述步骤对训练过程进行了详尽描述，为帮助读者更好地了解训练逻辑，针对 GAT 的训练，给出基于 PPO 的 DRL 算法，如算法 4.3 所示。

算法 4.3   GAT-PPO 算法

输入：初始化训练参数裁剪因子 ϵ、均方差系数 c_1、熵值系数 c_2、批规模 K、参数更新步长 Tp、参数更新优化次数 k、训练场景数 N

输出：GAT 最优网络参数 Θ

1: **repeat**
2:     Generate instance Emp $= \{\boldsymbol{E}, \boldsymbol{v}, S^{\text{sat}}\}$.
3:     **while** s_t is not done **do**
4:       Choose a_t by sampling according to $p_{\Theta_Q}(a_t|s_t)$.
5:       Execute a_t, gather r_t and $p_{\Theta_Q}(a_t|s_t)$, update $s_{t+1} = (\boldsymbol{E}_{t+1}, \boldsymbol{v}_{t+1})$.
6:       Store $\{s_t, a_t, r_t, p_{\Theta_Q}(a_t|s_t)\}$ in sampling pool.
7:       tp = tp + 1
8:       **if** tp = Tp **then**
9:         Update r
10:        **repeat**
11:           **repeat**
12:             $u_t(\Theta) = \dfrac{p_{\Theta_V}(a_t|s_t)}{p_{\Theta_Q}(a_t|s_t)}$
13:             $\hat{A}_t = \hat{r}_t - V_\Theta(a_t|s_t)$
14:             $L_t(\Theta) = \hat{\mathrm{E}}_t \big[L_t^{\text{CLIP}}(\Theta) + c_1 L_t^{\text{VF}}(\Theta) +$
15:               $c_2 S[p_\Theta](s_t)\big]$
16:             Update Θ using **SGD**.
17:           **until** All $\lfloor \text{Tp}/K \rfloor$ batches trained
18:        **until** Update Θ with k epochs
19:        $\Theta_V = \Theta_Q$
20:        Clear Sampling pool.
21:        tp = 1
22:       **end if**
23:     **end while**
24: **until** All N episodes end.
25: **return** Θ

4.4 仿真实验及分析

4.4.1 仿真实验设计

  本书针对面向非时敏移动目标跟踪的 SSATSP 旨在设计一种快速、高效、质优的求解算法，以达到对移动目标动态变化的快速响应，实现星上完全自主规划。针对 GAT-PPO 算法，本章实验拟先检测其训练网络的收敛性，而后检测其在求

第4章 面向非时敏移动目标跟踪的单星自主任务调度技术

解面向非时敏移动目标跟踪的 SSATSP 的可行性，最后采用经典的启发式算法、元启发式算法及机器学习算法进行对比，检测算法对问题的求解效率。实验不考虑与精确算法的对比，因为精确算法在求解该类 NP-hard 困难问题时过于缓慢甚至内存溢出，无法处理问题中时间依赖的转换时间等非线性约束，尽管求解质量很高，但是速度缓慢，难以在星上应用。在实验过程中，主要采用式 (4.1) 所示的调度总收益（scheduling revenue，SP）与调度耗时（scheduling time，ST）两个指标来评估算法性能。需要说明的是，本章实验对 GAT 的训练与使用是在不同平台进行的，网络的训练平台为服务器（CPU：Intel 4210R；GPU：NVIDIA RTX 2080Ti，11GB 显存），网络的测试使用平台为台式机（CPU: Inter(R) Core(TM) i5-4460，主频 3.2GHz；RAM：12GB）。台式机缺乏独立显卡，没有 GPU 对张量的加速计算，对算法性能要求更高，更适合仿真星上测试。

本书根据卫星资源轨道特征设计了测试算例的生成算法，在算例生成时控制其属性参数服从具体分布（以均匀分布为主），使得任务之间的冲突较大，更加彰显测试算法对资源调度的效能。测试算列参数的分布情况如表 4.2 所示，采用的卫星能力约束参数设置如表 4.3 所示，与最短姿态转换时间计算相关的常量取值为 $a_1 = 1.5$，$a_2 = 2$，$a_3 = 2.5$，$a_4 = 3$，$b_0 = 11.66$，$b_1 = 5$，$b_2 = 10$，$b_3 = 16$，$b_4 = 22$，$z_0 = 10$，$z_1 = 30$，$z_2 = 60$，$z_3 = 90$。采用上述规则与参数，实验测试生成了任务规模分别为 40、60、80 与 100 的单个算例，如图 4.9 所示，其中任务窗口上的标注对应为其任务编号与优先级。从图 4.9 中可以看到，任务的窗口分布相对密集，任务之间的冲突明显，对后续测试算法的性能起到很好的衡量基准作用。

表 4.2 测试算例生成过程中的参数分布

测试算例参数	具体分布	分布参数
任务过顶侧摆角 θ^{side}	$U(-\theta_{\max}, \theta_{\max})$	$\theta_{\max} = 45°$
任务分布区间中心位置 χ	$U(\lambda n_{\text{tsk}} + \text{tw}_{\max}/2,$ $T_{\text{plan}} - \lambda n_{\text{tsk}} - \text{tw}_{\max}/2)$	$\text{tw}_{\max} = 300 \text{ s}, T_{\text{plan}} = 5\,400 \text{ s}$
任务过顶时间 t^{side}	$U(\chi - \lambda n_{\text{tsk}}, \chi + \lambda n_{\text{tsk}})$	$\lambda = 12$
任务观测时长 ct	$U(\text{ct}_{\min}, \text{ct}_{\max})$	$\text{ct}_{\min} = 5 \text{ s}, \text{ct}_{\max} = 20 \text{ s}$
任务优先级 pri	$U(1, \text{pri}_{\max})$	$\text{pri}_{\max} = 10$
任务窗口长度 l_{tw}	$U(\text{tw}_{\max}/4, \text{tw}_{\max}/2)$	$\text{tw}_{\max} = 300 \text{ s}$

注：上述参数生成皆为整数。

表 4.3　卫星能力约束参数表

参数名称	参数值
卫星最大侧摆角 $\theta_{\max}$	45°
卫星最大俯仰角 $\varphi_{\max}$	45°
卫星最大偏航角 $\psi_{\max}$	90°
卫星初始电量 Egy	5 000 unit
卫星剩余电量阈值 ζ	0.05
初始侧摆角 θ_0	0°
初始俯仰角 φ_0	0°
初始偏航角 ψ_0	0°
卫星初始状态时间 t	0 s
姿态机动单位时间电量消耗 ute	2 unit
成像单位时间电量消耗 uie	2 unit

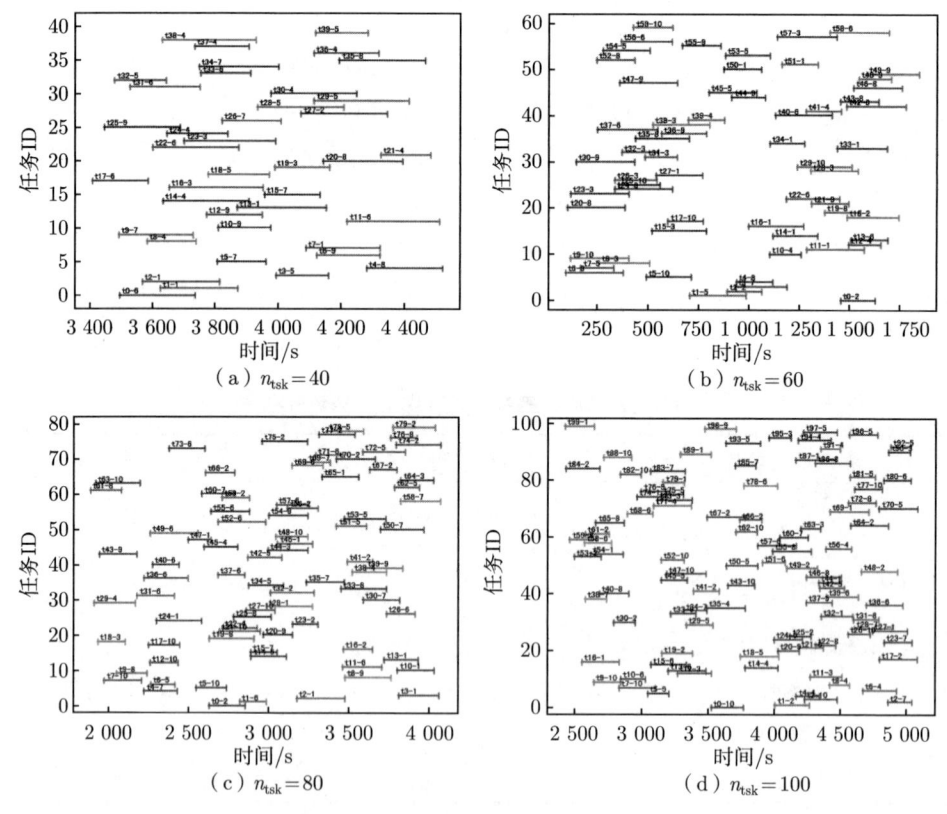

(a) $n_{tsk}=40$

(b) $n_{tsk}=60$

(c) $n_{tsk}=80$

(d) $n_{tsk}=100$

图 4.9　不同任务规模下算例生成示例

4.4.2 训练过程分析

GAT 训练过程中，采用了如表 4.4 所示的训练参数，参数的设定根据经验值，部分参考经典的设定。在训练过程中，训练随机生成的场景全部都采用表 4.2 所示规则生成。为了检测训练的效果以及分析训练的收敛性，在训练过程中，实验生成了 100 个算例对训练网络进行测试，记录每代训练结果得到的 100 个场景的平均收益值，并以此值衡量整个训练过程中网络的收敛性。

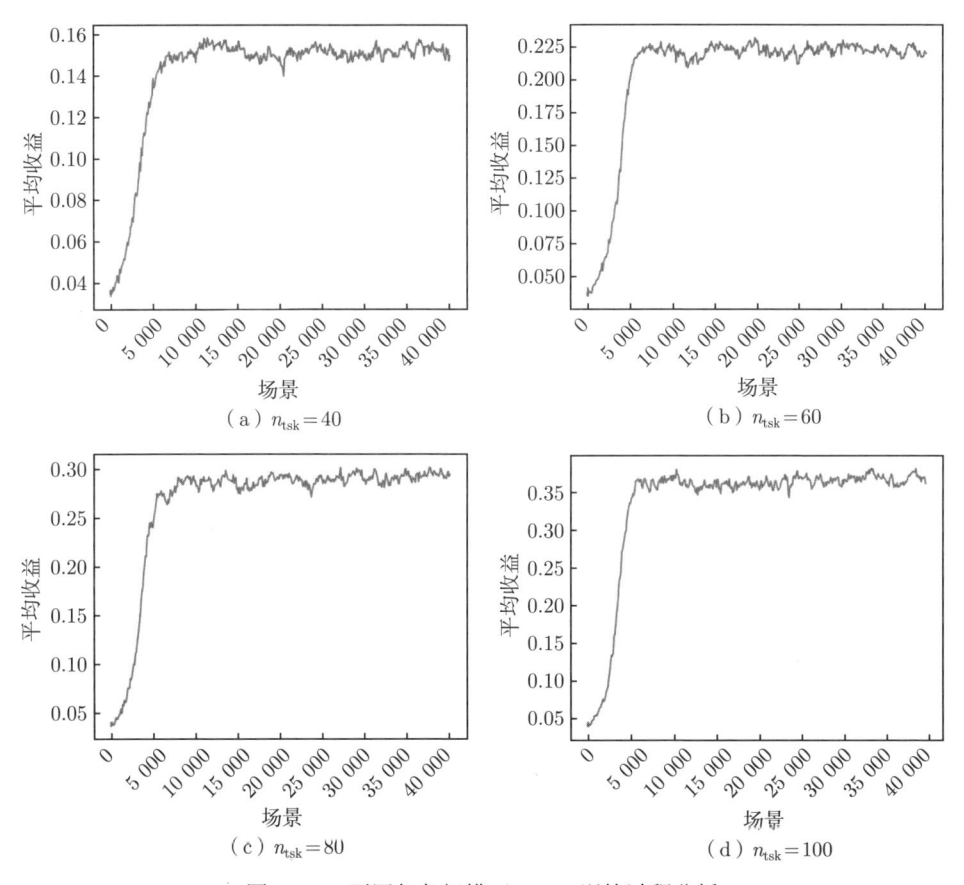

(a) $n_{tsk}=40$

(b) $n_{tsk}=60$

(c) $n_{tsk}=80$

(d) $n_{tsk}=100$

图 4.10 不同任务规模下 GAT 训练过程分析

在训练过程中，实验针对任务规模 n_{tsk} 为 40、60、80 以及 100 的场景进行训练，根据上述记录值，得到的 GAT-PPO 训练过程结果如图 4.10 所示。从 4 种规模的训练结果中可以看到，测试场景收益前 5 000 个 episode 的训练中增长很快，说明网络通过参数在持续更新中。当达到 1 000 个 episode 时，网络收益变化开始趋于平缓，后续基本稳定。这说明 GAT 在 PPO 算法的训练下收敛迅速，训练效果显著。另外,对于小规模训练网络 $n_{\text{tsk}} = 40$ 与 $n_{\text{tsk}} = 60$,可以看到收益变化趋缓,收益偶然会出现较大幅下降,但是随后会恢复,说明算法参数设定还是较为稳定的,能够始终保持正向引导。总体来看,在 40 000 个 episode 的训练后,网络基本稳定收敛,能够得到趋于最优的决策网络。

表 4.4 GAT 训练参数

训练参数	参数值
修剪函数参数 ϵ	0.1
均方差系数 c_1	0.5
熵奖励值系数 c_2	0.001
批训练规模 K	16
参数更新步长 T	1 024
参数更新优化次数 k	3
训练 episode 代数 N	40 000
奖励折扣因子 γ	0.001
嵌入层维度 F_3	64
隐藏层 n_{hid}	3
学习率 lr	0.000 1

4.4.3 算法可行性分析

算法可行性分析,主要是通过实例的测试,检测通过 GAT 决策得到的解是否可行,是否违反了卫星的约束。为了达到这个目的,本章实验同样针对以 40、60、80 和 100 为任务规模的算例进行解的溯源分析。实验从解的可视化进行可行性分析,包括两种可视化图,即调度序列图与时姿邻接图。调度序列图以卫星运行时间为 x 轴、以任务 ID 为 y 轴,能够展示任务的窗口、优先级属性以及调度任务的序列和持续时间等信息。在任务调度序列图中,序列表征的节点路线图是无法交叉的,因为卫星同一时间不可能执行两个任务,任务间不可能无缝连接,所以存在姿态转换时间。时姿邻接图以时间为 x 轴、以过顶侧摆角为 y 轴,时姿邻接图中任务以单一坐标存在,无法展示窗口。由于时姿邻接图只能够展示坐标信息,与现实世界的观测路径有一定的坐标映射关系,能够很好地展示卫星的观测路径,也能展示卫星姿态变化幅度。在时姿邻接图中,观测路径是可以交叠的,因为其时间仅仅为静态坐标,无法表征任务执行时间。通过时姿邻接图可以判断卫星是否存在大角度机动不合理性,是否缺乏对机动路径上任务的兼顾。

通过任务调度序列图与时姿邻接图,本节实验针对 GAT 的调度结果如图 4.11 所示,其中图 4.11(a)、图 4.11(c)、图 4.11(e)与图 4.11(g)为调度序列图，图 4.11（b）、图 4.11（d）、图 4.11（f）与图 4.11（h）为与其对应的时姿邻接图。从调度序列图中可以发现，在 4 种规模下，调度序列路线不存在交叠，每个任务存在一定执行时间，任务间存在不等的姿态转换时间。在调度结果中，卫

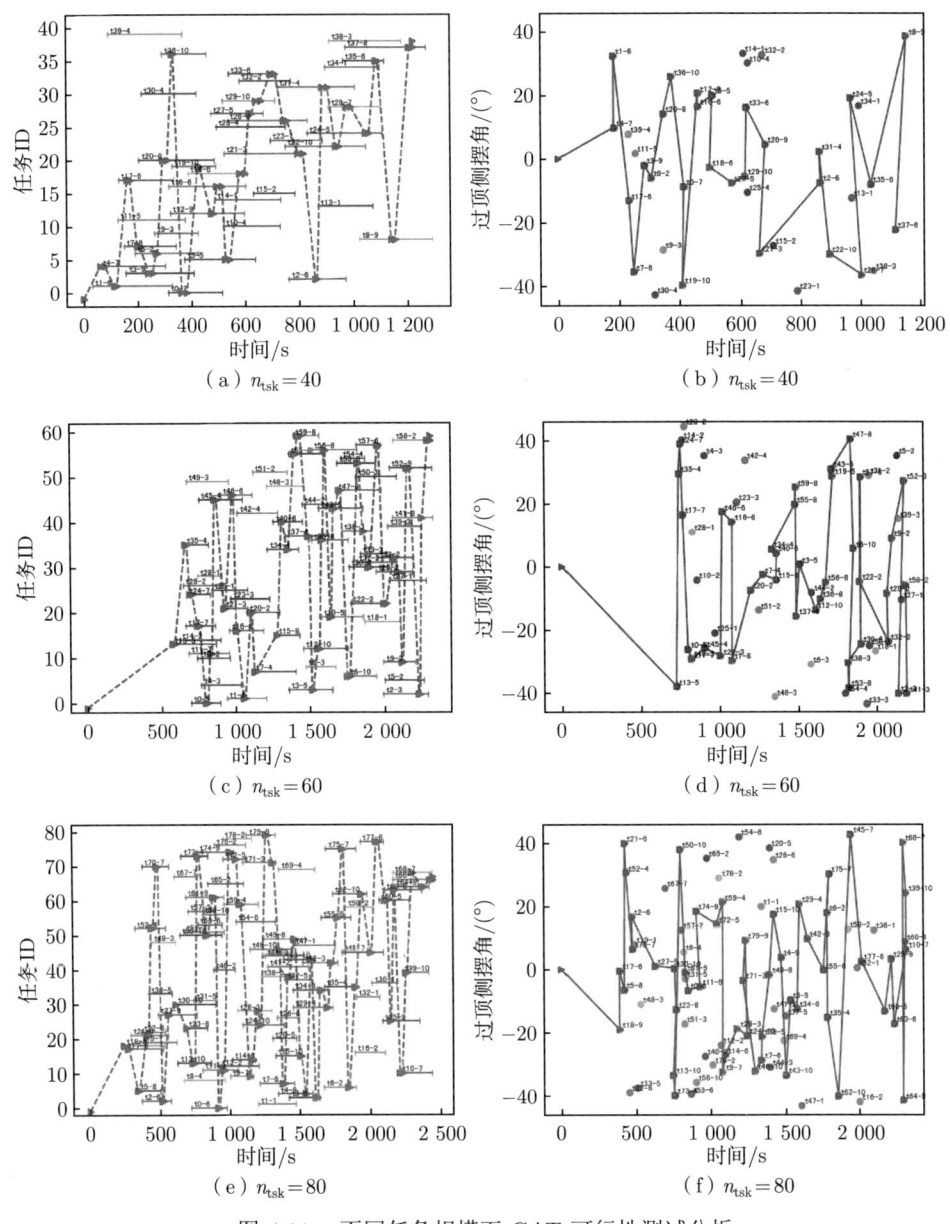

（a）$n_{tsk}=40$

（b）$n_{tsk}=40$

（c）$n_{tsk}=60$

（d）$n_{tsk}=60$

（e）$n_{tsk}=80$

（f）$n_{tsk}=80$

图 4.11 不同任务规模下 GAT 可行性测试分析

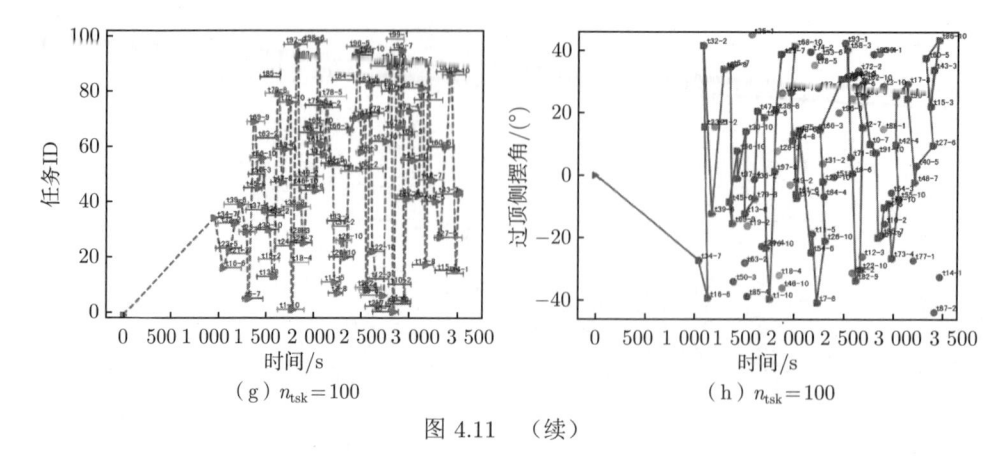

(g) $n_{\text{tsk}}=100$　　　　　　　　(h) $n_{\text{tsk}}=100$

图 4.11　（续）

星趋向于完成任务优先级较高的任务。从时姿邻接图中可以发现，卫星执行的观测路径存在交叠，原因是任务存在更长的观测窗口，能够在非过顶点完成观测。此外，卫星在较大姿态机动时能够兼顾路径上的其他任务，避免不合理的大角度姿态机动。从两种图的角度能够看到，GAT 对问题的调度是可行的，能够很好地利用有限的卫星资源，实现最高的观测收益。

此外，对于 4 种规模下的调度，因实验在便携式计算机上进行，在没有 GPU 加速的情况下，4 种规模的调度时间分别为 0.65 s、1.16 s、1.98 s 和 3.12 s。对于一个 NP-hard 问题来说，在存在指数爆炸求解空间情况下展现出优异的调度性能，为星上实现完全自主自动化调度提供可能，后续将进一步分析算法的效能。

4.4.4　算法效能分析

算法效能分析主要采用 SP 与 ST 两个指标，其中 SP 也就是调度任务的优先级总和。在分析中，将基于规则的启发式算法与经典的机器学习算法归到一类对比中，因为其求解速度相对较快，而元启发式算法归为另一类对比中。

1. 与快速求解算法对比

本章实验采用的启发式方法根据领域知识设定了 4 种基于规则的启发式算法，分别为按任务观测窗口开始时间升序（start time of observational time-window ascending, STWA）、按优先级降序（priority of task descending, PTD）、按"优先级-成像时长"比降序（ratio of priority and image time descending, RPID）以及按任务冲突度降序（conflict degree of task descending, CDTD）规则将任务插入规划序列中，其调度思想如算法 4.4 所示。所提规则中任务 i 的冲突度 Cd_i 为与任务窗口存在重叠的窗口数目，定义如式 (4.49) 和式 (4.50) 所示。机器学习的方法采用经典的 DQN 方法，同样对 GAT 进行训练至收敛，构成 GAT-DQN 算法与本书所提的 GAT-PPO 算法进行对比。

$$\text{Cd}_i = \sum_{k=1}^{n_{\text{tsk}}} o_{ik} \tag{4.49}$$

$$o_{ik} = \begin{cases} 1, & \text{wb}_i < \text{we}_j \wedge \text{wb}_j < \text{we}_i \\ 0, & \text{其他} \end{cases} \tag{4.50}$$

在本章实验对比中，同样采用 40~100 的任务规模，每种规模下生成 50 个算例进行调度，最终得到对比结果如图 4.12 所示。从图 4.12 中可以看出，在启发式算法中，表现最差的是 CDTD 算法，表现最好的是 PTD 算法。除了 CDTD 算法，PTD 算法与其他两种算法互有优劣，其中 RPID 算法收益也很稳定，但是基于 GAT 的机器学习算法都要比这些算法表现优越很多。除了在个别算例上被启发式超越，几乎所有算例的调度都是基于 GAT 的机器学习算法的表现更好。

算法 4.4　基于规则的启发式（heuristic）算法通用框架

输入：任务序列 Tsk，排序规则属性 pt，升序标志 l_{rank}
输出：调度解 Sln

1: $\text{Sln} = \varnothing$
2: $\text{Sln}_{\text{temp}} = \varnothing$
3: **if** $1 == l_{\text{rank}}$ **then**
4: 　　$\text{Tsk} = \text{RankAscendingBy}\,(\text{Tsk},\text{pt})$
5: **else**
6: 　　$\text{Tsk} = \text{RankDescendingBy}\,(\text{Tsk},\text{pt})$
7: **end if**
8: **for** $i = 0$ to $|\text{Tsk}|$ **do**
9: 　　$\text{Sln}_{\text{temp}} = \text{Sln}$
10: 　$\text{Sln}_{\text{temp}}.\text{InsertTask}\,(\text{Tsk}_i)$
11: 　$\text{isFeasible} = \text{ConstraintCheck}\,(\text{Sln}_{\text{temp}})$
12: 　**if** $\text{isFeasible} == \text{TRUE}$ **then**
13: 　　$\text{Sln} = \text{Sln}_{\text{temp}}$
14: 　**end if**
15: **end for**
16: **return** Sln

以 GAT 为基础的机器学习算法中，在小规模算例 $n_{\text{tsk}} = 40$ 中，DQN 算法与 PPO 算法互有胜负，但是以 PPO 算法收益优先的情况居多。随着任务规模的

增大, 当任务规模达到 $n_{\text{tsk}} = 100$ 时, PPO 算法收益与 DQN 算法拉开明显差距。这主要是由于 DQN 训练方法在小规模问题下训练出现了过拟合问题, 当问题规模增大时, 网络的收敛效果变差, 带来调度效能降低。总体来说, PPO 训练方法在解决本书问题的 GAT 训练中具备明显优势。

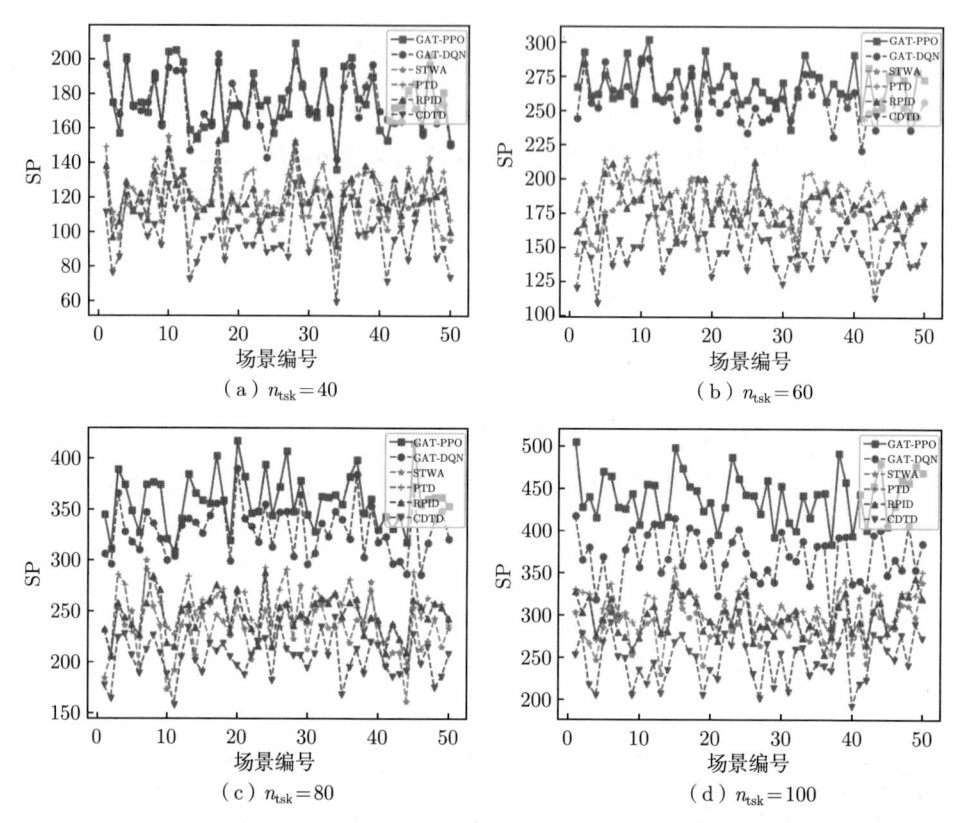

图 4.12 不同任务规模下 GAT-PPO 与多启发式、DQN 算法调度收益对比 (见文后彩图)

为进一步分析这几种算法的优劣, 实验统计了 SP 与 ST 指标上的均值, 并增加 PSP 指标 (即 GAT-PPO 调度收益超过对比算法收益的百分比), 得到统计结果如表 4.5 所示。从表 4.5 中可以看到, 无论哪种任务规模, GAT-PPO 算法的均值效能都全面超越其他快速调度算法, 尤其是当调度规模增加时, 算法的优势更加突出。并且 PTD 算法依旧是启发式算法中收益最高的, 但是 GAT-PPO 算法依旧超过其均值收益 40% 以上。相比于 GAT-DQN 算法, GAT-PPO 算法的优势相对较小, 但当任务规模增加到 $n_{\text{tsk}} = 100$ 时, 其依旧实现了 16.67% 的超越。不足的是, 基于 GAT 的算法比启发式算法在求解时间上高出了一个数量级,

第4章　面向非时敏移动目标跟踪的单星自主任务调度技术　105

表 4.5　不同任务规模下 GAT-PPO 算法与快速求解算法均值效能对比

场景规模	GAT-PPO ASP①	GAT-PPO AsT②/s	GAT-PPO PSP③/%	GAT-DQN ASP	GAT-DQN AST/s	GAT-DQN PSP/%	STWA ASP	STWA AST/s	STWA PSP/%	PTD ASP	PTD AST/s	PTD PSP/%	RPID ASP	RPID AST/s	RPID PSP/%	CDTD ASP	CDTD AST/s	CDTD PSP/%
$n_{tsk}=40$	176.12	0.478	0.00	174.36	0.385	1.00	114.76	0.016	53.47	123.90	0.024	42.15	120.42	0.022	46.25	98.66	0.022	78.51
$n_{tsk}=60$	268.28	1.079	0.00	256.78	0.821	4.29	172.62	0.023	55.42	189.22	0.039	41.78	180.40	0.041	48.71	146.96	0.041	82.55
$n_{tsk}=80$	358.92	2.162	0.00	329.20	1.534	8.28	230.06	0.033	56.01	253.40	0.060	41.64	246.02	0.061	45.89	204.22	0.061	75.75
$n_{tsk}=100$	440.76	3.888	0.00	367.28	2.531	16.67	288.38	0.045	52.84	307.60	0.084	43.29	297.18	0.090	48.31	246.82	0.093	78.58

注：① 调度总收益均值（average scheduling revenue, ASP）。
② 调度总时间均值（average scheduling time, AsT）。
③ GAT-PPO 算法收益超过所在栏算法收益的百分比（percentage of scheduling profit, PSP）。

无法实现启发式一样"一键即出"的规划速度,但是这也是在没有 GPU 加速情况下的调度时间,否则计算时间可以大幅缩短,与启发式算法保持在 个数量级内。总体来看,高收益换来的计算代价是可以接受的,而且就计算时间来说,在 $n_{\text{tsk}} = 100$ 的任务规模下 GAT-PPO 算法的计算时间也只有 3.888 s,能够为未来星上完全自主的智能化调度提供基础。

2. 与元启发式算法对比

元启发式算法在解决大规模问题优化中对比精确求解算法具有天然优势,在接受时间范围内能够给出满意的可行解。以主流的演化算法为主,其思想是通过群体的维持保持多样性、精英个体的保留保证优质解、目标引导的选择保持演化方向、知识算子的设计保证搜索效率以及概率机制的引入避免陷入局部最优。本章实验将采用一种自适应差分进化方法[155](self-adaptation differential evolution,SDE)与一种自适应遗传算法(self-adaptation genetic algorithm,SGA)进行对比。前者为新的求解敏捷卫星任务调度问题的算法,本书将其算法实现并改进为单目标优化模式。后者是根据问题特征进行设计的,解码时对编码中表征的任务顺序采用算法 4.4 进行解码,交叉与变异参数根据进入下一代的比例进行更新。SDE 与 SGA 算法采用的参数分别如表 4.6 和表 4.7 所示。

表 4.6 对比算法 SDE 参数

参数名称	参数值
种群规模 Pop	50
迭代次数 N_{iter}	200
初始交叉概率 Cr	0.5
初始差分变异概率 Md	0.2
编码方式	实值编码
子代选择方式	锦标赛
精英解保留比例	0.1

表 4.7 对比算法 SGA 参数

参数名称	参数值
种群规模 Pop	50
迭代次数 N_{iter}	200
初始交叉概率 Cr	0.8
初始差分变异概率 Mp	0.2
编码方式	整数编码
子代选择方式	轮盘赌
精英解保留比例	0.1

本章实验设计采用在任务规模 $n_{\text{tsk}} = 30 \sim 100$,依次递增 10 任务的算例规模分布,每种规模算例生成 10 个测试算例集进行算法测试,并统计得到的每种规模下的均值指标。实验中,采用 ASP、AST 与 PSP 3 个指标进行对比,得到统计结果如表 4.8 所示。从表 4.8 中可以看到,GAT-PPO 算法在小规模算例上比 SDE 算法与 SGA 算法高出 20% 以内,当任务规模达到 70 以上时,GAT-PPO 算法对 SDE 算法与 SGA 算法的优势增大,最高在 PSP 指标上能够超出接近 30% 的收益(超出 SDE 算法的 $n_{\text{tsk}} = 100$ 调度收益 28.54%)。在元启发式算法中,SDE

算法调度的收益普遍比 SGA 算法要高，但是其时间代价也要高出很多。相比于上述启发式算法对比实验，元启发式算法还是要优越不少。总体来说，GAT-PPO 算法相比于经典的元启发式算法在调度收益与调度时间上都优势明显，其调度效能卓越。

表 4.8　不同任务规模下 GAT-PPO 算法与元启发式算法均值效能对比

场景规模	GAT-PPO ASP[①]	AST[②]/s	PSP[③]/%	SDE ASP	AST/s	PSP/%	SGA ASP	AST/s	PSP/%
$n_{tsk}=30$	143.2	0.484	0.00	121.7	66.367	17.67	107.4	38.356	25.00
$n_{tsk}=40$	161.3	0.688	0.00	147.4	135.782	9.43	149.9	48.240	7.07
$n_{tsk}=50$	202.3	0.920	0.00	177.2	258.843	14.16	175.5	63.692	13.25
$n_{tsk}=60$	242.7	1.143	0.00	204.3	433.607	18.80	199.3	78.721	17.88
$n_{tsk}=70$	320.3	1.700	0.00	264.9	689.740	20.91	241.6	92.158	24.57
$n_{tsk}=80$	355.4	2.271	0.00	278.7	918.894	27.52	265.9	95.150	25.18
$n_{tsk}=90$	419.5	2.943	0.00	332.9	1 237.927	26.01	311.2	124.585	25.82
$n_{tsk}=100$	448.1	3.421	0.00	348.6	1 611.199	28.54	325.8	126.892	27.29

注：① 调度总收益均值。
② 调度总时间均值。
③ GAT-PPO 算法收益超过所在栏算法收益的百分比。

为了进一步分析算法的计算效率，实验考虑不同规模下调度时间的变化得到统计图如图 4.13 所示。从图 4.13 中可以发现，GAT-PPO 算法的调度时间随着任务规模增长缓慢，SGA 算法次之，SDE 算法呈非线性增长的趋势。分析发现，SDE 算法解码时采用贝尔曼-福特（Bellman-Ford）最短路径算法，该算法虽然能够精确求解最短路径，但是反复的迭代大大增加了解码时间，尤其是问题规模增大时。虽然 SDE 算法比 SGA 算法求解效果要优，但是带来了求解效率问题。总体来看，GAT-PPO 算法具有明显的规模优势，能够解决大规模的问题，从而保证求解时间增长较缓，带来高的求解效率与求解质量。

关于 GAT 大规模泛化能力分析，如前所述，GAT 仅仅对问题节点属性进行加权，网络结构敲定后，任何规模的训练算例得到的网络参数数量是相等的。其对问题规模并不依赖，训练的网络能够应用到任意规模的调度实例中，表 4.8 的调度结果就是在 $n_{tsk}=40$ 的网络基础上求解得到。通过对图 4.13 的结果分析，GAT 对本书问题能够实现很好的大规模泛化效果。另外，其也可以作为初始生成解结合到其他搜索算法中，提升对应的搜索效率与求解质量。

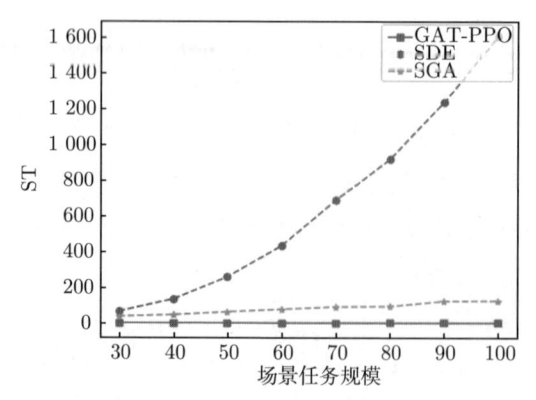

图 4.13　不同任务规模下 GAT-PPO 算法与元启发式算法调度时间对比

3. GAT 结构优化

网络结构过于复杂不仅影响计算速度，而且会存在收敛性问题，网络结构过于简单，可能会带来过拟合问题。为进一步提升 GAT 的求解效果与求解效率，本书针对 GAT 结构进行了简单分析。由于服务器有限无法进行大规模训练，本书仅仅考虑嵌入层维度 F_3 与隐藏层数 n_{hid} 这 2 个参量分析。对此，实验设计了 128×4、64×3 与 32×2（$F_3 \times n_{\text{hid}}$）对应高维度、中维度与低维度 3 种规格的网络，采用在 $n_{\text{tsk}} = 40 \sim 100$ 依次递增 20 的任务规模进行测试，每种任务规模生成 50 个算例。得到的结果如图 4.14 所示。

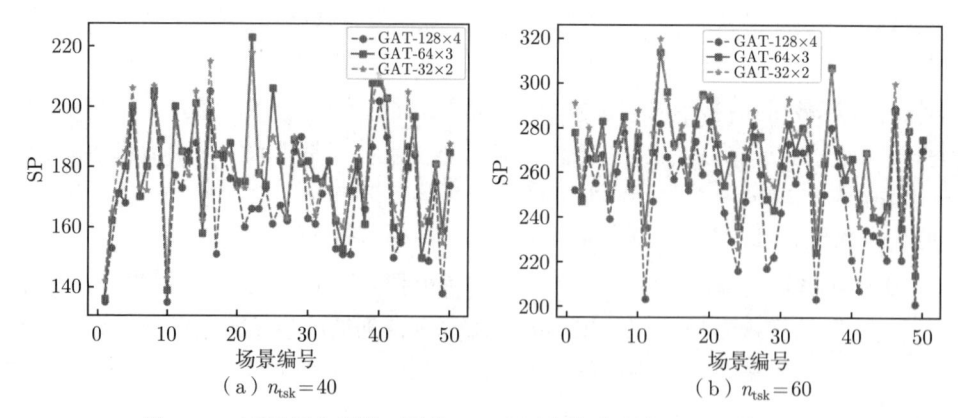

（a）$n_{\text{tsk}}=40$

（b）$n_{\text{tsk}}=60$

图 4.14　不同任务规模下异构 GAT 调度收益对比（见文后彩图）

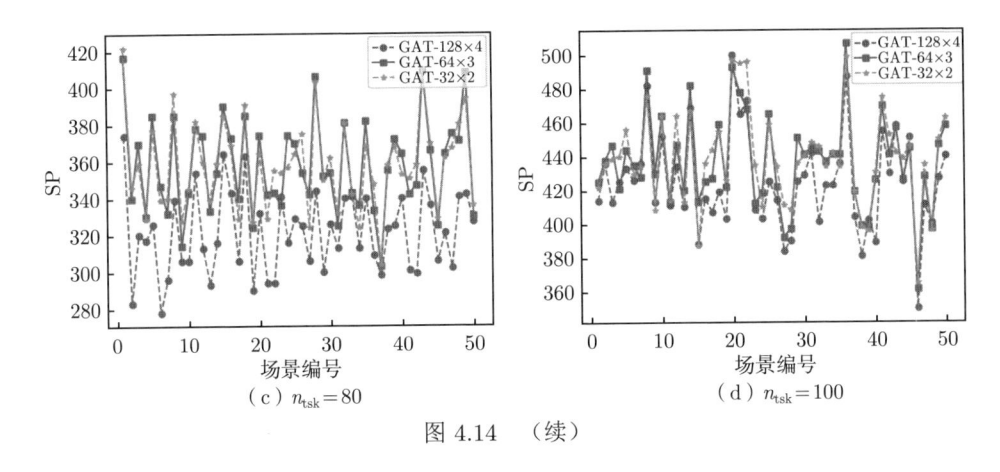

(c) $n_{tsk}=80$

(d) $n_{tsk}=100$

图 4.14 （续）

从图 4.14 中可以看到，即使同样训练到一样的场景数，达到收敛。但是，GAT-128×4 网络比其他两种网络的收益值都要低，极少有超越后两者的。而对于 GAT-64×3 网络与 GAT-32×2 网络，二者互有优劣。为进一步分析两者的计算效能，实验统计了对应 SP 均值与 ST 均值如表 4.9 所示，从表 4.9 中可以看到，GAT-128×4 网络在 ASP 与 AST 指标上都输给了后两者。其中 GAT-32×2 网络在两个指标上都拿到了最优值。但是，值得注意的是，GAT-64×3 网络与 GAT-32×2 网络在 ASP 与 AST 上的值相差很小，几乎可以认为一致。上述统计结果说明，高维复杂网络虽然能够拟合更为复杂的关系，但是参数的冗余性使得网络在调度时适用性较差，而且带来了计算时间开销的增长。对于后两者，看似 GAT-32×2 网络结果更好，但在两者数值几乎一致的前提下，从保守角度而言，为了避免低维度网络出现过拟合情况，本书将网络参数最终定为 $F_3=64$、$n_{hid}=3$，即认为 GAT-64×3 网络是针对本书问题的最佳网络。

表 4.9 不同任务规模下异构 GAT 调度效能对比

场景规模	GAT-128×4 ASP[①]	GAT-128×4 AST[②]/s	GAT-64×3 ASP	GAT-64×3 AST/s	GAT-32×2 ASP	GAT-32×2 AST/s
$n_{tsk}=40$	170.38	0.577	179.04	0.462	180.38	0.425
$n_{tsk}=60$	249.86	1.368	265.90	1.020	268.88	0.969
$n_{tsk}=80$	321.32	2.692	357.84	2.084	357.90	1.911
$n_{tsk}=100$	424.74	5.193	437.08	3.764	438.86	3.342

注：① 调度总收益均值。
② 调度总时间均值。

4.5 本章小结

本章首先针对面向非时敏移动目标跟踪的 SSATSP 进行了建模，并将其转化为时姿邻接图模型，进而实现模型向 MDP 模型的转化。在此基础上，引入 GAT 求解问题，设计了 GAT 结构并基于 GAT 对问题特征进行提取。最终采用基于 PPO 策略的 DRL 算法对 GAT 进行训练获得最优决策模型。实验结果对网络训练过程进行了分析，验证了 GAT 求解问题的可行性。最后，结合问题对 GAT-PPO 算法与启发式算法、元启发式算法与经典的 DQN 算法进行了对比，实验证明，GAT-PPO 算法在求解质量都优于这些方法，在求解速度上仅次于启发式算法。此外，本章实验优化了 GAT 结构，增强了网络求解效率。接下来，第 5 章将基于本章工作研究面向非时敏移动目标的多星任务分配问题。

第5章

面向非时敏移动目标跟踪的多星协同任务分配技术

面向非时敏移动目标跟踪的多星协同任务分配问题（MSCTAP）旨在通过星上快速任务分配达到星间任务规划的高效协同，实现对移动目标动态不确定性的快速响应。如图 5.1 所示，本章研究问题的输入为星上自主任务管理模块生成的任务，输出为分配给各卫星的任务集合。图 5.1展示了本章提出问题的相应技术框架，首先通过问题建模；其次分析问题的求解难点和思路；再次构建问题特征向量，并采用基于基因表达式编程（GEP）的演化构造启发式算法实现问题的快速求解；最后获得面向非时敏移动目标跟踪的多星协同任务分配问题（MSCTAP）方案。

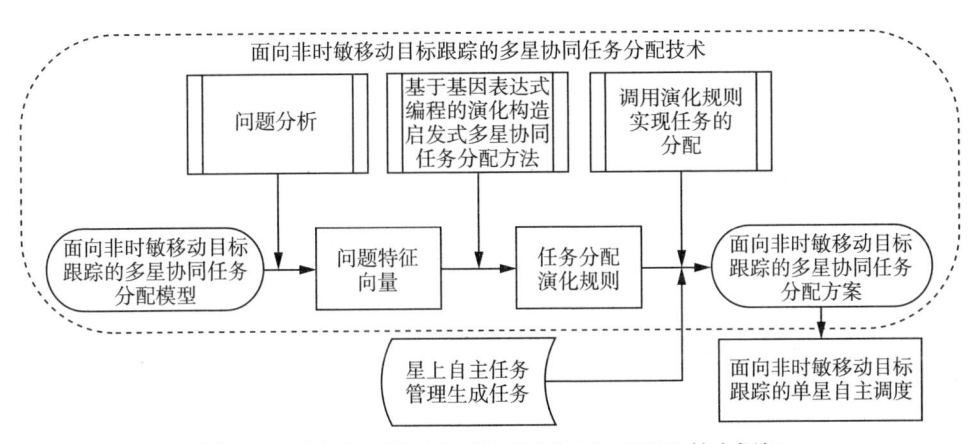

图 5.1 面向非时敏移动目标跟踪的 MSCTAP 技术框架

5.1 问题描述与建模

面向非时敏移动目标跟踪的 MSCTAP 属于一类典型的约束优化问题,其目的是通过快速合理分配任务,以获得星座调度任务收益的最大化。任务来源于星上自主管理模块的生成,通常包含优先级、载荷属性、成像时长与卫星的窗口等属性信息。对于卫星来说,其存在不同的状态信息,包括当前姿态、工作状态、星上电量与固存等。对于一个任务来说,在一段规划周期内,其过境卫星可能不止一颗,如何实现任务的快速高质量分配,确保任务高成功率的完成,是本书重点关注的问题。

5.1.1 多星协同任务分配问题

星上能力的增强(星上图像识别、计算与通信能力)使得卫星自主成为现实。在这样的情况下,卫星能够更加快速实现对移动目标的响应。然而,无论是面对移动目标还是常规的观测目标,在星上都会面临众多任务,这些任务是动态到达的,也来源于星上动态生成的观测目标。面对诸多的动态不确定性,采用传统的运筹优化方法来解决星上自主任务规划很难兼顾求解的高时效与优质量。实际跟踪中,采用基于启发式的方法,难以获得较高的收益解,采用精确或者元启发式算法则在求解效率上有待提高。快速、高质量地求解星上任务规划是实现对星上诸多不确定性因素响应的基础,也是目前星上自主协同的迫切需求。第 4 章中已经实现单星自主调度问题的快速高效求解,而本章将针对如何实现星上快速任务分配进行研究,两者结合实现面向非时敏移动目标跟踪的星上协同规划与自主调度的最优解决方案。

在 2.3.2 节中,已经针对面向非时敏移动目标跟踪的多星协同架构进行了设计,即采用集中—分布式协同架构。该架构最大的优点就是结合了利用星座分布式计算的强大能力与星上集中任务分配实现全局最优的能力。在该协同架构下,对应的协同流程如图 5.2 所示。首先,基于星地测控网络能够将多源态势融合的目标信息上注给卫星,由过境时刻最长的卫星(对应的中轨卫星)担任全局目标维护星,同时其他星共享目标信息但是不负责维护与管理目标。其次,星上自主任务管理模块基于运动预测模型与优先级统筹生成跟踪观测任务并分发给各即将过境的子星。各子星结合自身状态与轨道信息利用这种分布式计算能力实现对任务可见窗口等观测信息的快速计算,并反馈给分配主星。分配主星根据反馈的信息集中实现多星任务的分配。由于是全局信息,分配方案更加优质。最后,各子星获取分配主星分配的任务后进行自主调度,最大化观测收益总和,并将执行观测的结果反馈给分配主星。

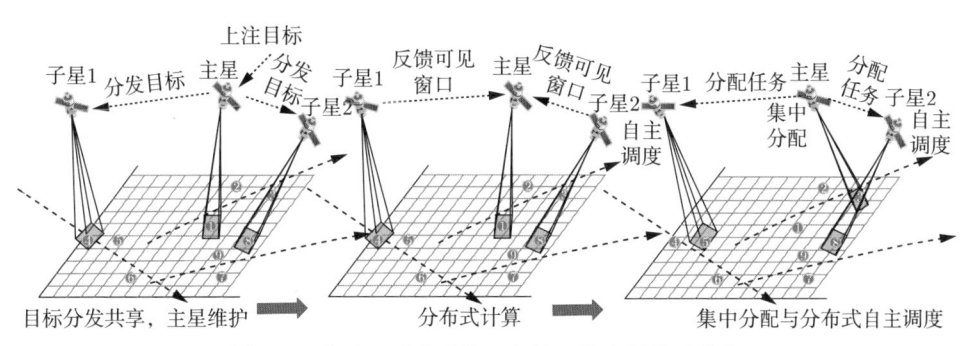

图 5.2　集中—分布式协同架构下的多星协同流程

集中—分布式协同架构就是兼顾集中任务分配的全局信息优势与分布式调度计算的效率的架构。分布式自主任务调度的方法已经在第 4 章中实现，本章研究重点关注集中—分布式协同架构下的集中任务分配问题。该问题就是考虑在有限的资源、多类型约束以及短暂的时间条件下实现对星上自主生成任务的快速与最优分配，为后续单星自主调度提供输入数据，其目标是最大化所有卫星调度收益的总和。

5.1.2　问题假设

基于合理假设构建问题模型有助于框定问题边界，本章研究问题主要基于以下假设。

（1）考虑到对地卫星观测系统搭载可见光载荷与 SAR 载荷，无论搭载哪种载荷的平台都具备敏捷的三轴姿态机动能力，能够形成对目标的一段观测窗口。

（2）同一卫星同一时刻只能有一个载荷工作，对于 SAR 载荷，其在每一时刻只能处于一种成像模式。

（3）忽略卫星固存约束。星上具备图像识别能力后，无效图像可以自主擦除，有效图像可以压缩。因此，固存约束将不再是紧约束。

（4）卫星进行成像与姿态机动都会产生电量消耗，并且电量消耗分别与成像时长与姿态机动时长成正比。

（5）卫星对目标成像采用匀地速成像方式，对任务的观测时长与任务的生成条带长度（网格边长）成正比，这些在任务生成时已经考虑。

（6）忽略卫星对目标的成像观测角度对成像分辨率的影响。

5.1.3 符号说明

本章研究的面向非时敏移动目标跟踪的 MSCTAP 采用的符号定义如表 5.1 所示。

表 5.1 面向非时敏移动目标跟踪的 MSCTAP 通用符号定义

符号	释义
n_{tsk}	待分配任务数目
i	待分配任务编号,$i = 0, 1, 2, \cdots, n_{\text{tsk}} - 1$
tsk_i	任务 i
Tsk	任务集合
n_{sat}	待分配卫星数目
j	待分配卫星编号,$j = 0, 1, 2, \cdots, n_{\text{sat}} - 1$
S_j	卫星 j 分配前的状态属性,包括姿态、剩余电量等状态信息
Ω_j	卫星 j 分配的任务集合
C_j	卫星 j 的约束集合
Ψ_j	卫星 j 的优化目标
$\Phi(\cdot)$	卫星 j 的调度函数,返回调度收益
x_{ij}	0-1 决策变量,1 表示任务 tsk_i 分配给卫星 j
v_{ij}	0-1 已知入参,1 表示任务 i 与卫星存在可见窗口
r_i^{sensor}	0-1 已知入参,任务成像载荷要求,0 为光学,1 为 SAR
R_j^{sensor}	0-1 已知入参,卫星载荷类型,0 为光学,1 为 SAR
r_i^{mode}	任务成像模式要求,不同工作模式对应不同幅宽
R_j^{mode}	卫星工作模式集合

5.1.4 问题模型

面向非时敏移动目标跟踪的 MSCTAP 可以被建模为一类带非线性优化目标函数(黑箱模型)的整数规划问题,该类问题虽然建模简单,但实际上也是一类复杂的多约束问题,其包含单星自主任务调度的所有约束。具体建模过程如下。

$$\max_{j=0}^{n_{\text{sat}}-1} \Phi(S_j, \Omega_j, C_j, \Psi_j) \tag{5.1}$$

$$\sum_{j=0}^{n_{\text{sat}}-1} x_{ij} \leqslant 1, \quad \forall i = 0, 1, 2, \cdots, n_{\text{tsk}} - 1 \tag{5.2}$$

$$x_{ij} = 0, \quad \forall v_{ij} = 0 \tag{5.3}$$

$$\Omega_j = \{\text{tsk}_i | x_{ij} = 1\} \tag{5.4}$$

$$r_i^{\text{sensor}} = R_j^{\text{sensor}}, \forall x_{ij} = 1 \tag{5.5}$$

$$r_i^{\text{mode}} \in R_j^{\text{mode}}, \forall x_{ij} = 1 \tag{5.6}$$

上述模型描述了面向非时敏移动目标跟踪的 MSCTAP 的优化目标、约束,其中式 (5.1) 为优化目标,$\Phi(\cdot)$ 函数是第 4 章单星调度模型,C_j 包含卫星 j 涉及的如式 (4.2) ~ 式 (4.11) 的所有约束,Ψ_j 为式 (4.1) 对应的目标函数。式 (5.2) 表示任务最多只能分配在一颗卫星上,被调度观测一次;式 (5.3) 表示任务必须分配在具备可见窗口的卫星上;式 (5.4) 表示卫星 j 的分配任务集合,也是问题要求解的结果;式 (5.5) 表示任务必须分配到载荷要求与载荷属性匹配的卫星上;式 (5.6) 表示任务必须分配到具有任务要求工作模式的卫星上。

5.1.5 问题复杂性分析与求解思路

分析面向非时敏移动目标跟踪的 MSCTAP 的复杂性,为问题的求解提供合理的求解思路。

1. 问题复杂性分析

面向非时敏移动目标跟踪的 MSCTAP 可以归类为经典的多背包问题,其求解空间复杂度是指数级别的。对于一个具备 n_{tsk} 与 n_{sat} 的面向非时敏移动目标跟踪的 MSCTAP 来说,抛开可见时间窗口等约束,每个任务的匹配选择存在 n_{sat} 种,因此该问题的空间复杂度为 $O(n_{\text{sat}}^{n_{\text{tsk}}})$。该问题的空间复杂度随任务与卫星规模的增长呈现出爆炸式地增长,采用精确求解算法很难在短时间内获得最优解,而且类似于 CPLEX 的经典优化求解软件没法处理 $\Phi(\cdot)$ 这些黑箱函数。对目前的元启发式求解方法来说,求解的时效性依旧不高。启发式算法具有快速求解的高时效性,虽然求解质量一般较差,但是通过具备领域知识的启发式算法求解会带来较好的收益。

2. 问题求解思路

综上分析,本章研究希望通过借鉴启发式算法的思想将问题建模为一个序列决策问题,通过序列决策每个任务的最佳分配卫星,逐步构造出所有任务与卫星的最佳分配方案。该序列化决策求解 MSCTAP 的思想如图 5.3 所示,将整个任务进行排序,逐个考虑任务的分配。在每一步的决策中,首先,通过约束筛选可分配卫星集合(图 5.3中虚线),考虑当前的分配状态采用最优分配规则对待分配任务进行分配,建立匹配关系(图 5.3中实线)。其次,通过多步序列化的决策实现面向非时敏移动目标跟踪的 MSCTAP 的求解,其中最关键的问题就是如何制定最佳分配规则与描述当前分配状态。本章通过引入自适应机制来改进一般启发式方法的质量,以作为后续研究中所提算法的对比蓝本。最后,本书将基于 GEP 演化构造启发式算法,通过不同规模算例训练决策规则,最终演化出解决多星任务分配的近乎完美规则。

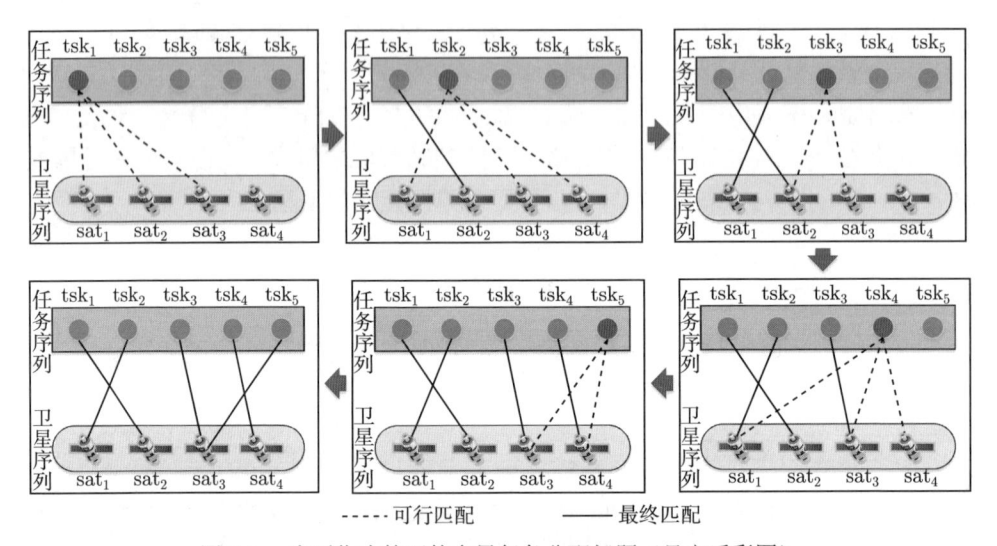

图 5.3 序列化决策下的多星任务分配问题(见文后彩图)

5.2 基于自适应机制的启发式多星协同任务分配方法

非时敏移动目标新生成任务时,既往的任务即使没有完成也已经成为过去式并失效,需要执行完全重规划,因此算法的求解效率与质量就显得尤为重要。面向非时敏移动目标跟踪的多星协同任务分配旨在通过星上快速分配为单星完全重调度快速提供输入数据。快速与高质量是多星协同任务分配的关键点,也是实现对非时敏移动目标快速响应的关键。启发式算法具备快速求解的特征,本书设计以下 10 种启发式规则用于求解面向非时敏移动目标跟踪的 MSCTAP。

(1) 规则 1:将任务分配给已分配任务数目最少的卫星。

将任务分配给已分配任务最少的卫星,使得任务在该卫星上被调度的可能性更高,其对任务 i 的分配规则为

$$j_j^{\text{assigned}} = \text{rule}_1(j) = \underset{j}{\text{argmin}} \left| \Omega_j^{\text{assigned}} \right| \tag{5.7}$$

(2) 规则 2:将任务分配给剩余电量最多的卫星。

该规则能够保证卫星有足够的电量资源来完成分配任务的调度,其对任务 i

的分配规则为

$$j^{\text{assigned}} = \text{rule}_2(j) = \underset{j}{\arg\max}\, \text{Egy}_j^{\text{rest}} \tag{5.8}$$

式中，$\text{Egy}_j^{\text{rest}}$ 表示卫星剩余电量。

（3）规则 3：将任务分配给卫星已分配任务平均优先级最小的卫星。

卫星已分配任务平均优先级最小，说明待分配任务在该卫星的优先级排名较高，能够带来高的收益，因此被调度完成的概率更高，其对任务 i 的分配规则为

$$j^{\text{assigned}} = \text{rule}_3(j) = \underset{j}{\arg\min}\left(\frac{1}{\left|\Omega_j^{\text{assigned}}\right|} \sum_{\text{tsk}_l \in \Omega_j^{\text{assigned}}} \text{pri}_l\right) \tag{5.9}$$

（4）规则 4：将任务分配给卫星已分配任务平均"优先级-成像时长"比最小的卫星。

"优先级-成像时长"比是兼顾收益与资源消耗的总和考量指标，该值越小，说明任务被分配到该卫星完成调度的概率越大，其对任务 i 的分配规则为

$$j^{\text{assigned}} = \text{rule}_4(j) = \underset{j}{\arg\min}\left(\frac{1}{\left|\Omega_j^{\text{assigned}}\right|} \sum_{\text{tsk}_l \in \Omega_j^{\text{assigned}}} \frac{\text{pri}_l}{\text{ct}_l}\right) \tag{5.10}$$

（5）规则 5：将任务分配给卫星已分配任务中过顶时刻方差最大的卫星。

既分配任务的过顶时刻方差越大，说明任务分布较为分散，其任务间的冲突较小。其对任务 i 的分配规则为

$$j^{\text{assigned}} = \text{rule}_5(j) = \underset{j}{\arg\max}\left(\frac{1}{\left|\Omega_j^{\text{assigned}}\right|} \sum_{\text{tsk}_l \in \Omega_j^{\text{assigned}}} \left(t_l^{\text{side}} - \bar{t}_l^{\text{side}}\right)^2\right) \tag{5.11}$$

式中，$\bar{t}_l^{\text{side}} = \dfrac{1}{\left|\Omega_j^{\text{assigned}}\right|} \sum_{\text{tsk}_l \in \Omega_j^{\text{assigned}}} t_l^{\text{side}}$。

（6）规则 6：将任务分配给可见时间最早的卫星。

分配给可见时间最早的卫星，使得任务尽早完成，为后续任务预留资源，其对任务 i 的分配规则为

$$j^{\text{assigned}} = \text{rule}_6(j) = \underset{j}{\arg\min}\,(\text{wb}_{ij}) \tag{5.12}$$

式中，wb_{ij} 为卫星 j 对任务 i 的可见时间窗口的开始时间。

（7）规则 7：将任务分配给可见时间窗口最长的卫星。

可见时间窗口越长，任务的观测机会越多，更加容易被调度完成，对任务 i 的分配规则为

$$j^{\text{assigned}} = \text{rule}_7(j) = \underset{j}{\arg\max}\,(\text{we}_{ij} - \text{wb}_{ij}) \tag{5.13}$$

式中，we_{ij} 为卫星 j 对任务 i 的可见时间窗口的结束时间。

（8）规则 8：将任务分配给与卫星已分配任务冲突度最小的卫星。

与已分配任务的冲突度定义为与已分配任务可见时间窗口交叠的数目，窗口交叠越少意味着任务之间的冲突越小，任务被调度成功的概率越大，对任务 i 的分配规则为

$$j^{\text{assigned}} = \text{rule}_8(j) = \underset{j}{\arg\min}\,(\text{Cd}_{ij}) \tag{5.14}$$

式中，$\text{Cd}_{ij} = \underset{\text{tsk}_k \in \Omega_j^{\text{assigned}}}{\sum} o_{ik}$，$o_{ik}$ 的定义见式 (4.50)。

（9）规则 9：将任务分配给与卫星已分配任务窗口非重叠占比最大的卫星。

待分配任务与卫星已分配任务非重叠窗口段占比越大，意味着任务能够被观测的机会越多，与既分配任务的冲突越小。对任务 i 的分配规则为

$$j^{\text{assigned}} = \text{rule}_9(j) = \underset{j}{\arg\min}\,\frac{\text{we}_{ij} - \text{wb}_{ij} - \text{op}_{ij}}{\text{we}_{ij} - \text{wb}_{ij}} \tag{5.15}$$

式中，$\text{op}_{ij} = \left\| \left(\underset{\text{tsk}_l \in \Omega_j^{\text{assigned}}}{\bigcup} [\text{wb}_{lj}, \text{we}_{lj}] \right) \bigcap [\text{wb}_{ij}, \text{we}_{ij}] \right\|$，函数 $\|\cdot\|$ 表示集合中窗口段的长度和。

（10）规则 10：从上述规则中随机选择一种进行分配。

在没有先验知识的情况下，随机从上述规则中进行选择。对任务 i 的分配规则可描述为

$$j^{\text{assigned}} = \text{rule}_{10}(j) = \underset{k \in \{1,2,\cdots,9\}}{\text{random}}\,(\text{rule}_k(j)) \tag{5.16}$$

在上述规则上，本书引入一种自适应机制用于自适应调整待分配任务的决策序列，即采用"任务优先级-成像时长"比降序排列来替代原有任务的决策序列。这样能够使得任务按照一定的顺序进行决策，优先决策高收益比的任务，能够带来整体调度收益的增加。为了验证该机制的有效性，本章将进行仿真实验。本章实验采用如表 4.2 所示的算例生成规则与表 5.2 所示的卫星能力参数生成 100 个场景，并采用上述 10 种规则与引入自适应机制的 10 种规则进行仿真实验，基于单星调度模块获得整体的调度收益，得到最终的仿真结果如图 5.4 所示。

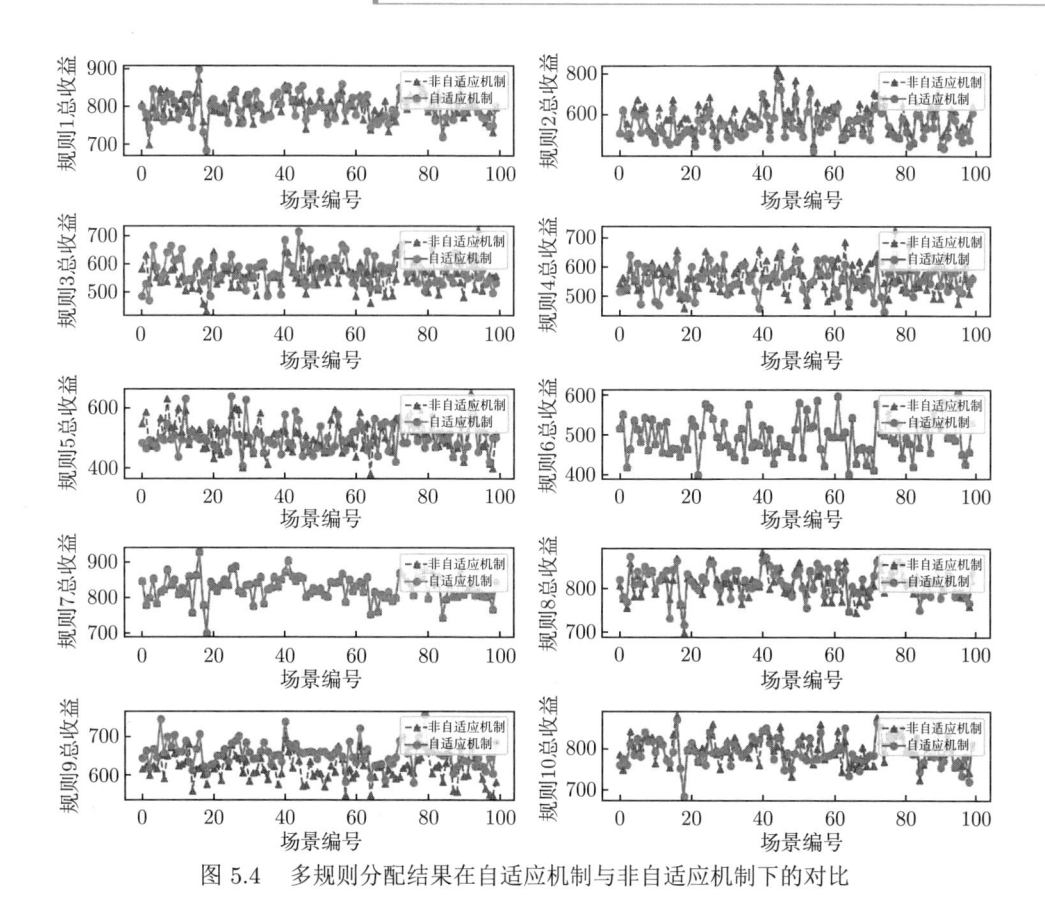

图 5.4 多规则分配结果在自适应机制与非自适应机制下的对比

表 5.2 与卫星相关场景生成参数

参数名称	参数值
卫星最大侧摆角 $\theta_{\max}$	45°
卫星最大俯仰角 $\varphi_{\max}$	45°
卫星最大偏航角 $\psi_{\max}$	90°
卫星最大电量值 $\text{Egy}_{\max}$	10 000 unit
卫星初始电量 Egy	$\text{Egy}_{\max} \cdot U(0.3, 0.9)$ unit
卫星剩余电量阈值 ζ	0.05
初始侧摆角 θ_0	$U(-\theta_{\max}, \theta_{\max})$
初始俯仰角 φ_0	$U(-\varphi_{\max}, \varphi_{\max})$
初始偏航角 ψ_0	$U(-\psi_{\max}, \psi_{\max})$
卫星初始状态时间 t/s	0
姿态机动单位时间电量消耗 ute	2 unit
成像单位时间电量消耗 uie	2 unit
与目标可见性概率 p_{ij}	0.8

从图 5.4 中可以发现，该自适应机制并不是对所有规则都存在收益提升，明显发现被引入自适应机制的规则超越的有规则 1、3、5、8 和规则 10，而自适应机制对规则 6 和规则 7 几乎没有影响。为了进一步判断该自适应机制对分配结果的影响，实验统计了中位数折线图如图 5.5 所示。在图 5.5 中，每个节点绘制了单个规则的箱线图，能够清楚地观测到均值与分布信息。可以发现，该机制对规则 2、4 与规则 6 是存在负优化的。总的来说，该自适应机制对大部分规则存在一定的正面影响。

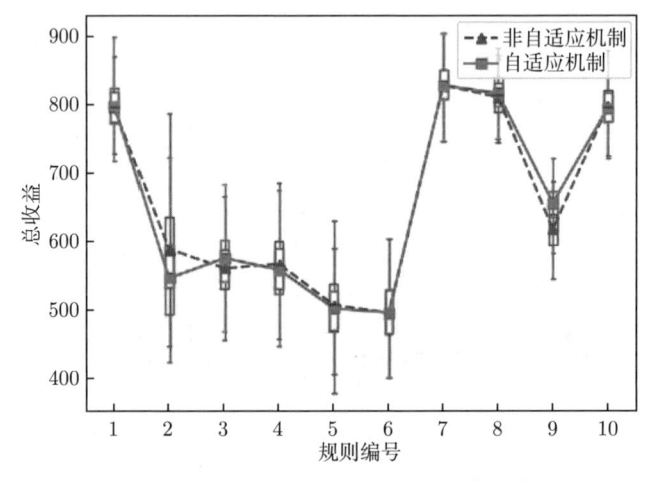

图 5.5　多规则分配结果对比的中位数折线图

综上考虑，实验将自适应机制引入规则 1、3、5、8 和规则 10，其他规则不引入自适应规则。依旧随机生成 100 个测试场景，并将这 10 种新的规则进行仿真实验。在本章实验中，将针对 10 种规则在 100 个测试场景中的排名进行统计，得到结果如图 5.6 所示。从图 5.6 中可以发现，排名第一的频数最高的是规则 7，达到了惊人的 71，其次是规则 8 的 20、规则 1 的 6 和规则 10 的 3。这 4 类规则除了排名第一的频数比较高，排名前四的频数也比较高，是比较好的规则。除这 4 类最好的规则，规则 9 表现相对居中，其他规则表现相对居后。由于规则 10 是随机的，而且排名第一频数较低，后续的实验分析中将采用引入自适应机制的规则 1、8 和未引入自适应机制的规则 7 作为对比蓝本，与本书提出的算法进行对比。

图 5.6　多规则分配结果的排名

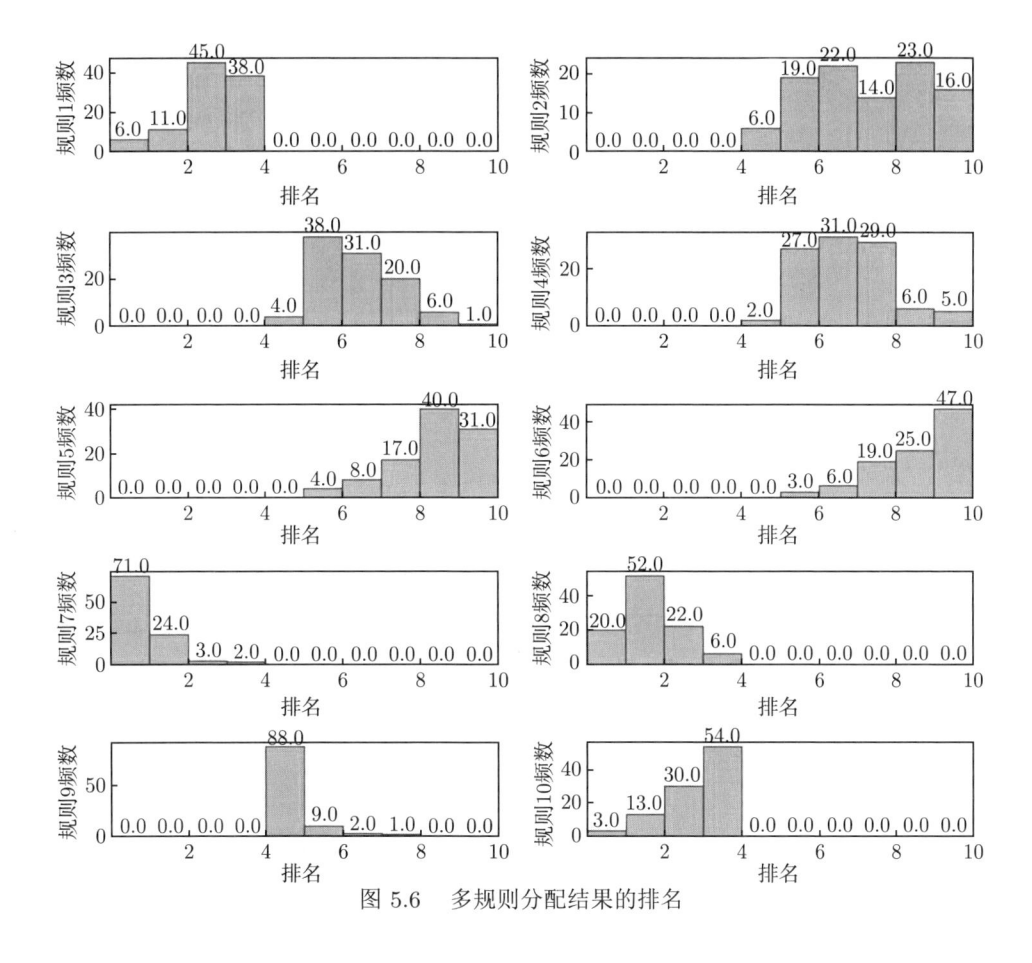

5.3　基于基因表达式编程演化构造启发式多星协同任务分配方法

对一般规则引入自适应机制提升规则收益能够实现一定的超越，但毕竟简单的规则即使优化决策顺序，也难以勘破问题本质，无法实现任务分配效益质的飞跃。本书受启发于超启发式（hyper-heuristic algorithm）思想，提出一种基于基因表达式编程（GEP）演化构造启发式多星协同任务分配方法（constructed heuristic method for multi-satellite collaborative task assignment based on GEP evolution，CHMGEP），拟通过对多种属性进行加权化，获得对于某一特定任务分配条件下卫星的评分，最终基于评分选择收益最大的卫星进行分配，加权规则通过 GEP 演化得到。属性特征表征问题本质特点，规则演化的优劣决定演化求解结果的好坏，属性特征的选择与规则演化是本书的关键点。

5.3.1 问题求解框架

针对面向非时敏移动目标跟踪的 MSCTAP，其本质是通过快速高效地实现多星任务分配达到对非时敏移动目标跟踪的多种不确定因素的快速响应。本书设计如图 5.7 所示求解框架实现问题的求解。首先，在问题实例向问题模型转化的基础上，提取问题的特征向量；其次，采用基于 GEP 的演化方法实现对多星任务分配规则的训练；最后，通过训练得到的最优分配规则生成最优方案。规则训练的框架属于经典的演化算法框架，基于进化思想不断提升规则质量；利用规则对问题的求解过程，则是一个序列决策构造分配方案的过程，也是 CHMGEP 对面向非时敏移动目标跟踪的 MSCTAP 的求解。

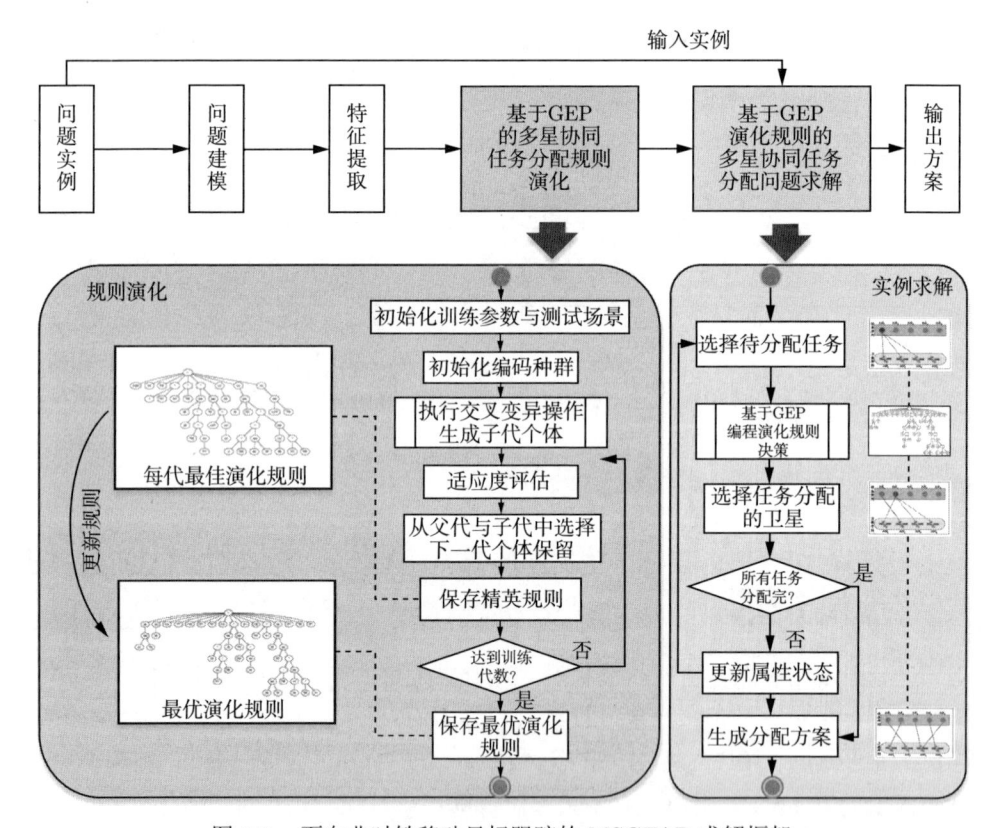

图 5.7 面向非时敏移动目标跟踪的 MSCTAP 求解框架

5.3.2 问题特征选取与归一化

为了更为全面地描述问题特征，本书针对问题的特征分为卫星状态相关特征

(8 个)、待分配任务特征（2 个）以及待分配任务与卫星关联特征（6 个）共 3 类 16 个特征。特征的归一化是为了提升演化规则对问题的适用性与规模泛化性。针对这 3 类特征与归一化方法，具体描述如下。

1. 卫星状态相关特征

（1）特征 1：卫星 j 既分配任务数目总占比 TN_j。

卫星 j 既分配任务占所有卫星既分配任务总和的比例。其可以描述为

$$\text{TN}_j = \frac{\left|\Omega_j^{\text{assigned}}\right|}{\sum\limits_{j=0}^{n_{\text{sat}}-1}\left|\Omega_j^{\text{assigned}}\right|} \tag{5.17}$$

该特征 $\text{TN}_j \in [0,1]$，不需要归一化。

（2）特征 2：卫星 j 剩余电量占比 RE_j。

卫星 j 剩余电量占卫星最大电量的比例，该特征在分配过程中为静态属性。其可以描述为

$$\text{RE}_j = \frac{\text{Egy}_j}{\text{Egy}_{\max}} \tag{5.18}$$

该特征 $\text{RE}_j \in [0,1]$，不需要归一化。

（3）特征 3：卫星 j 既分配任务优先级均值 AP_j。

该特征用来衡量卫星 j 既分配任务的收益程度，关系到待分配任务能否被调度成功。其可以描述为

$$\text{AP}_j = \frac{1}{\left|\Omega_j^{\text{assigned}}\right|} \sum_{\text{tsk}_l \in \Omega_j^{\text{assigned}}} \text{pri}_l \tag{5.19}$$

该特征归一化方式如下：

$$\widehat{\text{AP}}_j = \frac{1}{\left|\Omega_j^{\text{assigned}}\right| \cdot \text{pri}_{\max}} \sum_{\text{tsk}_l \in \Omega_j^{\text{assigned}}} \text{pri}_l \tag{5.20}$$

（4）特征 4：卫星 j 既分配任务优先级标准差 SP_j。

该特征用来描述卫星 j 既分配任务优先级分布情况。其可以描述为

$$\text{SP}_j = \sqrt{\frac{1}{\left|\Omega_j^{\text{assigned}}\right|} \sum_{\text{tsk}_l \in \Omega_j^{\text{assigned}}} (\text{pri}_l - \text{AP}_j)^2} \tag{5.21}$$

该特征归一化方式如下：

$$\widehat{\mathrm{SP}}_j = \frac{1}{\mathrm{pri}_{\max}} \cdot \mathrm{SP}_j \tag{5.22}$$

（5）特征 5：卫星 j 既分配任务的优先级-成像时长比均值 AR_j。

该特征可以定义为

$$\mathrm{AR}_j = \frac{1}{\left|\Omega_j^{\mathrm{assigned}}\right|} \sum_{\mathrm{tsk}_l \in \Omega_j^{\mathrm{assigned}}} \frac{\mathrm{pri}_l}{\mathrm{ct}_l} \tag{5.23}$$

该特征归一化方式如下：

$$\widehat{\mathrm{AR}}_j = \frac{\mathrm{ct}_{\min}}{\left|\Omega_j^{\mathrm{assigned}}\right| \cdot \mathrm{pri}_{\max}} \sum_{\mathrm{tsk}_l \in \Omega_j^{\mathrm{assigned}}} \frac{\mathrm{pri}_l}{\mathrm{ct}_l} \tag{5.24}$$

（6）特征 6：卫星 j 既分配任务的优先级-成像时长比标准差 SR_j。

该特征可以描述为

$$\mathrm{SR}_j = \sqrt{\frac{1}{\left|\Omega_j^{\mathrm{assigned}}\right|} \sum_{\mathrm{tsk}_l \in \Omega_j^{\mathrm{assigned}}} \left(\frac{\mathrm{pri}_l}{\mathrm{ct}_l} - \mathrm{AP}_j\right)^2} \tag{5.25}$$

该特征归一化方式如下：

$$\widehat{\mathrm{SR}}_j = \frac{\mathrm{ct}_{\min}}{\mathrm{pri}_{\max}} \cdot \mathrm{SR}_j \tag{5.26}$$

（7）特征 7：卫星 j 既分配任务过顶时刻均值 AO_j。

该特征可以描述为

$$\mathrm{AO}_j = \frac{1}{\left|\Omega_j^{\mathrm{assigned}}\right|} \sum_{\mathrm{tsk}_l \in \Omega_j^{\mathrm{assigned}}} t_l^{\mathrm{side}} \tag{5.27}$$

采用相对规划周期 T_{plan} 进行归一化，可以得到归一化的 $\widehat{\mathrm{AO}}_j$。

$$\widehat{\mathrm{AO}}_j = \frac{1}{T_{\mathrm{plan}}} \cdot \mathrm{AO}_j \tag{5.28}$$

（8）特征 8：卫星 j 既分配任务过顶时刻标准差 SO_j。

该特征可以描述为

$$\mathrm{SO}_j = \sqrt{\frac{1}{\left|\Omega_j^{\mathrm{assigned}}\right|} \sum_{\mathrm{tsk}_l \in \Omega_j^{\mathrm{assigned}}} \left(t_l^{\mathrm{side}} - \mathrm{AO}_j\right)^2} \qquad (5.29)$$

采用相对规划周期 T_{plan} 进行归一化，可以得到归一化的 $\widehat{\mathrm{SO}}_j$，即

$$\widehat{\mathrm{SO}}_j = \frac{1}{T_{\mathrm{plan}}} \cdot \mathrm{SO}_j \qquad (5.30)$$

2. 待分配任务特征

（1）特征 9：待分配任务 i 优先级 WP_i。

该特征用来描述任务的重要度，其归一化后为

$$\widehat{\mathrm{WP}}_i = \mathrm{WP}_i/\mathrm{pri}_{\max} = \mathrm{pri}_i/\mathrm{pri}_{\max} \qquad (5.31)$$

（2）特征 10：待分配任务 i 优先级-成像时长 WR_i。

该特征可以描述为

$$\mathrm{WR}_i = \frac{\mathrm{pri}_i}{\mathrm{ct}_i} \qquad (5.32)$$

其归一化方式如下：

$$\widehat{\mathrm{WR}}_i = \frac{\mathrm{ct}_{\min}}{\mathrm{pri}_{\max}} \cdot \mathrm{WR}_i \qquad (5.33)$$

3. 待分配任务与卫星关联特征

（1）特征 11：卫星 j 执行待分配任务 i 过顶时刻 WO_{ij}。

该特征可以通过规划周期进行归一化，得到 $\widehat{\mathrm{WO}}_{ij}$ 如下：

$$\widehat{\mathrm{WO}}_{ij} = \frac{1}{T_{\mathrm{plan}}} \cdot \mathrm{WO}_{ij} = \frac{1}{T_{\mathrm{plan}}} \cdot t_{ij}^{\mathrm{side}} \qquad (5.34)$$

（2）特征 12：卫星 j 执行待分配任务 i 可见窗口长度占比 WL_{ij}。

该特征表征了任务被完成调度机会的大小，可以描述为

$$\mathrm{WL}_{ij} = \mathrm{we}_{ij} - \mathrm{wb}_{ij} \qquad (5.35)$$

其归一化方式如下：

$$\widehat{\mathrm{WL}}_{ij} = \frac{1}{T_{\mathrm{plan}}} \cdot \mathrm{WL}_{ij} \qquad (5.36)$$

（3）特征 13：待分配任务 i 与卫星 j 待规划任务冲突度 WC_{ij}。

该特征通过冲突度的引入，来对待分配任务的调度成功可能性进行评估，其可以描述为

$$\mathrm{WC}_{ij} = \mathrm{Cd}_{ij} \tag{5.37}$$

式中，$\mathrm{Cd}_{ij} = \sum\limits_{\mathrm{tsk}_k \in \Omega_j^{\mathrm{assigned}}} o_{ik}$，$o_{ik}$ 的定义见式 (4.50)。该特征的归一化方式如下：

$$\widehat{\mathrm{WC}}_{ij} = \frac{1}{\sum\limits_{j=0}^{n_{\mathrm{sat}}-1} \left| \Omega_j^{\mathrm{assigned}} \right|} \cdot \mathrm{WC}_{ij} \tag{5.38}$$

（4）特征 14：待分配任务 i 与卫星 j 既分配任务可见时间窗的非重叠长度 WV_{ij}。

该特征表示该任务 i 对应的可见时间窗中与其他时间窗口不存在任何重叠关系的时间段的长度，可以描述为

$$\mathrm{WV}_{ij} = \mathrm{we}_{ij} - \mathrm{wb}_{ij} - \left\| \left(\bigcup_{\mathrm{tsk}_l \in \Omega_j^{\mathrm{assigned}}} [\mathrm{wb}_{lj}, \mathrm{we}_{lj}] \right) \bigcap [\mathrm{wb}_{ij}, \mathrm{we}_{ij}] \right\| \tag{5.39}$$

式中，函数 $\|\cdot\|$ 表示集合中窗口段的长度和，该特征可以转化为非重叠长度占自身窗口长度的比例以实现归一化，具体描述如下：

$$\widehat{\mathrm{WV}}_{ij} = \frac{1}{\mathrm{we}_{ij} - \mathrm{wb}_{ij}} \cdot \mathrm{WV}_{ij} \tag{5.40}$$

（5）特征 15：待分配任务 i 与卫星 j 既分配任务的观测斜率统计学均值 AS_{ij}。任务 i 与任务 l 的观测斜率 sp_{il} 可以定义为

$$\mathrm{sp}_{il} = \left| \frac{\theta_i^{\mathrm{side}} - \theta_l^{\mathrm{side}}}{t_i^{\mathrm{side}} - t_l^{\mathrm{side}}} \right| \tag{5.41}$$

观测斜率 sp_{il} 反映了任务 i 与任务 l 之间的姿态转换难易程度，该值越大，两任务之间转换的难度越大。AS_{ij} 值则反映了任务 i 与卫星 j 之间的转换难易程度，该值越小，说明姿态转换越容易，任务 i 分配到卫星 j 被调度成功的可能性越大。该特征定义如下：

$$\mathrm{AS}_{ij} = \frac{1}{\Omega_j^{\mathrm{assigned}}} \sum_{\mathrm{tsk}_k \in \Omega_j^{\mathrm{assigned}}} \mathrm{sp}_{il} \tag{5.42}$$

该特征当卫星 j 不存在既分配任务时，其取值为 1，可以通过如下方式进行归一化：

$$\widehat{\mathrm{AS}}_{ij} = \frac{1}{2\theta_{\max}} \cdot \mathrm{AS}_{ij} \tag{5.43}$$

（6）特征 16：待分配任务 i 与卫星 j 既分配任务观测斜率标准差 SS_{ij}。

该特征反映了观测斜率的分布特征，具体定义如下：

$$\mathrm{SS}_{ij} = \sqrt{\frac{1}{\Omega_j^{\mathrm{assigned}}} \sum_{\mathrm{tsk}_k \in \Omega_j^{\mathrm{assigned}}} (\mathrm{sp}_{il} - \mathrm{AS}_{ij})^2} \tag{5.44}$$

该特征的归一化方式如下：

$$\widehat{\mathrm{SS}}_{ij} = \frac{1}{2\theta_{\max}} \cdot \mathrm{SS}_{ij} \tag{5.45}$$

上述 16 个特征作为本书提取的用以表征 MSCTAP 的特征向量 FV_{ij} 如式 (5.46) 所示，在后续训练中将每次作为决策规则的输入。需要说明的是，当上述特征在计算时违反运算规则时（如卫星 j 的既分配任务为 0，违反除法计算规则），无特殊说明则特征值置零。

$$\begin{aligned}\mathrm{FV}_{ij} = \big\{ &\mathrm{TN}_j, \mathrm{RE}_j, \widehat{\mathrm{AP}}_j, \widehat{\mathrm{SP}}_j, \widehat{\mathrm{AR}}_j, \widehat{\mathrm{SR}}_j, \widehat{\mathrm{AO}}_j, \widehat{\mathrm{SO}}_j, \\ & \widehat{\mathrm{WP}}_i, \widehat{\mathrm{WR}}_i, \widehat{\mathrm{WO}}_{ij}, \widehat{\mathrm{WL}}_{ij}, \widehat{\mathrm{WC}}_{ij}, \widehat{\mathrm{WV}}_{ij}, \widehat{\mathrm{AS}}_{ij}, \widehat{\mathrm{SS}}_{ij} \big\}\end{aligned} \tag{5.46}$$

5.3.3 基于 GEP 的规则演化方法

基因表达式编程[156]本质上是一种演化算法的架构，但是其建模过程（对应编码）又不同于一般的演化算法。GEP 对应的问题建模是区别于一般演化算法的，GEP 一般基于时序模型进行建模，个体编码在解码之后对应的是求解问题的规则，而一般演化算法个体编码在解码之后对应一个问题解。GEP 是演化解决问题的规则，规则适应度评估基于多个问题实例的求解质量，是同类问题求解规则的训练过程；一般演化算法是对个体进行进化，个体的适应度评估基于单个问题实例的求解质量，是同类问题单个实例的求解过程。从某种角度来说，GEP 也可以归类为机器学习的一种。

本书针对序列化建模的面向非时敏移动目标跟踪的 MSCTAP 的决策规则演化流程设计如图 5.8 所示，其主体演化流程采用交叉、变异等多类算子实现规则的多样化，通过适应度评估与个体选择机制实现规则的演化。适应度的评估基于多个问题实例的平均求解质量进行评估。每次对单个问题实例的评估,都是基于种群中单个个体对应规则所做的任务分配决策过程。

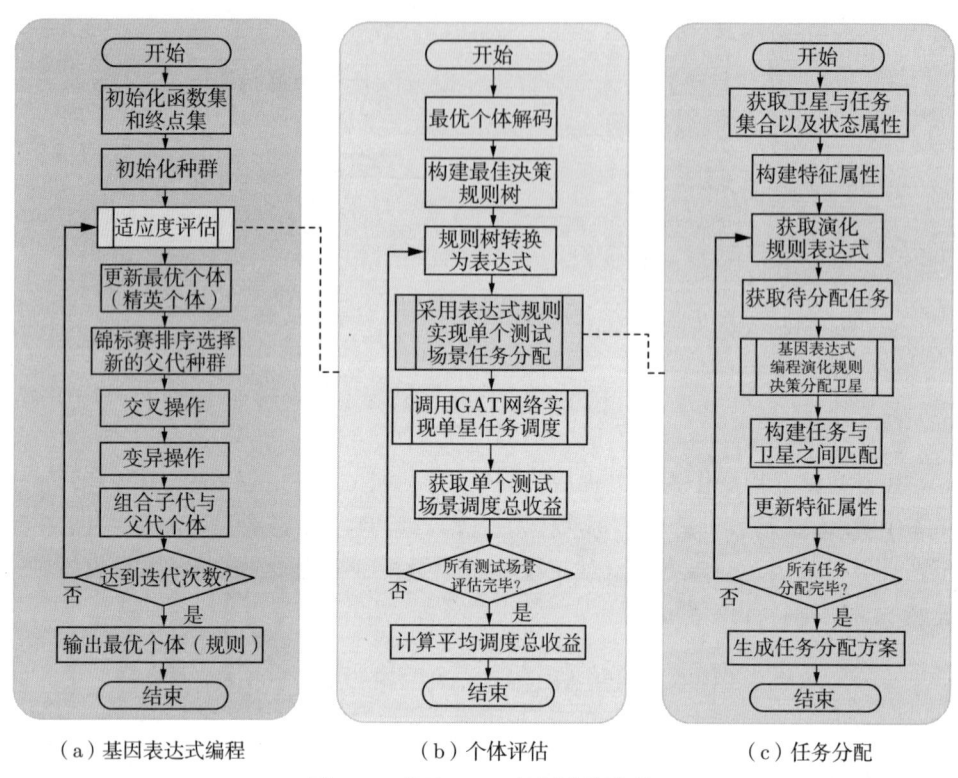

(a)基因表达式编程　　(b)个体评估　　(c)任务分配

图 5.8　基于 GEP 规则演化流程

1. 染色体的编码与解码

在 GEP 中,染色体对应了一种问题求解的规则,染色体的编码过程是将问题求解规则转化为编码序列的过程,染色体的解码过程是将该编码序列转化为表达式树,进而转化为规则算术表达式的过程。染色体的编码与解码是采用 GEP 训练问题求解规则的重要基础,其过程如图 5.9 所示。

1) 染色体编码

在 GEP 演化过程中,算法维持着一个固定规模 n_{pop} 的种群,种群中每个个体对应了一条染色体 ξ_u, $u = 1, 2, \cdots, n_{\text{pop}}$。每条染色体 ξ_u 包含了若干编码基因 $\eta_{u,v}$,每个基因包含了若干编码位 $\omega_{u,v,w}$。每个编码位 $\omega_{u,v,w}$ 中对应的编码为函数集或终点集。其中函数集可以为:

(1) 算术运算符,如 +、−、·、/ 等运算符。

（2）数学函数，如 sin、cos、max 等函数。

（3）关系运算符，如 >、<、= 等运算符。

（4）逻辑运算符，如与、或、非、异或等运算符。

（5）条件运算符，如 if 等运算符。

终点集可以为：

（1）变量数值。对应需要加权的属性变量。

（2）常量数值。对应标准常量，如 π。

（3）无参数函数。例如随机数生成函数 rand(·)。

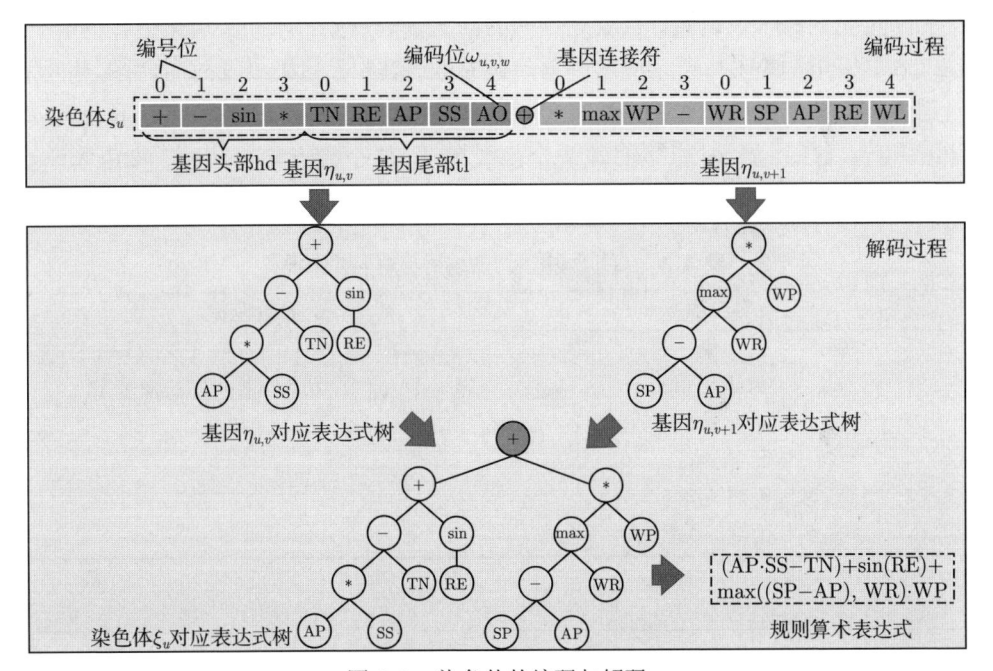

图 5.9 染色体的编码与解码

每个基因 $\eta_{u,v}$ 由一个头部与一个尾部构成。其中，头部第一个编码必须为函数集，头部中其他编码位可以为函数集或者终点集，尾部必须为终点集。每个基因对应了一棵表达式子树，函数集为其中的非叶子节点，终点集为其中的叶子节点。若函数集中函数对应的最大参数个数为 n，头部编码位个数为 hd，尾部编码位个数为 tl，则为满足表达式树转换时的合法性，必须满足以下条件。

$$\mathrm{tl} = \mathrm{hd} \cdot (n-1) + 1 \tag{5.47}$$

通过上述编码描述，一个种群包含 n_pop 条染色体，每条染色体 ξ_u 具备 n_v

个基因，可以表示为

$$\xi_u = \{\eta_{u,v}|v=1,2,\cdots,n_v\} = \{\omega_{u,l}|l=1,2,\cdots,n_v\cdot(\text{hd}+\text{tl})\} \tag{5.48}$$

式中，基因 $\eta_{u,v} = \{\omega_{u,v,w}|w=1,2,\cdots,(\text{hd}+\text{tl})\}$。

2）染色体解码

在染色体解码过程中，染色体中每个基因对应一棵表达式子树，表达式子树根据编码位采用宽度优先顺序生成。多个基因对应的表达式子树之间通过连接符（+、−、·、/等）进行连接。最终染色体对应的表达式树可以通过自下而上的运算优先序转化为算术表达式，也就是本书的问题求解规则，以此实现染色体的解码。

本书采用如表 5.3 所示的编码与解码参数。其中，随机参量 rc 的引入是为了对属性产生伸缩性补偿。基因头部长度设置为 12，是为了保证每个基因长度为 25（hd = 12，tl = 13）时能够承载 7 个函数集与 17 个终点集。另外，染色体中基因个数 $n_v = 16$ 是希望每条染色体都能够支持演化 16 个属性的独立规则。

表 5.3　GEP 中采用的编码与解码参数设置

参数名称	参数设置
函数集	+、−、·、sin、cos、max、min
终点集	FV_{ij} 中 16 个属性与随机参量 rc
随机参量 rc	rand$(-5,5)$
基因连接符	+
基因头部长度 hd	12
染色体中基因个数 n_v	16

2. 适应度评估

适应度评估是在给定染色体个体对应的规则的条件下，采用测试场景对演化规则进行评价的过程。适应度评估很大程度决定了种群的进化方向，与问题的优化目标必须保持一致。采用函数 EvRule(·) 描述每个染色体对应的规则算术表达式，该函数输出对每个任务 i 与卫星 j 匹配的评分，则采用染色体对应规则进行决策的方式如下：

$$x_{ij}=1, j^{\text{assigned}} = \underset{j}{\text{argmax}}\,\text{EvRule}(\text{FV}_{ij}) \tag{5.49}$$

对于训练生成的 n_{sc} 个场景，根据规则进行分配。分配采用序列解匹配构造过程如图 5.10 所示。分配后，采用单星调度获得场景 k 下每颗卫星 j 的调度收

益 $\Phi_{kj}(\cdot)$。对于该规则的适应度，本书采用测试场景的平均收益定义规则 u 的适应度 f_u 如式 (5.50) 所示。

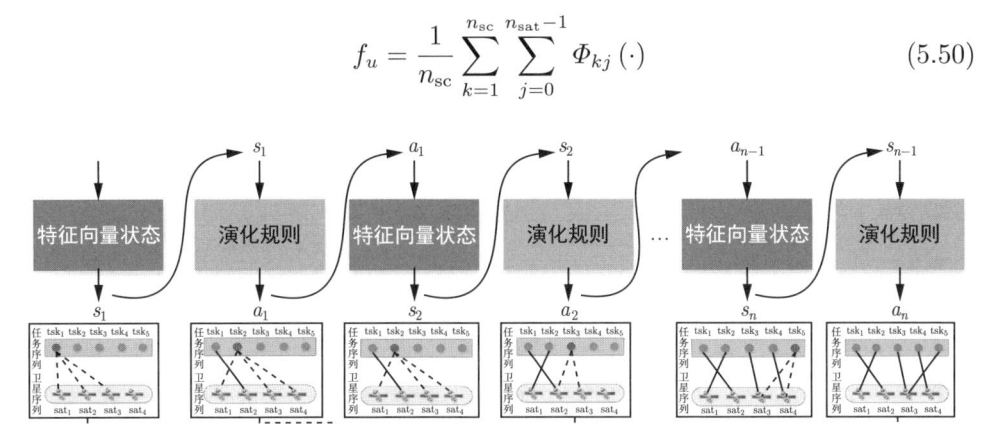

$$f_u = \frac{1}{n_{\mathrm{sc}}} \sum_{k=1}^{n_{\mathrm{sc}}} \sum_{j=0}^{n_{\mathrm{sat}}-1} \Phi_{kj}(\cdot) \tag{5.50}$$

图 5.10　任务分配的序列解构造过程（见文后彩图）

3. 种群初始化

种群初始化是在满足编码规则基础上生成 n_{pop} 个个体，即 n_{pop} 条染色体。若用 $\varGamma$ 表示函数集，$\varLambda$ 表示终点集，则在初始化种群中，采用如下所示方式生成每个基因，多个基因组成一条染色体，n_{pop} 条染色体构成种群。

$$\omega_{u,v,w} = \begin{cases} \varGamma(\mathrm{rand}(0,|\varGamma|-1)), & w = 1 \\ \varGamma(\mathrm{rand}(0,|\varGamma|-1)), & p < 0.5 \wedge 1 < w \leqslant \mathrm{hd} \\ \varLambda(\mathrm{rand}(0,|\varLambda|-1)), & p > 0.5 \vee w > \mathrm{hd} \end{cases} \tag{5.51}$$

式中，$p = \mathrm{rand}(0,1)$ 为每次对生成编码位分类的判断。

4. 交叉算子设计

交叉算子是为了保持种群多样性而设计的，其通过染色体编码片段之间的交换实现对规则的搜索。本书采用单点交叉算子（1-opt）、双点交叉算子（2-opt）以及基因交叉算子，具体内容如下。

1）单点交叉算子（1-opt）

单点交叉算子是经典的 1-opt 算子，其根据单点交叉概率 p^{c1} 判断是否需要选择交叉。对于染色体 ξ_u，当生成随机数 $p < p^{\mathrm{c1}}$，随机选择其他染色体 $\xi_{u'}$，并

生成一个单点交叉位置 $a \in [1, (\mathrm{hd} + \mathrm{tl})n_\eta]$，则染色体 ξ_u 与 $\xi_{u'}$ 通过下述方式实现单点交叉：

$$\begin{cases} \omega_{u,[1,a]} = \omega_{u',[1,a]} \\ \omega_{u',[1,a]} = \omega_{u,[1,a]} \end{cases} \tag{5.52}$$

2）双点交叉算子（2-opt）

双点交叉算子是经典的 2-opt 算子，其根据双点交叉概率 p^{c2} 判断是否需要选择交叉。对于染色体 ξ_u，当生成随机数 $p < p^{c2}$，随机选择其他染色体 $\xi_{u'}$，并生成两个交叉位置 $a, b \in [1, (\mathrm{hd} + \mathrm{tl})n_v] \wedge a < b$，则染色体 ξ_u 与 $\xi_{u'}$ 通过下述方式实现双点交叉：

$$\begin{cases} \omega_{u,[a,b]} = \omega_{u',[a,b]} \\ \omega_{u',[a,b]} = \omega_{u,[a,b]} \end{cases} \tag{5.53}$$

3）基因交叉算子

基因交叉算子同样其根据基因交叉概率 p^{ge} 判断是否需要选择交叉。对于染色体 ξ_u，当生成随机数 $p < p^{ge}$，随机选择其他染色体 $\xi_{u'}$，并生成两个基因位置 $a, b \in [1, n_v]$，则染色体 ξ_u 与 $\xi_{u'}$ 通过下述方式实现基因交叉，如图 5.11 所示。

$$\begin{cases} \eta_{u,a} = \eta_{u',b} \\ \eta_{u',b} = \eta_{u,a} \end{cases} \tag{5.54}$$

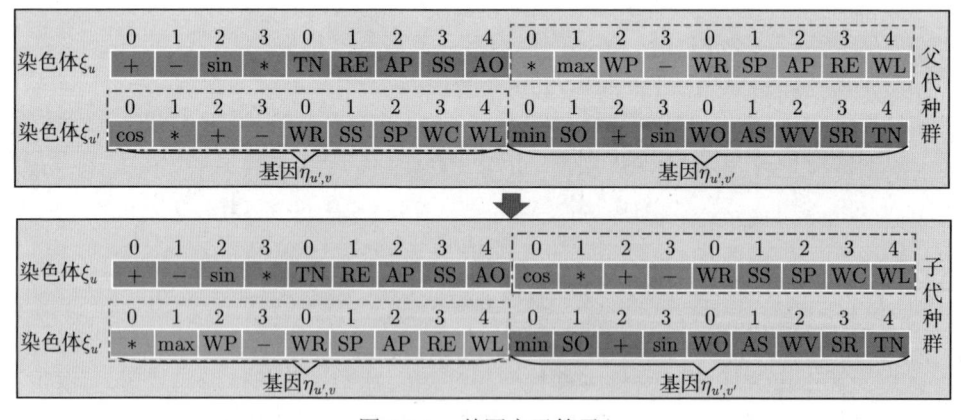

图 5.11　基因交叉算子

5. 变异算子设计

变异算子也是为了实现对规则的搜索与保持种群多样性而设计的，相比于交叉算子作用于两条染色体上，变异算子作用在单条染色体上。本书主要采用单点变异、片段反转、插入序列（insertion sequence，IS）转座与根序列（root isertion sequence，RIS）转座 4 种算子。

1）单点变异算子

单点变异算子变异与种群初始化的方式是一样的，其根据单点变异概率 p^{ms} 判断是否需要变异。对于染色体 ξ_u 体的编码位 $\omega_{u,v,w}$，当生成随机数 $p < p^{\text{ms}}$ 时，其根据式 (5.51) 进行变异。

2）片段反转算子

片段反转算子变异是在染色体中随机选择一段编码片段进行反转，其根据单点变异概率 p^{mi} 判断是否需要变异。对于染色体 ξ_u，当生成随机数 $p < p^{\text{mi}}$，随机生成两个编码位置 $a,b \in [1,(\text{hd}+\text{tl})n_v] \wedge a < b$，则染色体 ξ_u 通过如下方式实现片段反转，如图 5.12 所示。

$$\omega_{u,[a,b]} = \omega_{u,[b,a]} \tag{5.55}$$

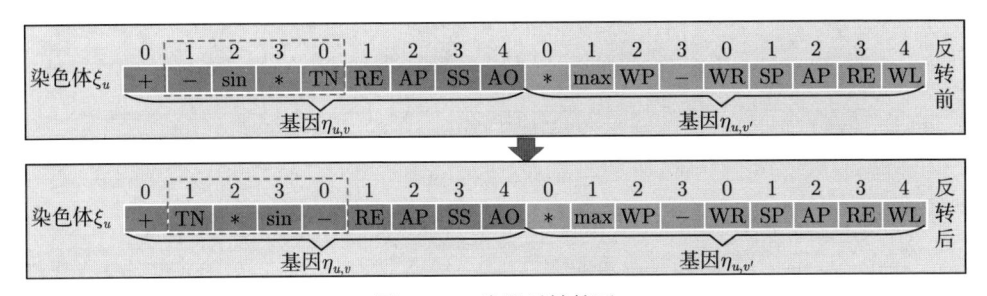

图 5.12　片段反转算子

3）IS 转座算子

IS 转座算子是从编码片段中随机选择一段片段插入该染色体另一个基因的非第一位置，其方式如图 5.13 所示。

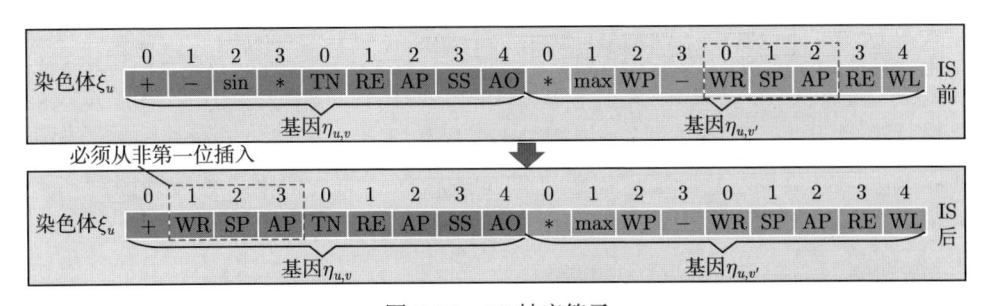

图 5.13　IS 转座算子

IS 转座算子根据概率 p^{is} 进行变异。对于染色体 ξ_u，当生成随机数 $p < p^{\text{is}}$ 时，随机生成两个编码位置 $a,b \in [1,(\text{hd}+\text{tl})n_v] \wedge a < b \wedge (b-a) < \text{hd}$，随机选择基因 $\eta_{u,v}$ 上随机生成的位置 $c \in [2,\text{hd}-(b-a)+1]$ 插入，则染色体 ξ_u 通过如下方式实现 IS 转座：

$$\omega_{u,v,[c,c+(b-a)]} = \omega_{u,[a,b]} \tag{5.56}$$

4）RIS 转座算子

RIS 转座算子是从基因头部随机选择一段从函数集开始的片段，并将其插入另一个基因的头部开始位置，其方式如图 5.14 所示。

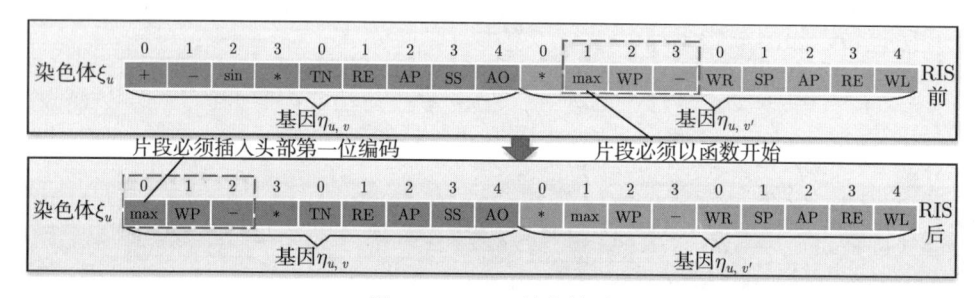

图 5.14 RIS 转座算子

RIS 转座算子根据概率 p^{ris} 进行变异。对于染色体 ξ_u，当生成随机数 $p < p^{\text{ris}}$ 时，随机生成两个编码位置 $a,b \in [1,(\text{hd}+\text{tl})n_v] \wedge a < b \wedge (b-a) < \text{hd}$，并且 $\omega_{u,a}$ 为函数集中元素，随机选择基因 $\eta_{u,v}$ 的头部起始位置插入，则染色体 ξ_u 通过如下方式实现 RIS 转座：

$$\omega_{u,v,[1,b-a+1]} = \omega_{u,[a,b]} \tag{5.57}$$

6. 种群个体选择

种群个体选择作为下一代的新父代，其需要保留精英个体，又需要保留一定的劣质个体避免陷入局部最优。本书采用经典的锦标赛排序算法，在构造新父代种群时，先按种群规模 n_{pop} 的比例 pro^{el} 保留精英。而后，每次从种群中随机抽取 n_{tour} 个个体，复制适应度最大的个体放入新的父代中，其方式如图 5.15 所示。

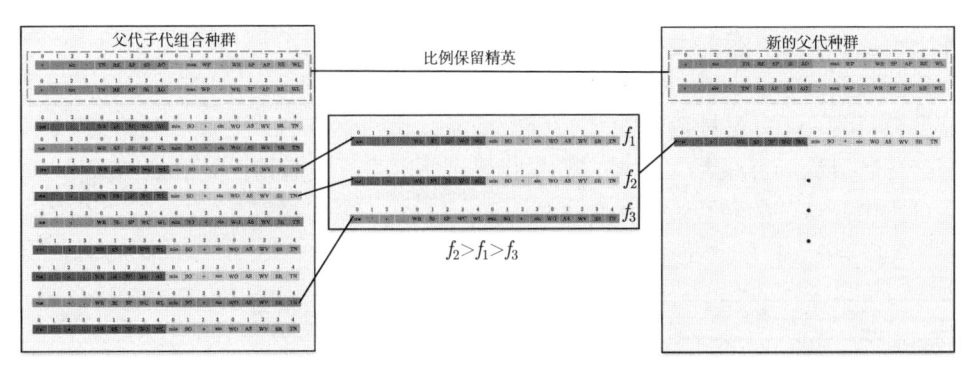

图 5.15　种群个体选择方式（见文后彩图）

f——不同个体的适应度。

5.4　仿真实验及分析

5.4.1　仿真实验设计

本书针对面向非时敏移动目标跟踪的 MSCTAP 旨在设计一种快速、高效、质优的求解算法，以便达到对移动目标动态变化的快速响应，实现星上任务的快速分配。本章实验首先将分析 CHMGEP 方法的训练过程，检测其收敛性；其次将通过算例测试 CHMGEP 方法的可行性，以便后续的实际使用；最后将测试算法的效能，由于对比依赖于单星调度模型，无法和精确算法进行对比，在效能对比中主要比较 CHMGEP 算法与启发式算法、元启发式算法的结果。单独的任务分配过程无法对分配结果进行衡量，依赖于单星的调度结果进行最终的收益计算。因此，对比过程中主要采用 SP（多场景下采用调度收益均值（ASP））、ST（多场景条件下采用调度时间均值（AST））与 CHMGEP 超过其他算法收益百分比（PSP）这 3 个指标。测试使用平台为台式机（CPU: Inter(R) Core(TM) i5-4460，主频 3.2 GHz；RAM：12 GB）。

关于算例生成方面，实验中采用和之前测试启发式算法一样的算例生成方法，其生成具体参数采用如表 4.2 所示的算例生成规则与表 5.2 所示的卫星能力参数。该算例生成机制是基于 SSATSP 算例生成方法改进的，增加了多颗星对目标的可见窗口生成。

5.4.2　演化过程分析

演化过程分析主要是检查 GEP 演化过程收敛情况以及演化结果。在演化过程中，本章实验针对 sc100-s4-t160、sc100-s7-t280 及 sc100-s10-t400 这 3 种任务规模的场景进行了规则演化。这 3 种规模分别表示 100 个卫星数目为 4 待分配任务数目为 160、卫星数目为 7 待分配任务数目为 280 以及卫星数目为 10 待分配任务数目为 400 的场景规模，分别代表了小、中、大规模场景的规则演化。演化过程中，算法的参数设置如表 5.4 所示。

表 5.4　GEP 演化过程参数

参数名称	参数值	参数名称	参数值
种群规模 n_{pop}	50	演化代数 n_{iter}	600
适应度评估场景数 n_{sc}	100	单点交叉概率 p^{c1}	0.7
双点交叉概率 p^{c2}	0.7	基因交叉概率 p^{ge}	0.7
单点变异概率 p^{ms}	0.05	片段反转概率 p^{mi}	0.1
IS 转座概率 p^{is}	0.1	RIS 转座概率 p^{ris}	0.1
精英个体保留比例 pro^{el}	0.1	排序抽取个体数 n_{tour}	3

通过 3 种规模的适应度评估场景，实验对演化过程中每一代个体的最大、最小以及平均适应度进行统计，得到最终的演化过程参数统计结果如图 5.16 所示。从图 5.16 中可以看到，3 种规模的场景在前 50 代中适应度值上升非常快，说明了算法前期对规则演化提升效果明显。对于小规模场景，其适应度值在演化代数达到 50 之后逐渐趋缓，大概在 200 代左右收敛，而后呈现停止增长的平稳趋势；中规模与大规模场景的适应度值虽然在 100 代后趋于平稳，但是分别在 350 代和 300 代后略有提升，随后停止增长并趋于平稳。整个演化过程中，种群的适应度平均值跟最大值保持相同趋势，但是最小值基本处于波动阶段，这也有利于维持种群多样性，避免陷入局部最优。总体来看，3 种规模下的规则在整个演化过程中基本得到收敛。

除了演化的收敛，实验通过 3 种场景规模下的规则演化，得到最终的演化规则如表 5.5 所示，规则对应的表达式树如图 5.17 所示。首先，从演化得到的规则来看，没有出现过于复杂的规则，尽管演化的规则仅仅表征了任务在分配时卫星对应的优先序关系（这种序关系存在很多种形式，规则并不单一），也能够说明算法在演化过程中尽量趋于简化。其次，由于规则仅仅表征序关系，其中单独的常数项是可以去掉的。通过表达式树可以发现，WR 是一个重要的属性，其在中、大规模场景中分别得到了系数 4 的倍化，在小规模场景中得到了系数 1 的正反馈。最后，在演化规则中，属性 AS 呈现负反馈情况。从规模来看，3 种规则都有其场景规模适用性，但本身规则在模型中是通用的，引导的序关系趋势也是一致的。

图 5.16 GEP 演化过程分析

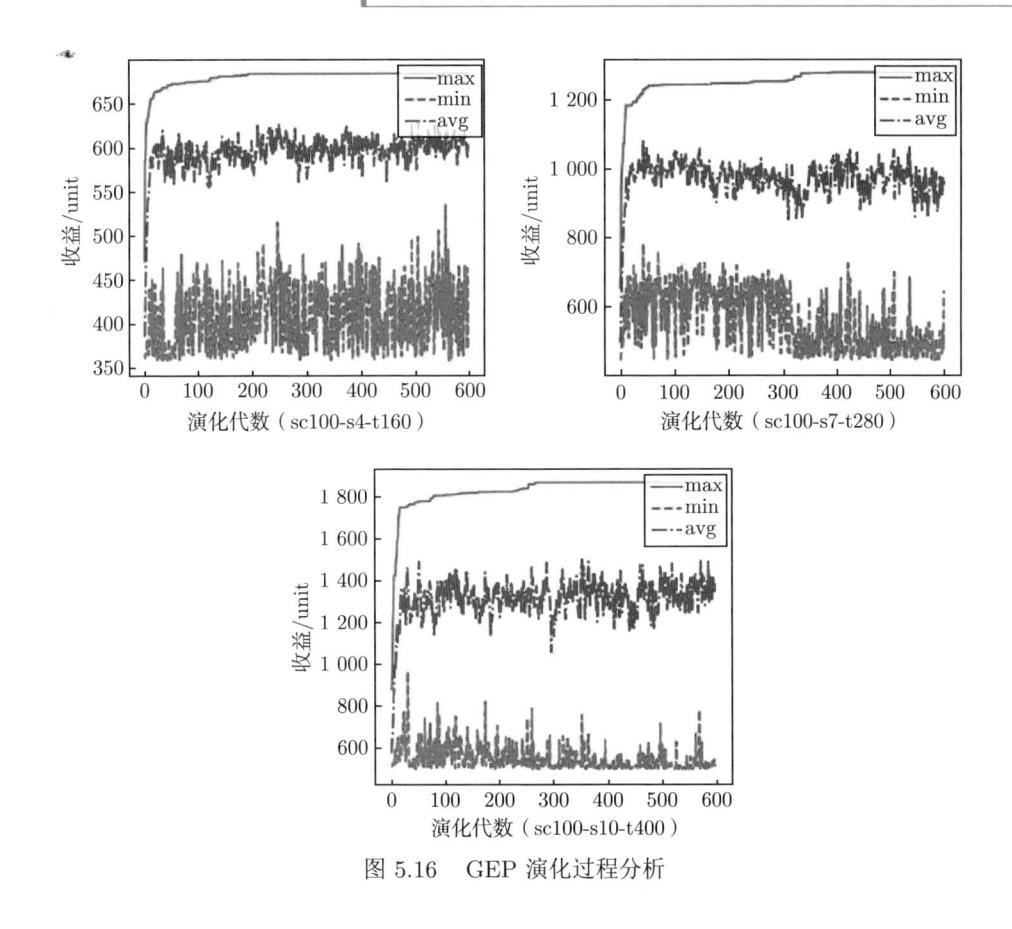

表 5.5 不同场景规模下 GEP 最优演化规则

场景规模	最优演化规则
sc100-s4-t160	SO·WP + SO + WR + 5·WV + sin[min(−2.17, WR)] + cos SS + cos[min(SP, WC, (−WR + min(SS, TN))·min(SO·WR, cos SR))] + min(AR, AS·(WR + cos WV))·min(WP, cos AS + 3.65) + 8.16
sc100-s7-t280	2·WP + 4·WR − sin AS + 2·cos SS + cos[min(−AS, cos(cos AS))] + cos[min(sin WL−min(−3.67, AO), cos(AS − WL))] + min(AO, WP)− 9.68
sc100-s10-t400	−3·AS + SS·min(SR, AO·SP) + TN·WL + 4·WR + 2·sin WP + sin WR + sin[cos WR] + cos SO + cos[sin SS] + max(WR, cos TN) − 4.02

(a) sc100-s4-t160

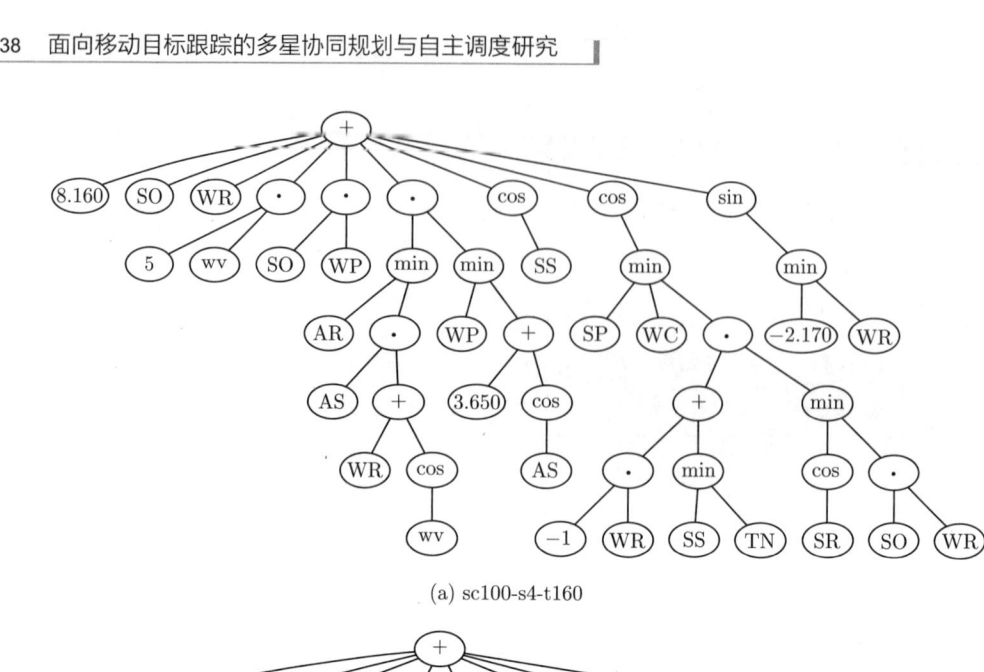

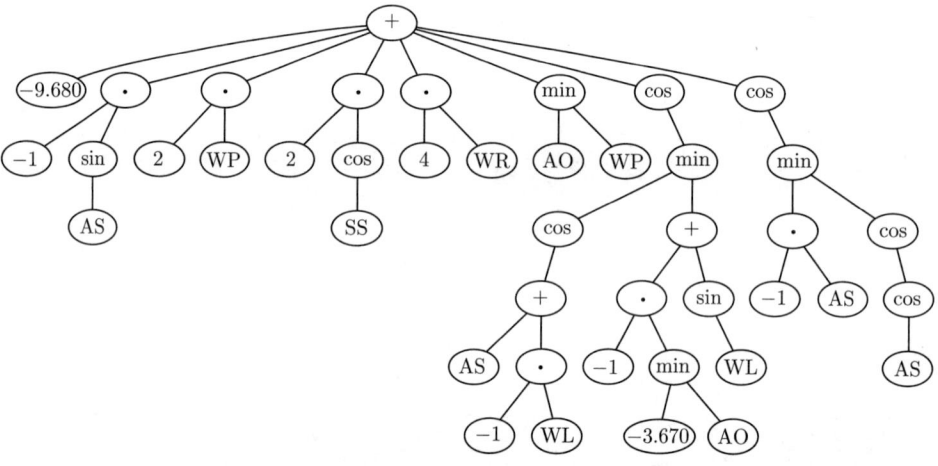

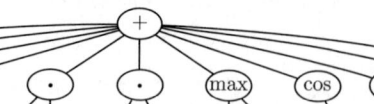

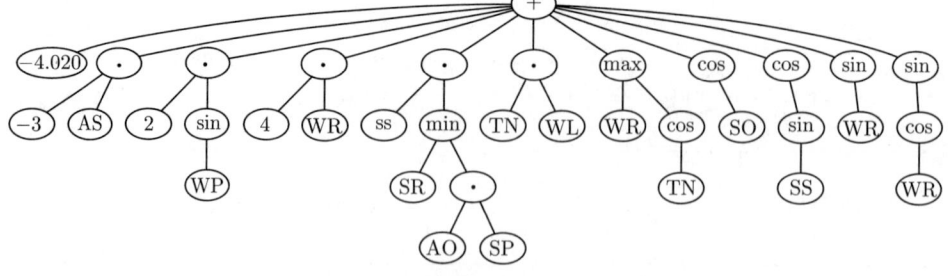

(b) sc100-s7-t280

(c) sc100-s10-t400

图 5.17　GEP 最优演化规则对应的表达式树

综上分析，无论是收敛性还是演化规则的趋势一致性在 GEP 算法中都得到了保障。GEP 针对面向非时敏移动目标跟踪的 MSCTAP 求解规则的演化效果是明显的。

5.4.3 算法可行性分析

算法可行性分析主要是通过测试场景分析 CHMGEP 算法在多场景下执行多任务分配的合理性与有效性。调度的结果是最终单星调度器求解的，其可行性分析在第 4 章中已经描述过。本次实验仅仅针对分配过程进行分析。在分析过程中，实验采用 sc100-s4-t160、sc100-s7-t180 与 sc100-s10-t400（分别表征小、中、大 3 种规模随机生成的场景）进行测试。为了直观地查看分配过程，本实验绘制 3 种规模场景实例下的任务分配窗口分布如图 5.18 所示。

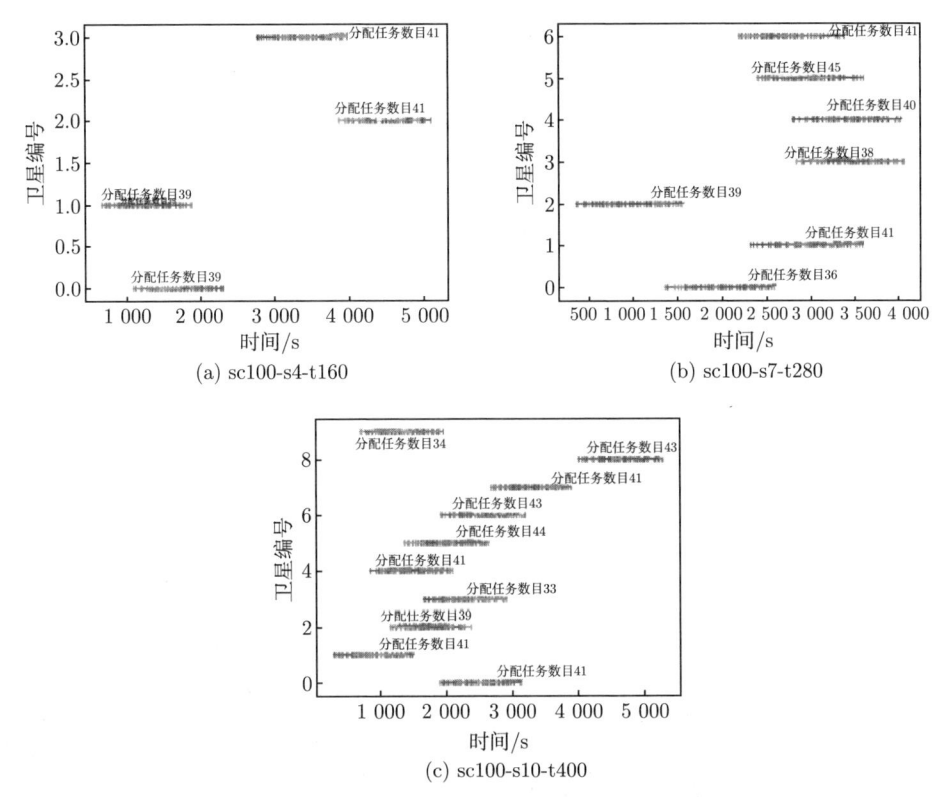

图 5.18 CHMGEP 对不同规模场景的分配结果

图 5.18 中每一束密集分布的任务窗口，表征卫星对任务过境的一段时间，任务在该段时间具备窗口才有可能被分配到该卫星上。每一束任务窗口上标注了分

配到该卫星上的任务数目。从任务分配数目上看，除了大规模场景下出现了卫星 3 的 33 个分配任务与卫星 9 的 34 个分配任务，数目相对偏少，其他规模场景下卫星的任务分配数目基本维持在 40 个左右，这不仅是分配上的均匀性，也代表每颗星在单星任务调度上减少了任务之间的冲突。如果分配缺乏均匀性，那么在某一颗星上会出现较高冲突，任务调度成功率降低，带来多星任务规划整体收益的减少。另外，从分配任务窗口分布的均匀性来说，每颗卫星上分配任务的窗口分布是较为均匀的，并没有出现在卫星窗口某段过于堆积的现象，这说明演化规则在执行分配时，会尽量降低任务与分配星既分配任务之间窗口的重叠度，减少任务之间的冲突。这种在任务分配上的趋势显然提高了任务调度成功的可能性。此外，本章实验对 3 种规模实例场景下分配时间进行了统计，分别为 2.324 s、6.744 s 及 13.199 s，从实际使用情况来看，该算法分配的时效性是满足星上自主需求的，能够响应非时敏移动目标的运动变化带来的不确定性。通过上述分析，可以发现 CHMGEP 在多星任务分配问题求解上是可行的。

5.4.4 算法效能分析

本章实验将采用前期实验对比得到的 3 种最好的启发式算法以及两种经典的元启发式算法来与本实验设计的 CHMGEP 算法进行对比，对比主要基于 ASP、AST 以及 PSP 3 个指标。

1. 与启发式算法对比

在前期对比实验中，研究得到基于规则 1、规则 7 和规则 8 的 3 种较好的启发式多星任务分配方法。为了方便对比，将规则 1、规则 7 与规则 8 对应的启发式分别命名为按已分配任务数升序（number of assigned task ascending, NATA）、按可见时间窗口长度降序（length of visible time-window descending, LVTD）及按已分配任务冲突度升序（conflict degree of assigned task ascending, CDTA）。在实验中，将针对规模为 sc100-s4-t160、sc100-s7-t280 及 sc100-s10-t400 的场景分别生成 50 个算例进行测试，并最终统计每个场景下的 SP 与 ST，需要说明的是，调度时间包含多星分配时间与单星调度的时间，并且单星调度时间是串行的（在研究设计的集中—分布式协同架构中，单星调度可以并行，因此，实际应用中可以大幅缩减计算时间）。通过实验，统计得到 3 种规模 50 个算例的测试结果如图 5.19 所示。

从图 5.19 中可以发现，在小、中、大 3 种规模场景算例下，CHMGEP 算法在 SP 指标上对其他 3 种启发式算法都实现了全面超越。3 种启发式算法在求解问题质量上表现各有优劣，以 LVTD 算法的表现更优。可见 CHMGEP 算法对比单一的启发式算法是具备优势的。为了进一步评估这种优势，实验针对每种规模 50 个算例的测试结果统计了 ASP 与 AST 均值指标，得到结果如表 5.6 所示。

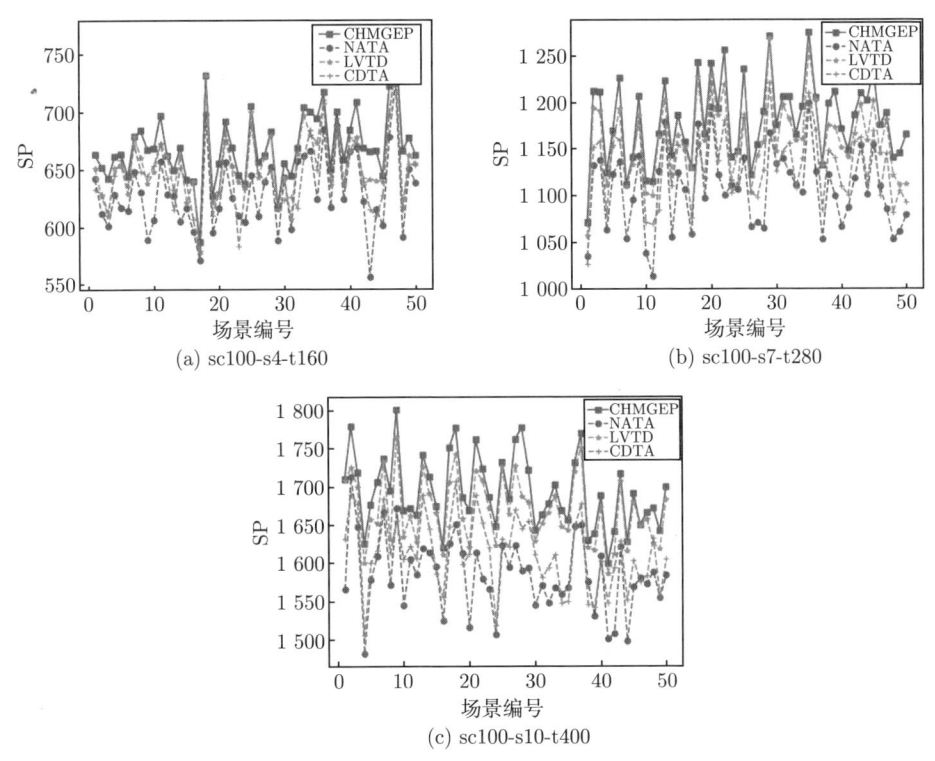

图 5.19　不同场景规模的 CHMGEP 算法与启发式算法分配结果对比（见文后彩图）

从表 5.6 中可以看到，CHMGEP 算法在 3 种规模场景下表现最好，在 ASP 指标上都是最高的。LVTD 算法在启发式算法中表现最佳，CDTA 次之，NATA 排在最后。从 PSP 指标来看，CHMGEP 算法对启发式算法的超越并不明显，尤其是对最好的启发式 LVTD 算法的调度收益才超越了 2% 左右，对最差的 NATA 算法在 ASP 指标上才超越 6% 左右。虽然 CHMGEP 算法的优势并不明显，但是从求解时间 AST 上看，4 种算法保持在同一个数量级，并且差别不大。因此，CHMGEP 算法在没有消耗过多时间成本的前提下能够取得超越最佳启发式算法的效能是值得肯定的。同时，也反映出单星调度器在求解单星调度问题上的强大，基于多星分配层次上，即使简单的启发式算法，也能取得较好的整体收益。

表 5.6 不同任务规模下 CHMGEP 算法与启发式算法均值效能对比

场景规模	CHMGEP ASP[1]	AST[2]/s	PSP[3]/%	NATA ASP	AST/s	PSP/%	LVTD ASP	AST/s	PSP/%	CDTA ASP	AST/s	PSP/%
sc100-s4-t160	669.38	7.434	0.00	629.94	5.059	5.89	653.90	5.076	2.37	646.64	4.764	3.52
sc100-s7-t280	1 180.10	16.713	0.00	1 106.18	12.266	6.26	1 161.36	10.732	1.61	1 131.64	8.961	4.28
sc100-s10-t400	1 693.20	28.260	0.00	1 584.82	16.383	6.40	1 669.46	17.855	1.42	1 612.82	17.575	4.98

注：① 调度总收益均值。
② 调度总时间均值。
③ CHMGEP 算法收益超过所在栏算法收益的百分比。

2. 与元启发式算法对比

相比于精确算法，元启发式算法在求解问题时能够在可接受的范围内获得满意的解，其求解效率要高很多。以模拟退火（simulated annealing，SA）算法与变邻域搜索（variable neighbourhood search，VNS）算法为例，其属于随机搜索算法，在搜索或者寻找邻域过程中能够以一定的概率接受较差解，从而保证算法不陷入局部最优。相比于以种群为基础的演化算法，其特点就是以单点为基础进行局部搜索，对内存消耗较低，而且不需要繁杂的种群内部的交叉变异操作。

本实验在经典 SA 与 VNS 算法的基础上进行改进，引入问题初始解构造机制，即以最佳启发式规则 LVTD 生成 SA 与 VNS 的初始解，由此得到改进的模拟退火（improved simulated annealing，ISA）算法与改进的变邻域搜索（improved variable neighbourhood search，IVNS）算法。本实验以 ISA 与 IVNS 作为元启发式算法代表进行对比。其中，这两种算法的解采用整数编码，每位编码代表任务分配卫星的编号。具体 ISA 与 IVNS 的算法参数分别如表 5.7 和表 5.8 所示。

表 5.7　对比算法 ISA 参数

参数名称	参数值
初始温度	100
终止温度	1
每个温度迭代数	3
温度衰减系数	0.9
编码方式	整数编码
局部搜索算子	单点变异、双点交换、片段反转

表 5.8　对比算法 IVNS 参数

参数名称	参数值
迭代次数	30
扰动邻域解数	5
编码方式	整数编码
局部解选择	依收益概率抽样
邻域算子数	3
邻域算子	单点变异、双点交换、片段反转

在对比实验中，将生成问题规模为从 sc100-s4-t160~sc100-s10-t400 依次递增 1 颗星与 40 任务的场景，每种规模生成 10 个场景，总共 7 种规模与 70 个场景算例。测试中，统计每种规模场景的 ASP 与 AST 指标，最终得到结果如表 5.9 所示。从表 5.9 中可以看到，CHMGEP 算法并不是每次都能求得最好的解。在 7 个规模场景中，IVNS 拿到 4 个最佳，CHMGEP 算法次之，拿到 2 个，ISA 则只拿到 1 个最佳。并且，CHMGEP 算法还在场景 sc100-s7-t280 中超过了 ISA。从 PSP 指标来看，CHMGEP 算法与 ISA、IVNS 的差距最大为 −1.47%，在一些中小规模场景上（sc100-s6-t240）甚至实现了 2% 的超越，足见 CHMGEP 算法在求解面向非时敏移动目标跟踪的 MSCTAP 问题上能够接近元启发式的性能。从 AST 指标上看，CHMGEP 算法在中小规模算例上能够控制在 20 s 内，但是 ISA 在百秒量级，

表 5.9 不同任务规模下 CHMGEP 算法与元启发式算法均值效能对比

场景规模	CHMGEP ASP[①]	CHMGEP AST[②]/s	CHMGEP PSP[③]/%	ISA ASP	ISA AST/s	ISA PSP/%	IVNS ASP	IVNS AST/s	IVNS PSP/%
sc100-s4-t160	690.9	9.282	0.00	696.4	203.487	−0.79	696.8	1 680.919	−0.85
sc100-s5-t200	858.6	12.511	0.00	844.1	248.384	1.72	852.9	2 123.959	0.66
sc100-s6-t240	1 076.7	16.895	0.00	1 055.6	329.488	2.00	1 062.6	2 570.510	1.31
sc100-s7-t280	1 169.2	21.497	0.00	1 163.0	383.620	0.53	1 184.9	3 092.066	−1.34
sc100-s8-t320	1 386.5	24.960	0.00	1 392.7	430.670	−0.45	1 406.9	3 490.173	−1.47
sc100-s9-t360	1 486.7	41.137	0.00	1 504.0	454.257	−1.15	1 506.4	3 906.438	−1.33
sc100-s10-t400	1 648.9	36.348	0.00	1 661.5	526.829	−0.76	1 657.7	4 254.568	−0.53

注：① 调度总收益均值。
② 调度总时间均值。
③ GATGEP 算法收益超过所在栏算法收益的百分比。

IVNS 虽然绝大部分求解效果很好，但是其 AST 却达到了惊人的千秒量级。虽然 IVNS 迭代次数只设置了 30 次，但是其跳出循环的机制是由解的好坏决定的，当局部解能够搜索到更优解时，其迭代计数器是不增加的，这导致算法耗时增加不少。从算法效能来说，CHMGEP 算法显然比后两者高许多。

为了进一步分析场景规模对算法计算时效性的影响，实验将上述数据作图得到图 5.20 所示结果。由图 5.20 可以发现，ISA 与 IVNS 对应计算时效性曲线的斜率要比 CHMGEP 算法大，在计算时间上的增长都快于 CHMGEP 算法。由此可见，CHMGEP 算法在面向非时敏移动目标跟踪的 MSCTAP 问题规模化应用上是要好于一般元启发式算法的。综上分析，本书所提的 CHMGEP 算法尽管只能在小部分算例上实现对元启发式算法的超越，但是该算法拥有较好的求解效率与求解质量，对面向非时敏移动目标跟踪的 MSCTAP 的求解时间并不会随着问题规模呈爆炸式增长。此外，无论是择优的启发式、元启发式以及本书所提的 CHMGEP 算法，在求解面向非时敏移动目标跟踪的 MSCTAP 时得到的总收益差距并不大，这一部分原因归结为单星调度器的优化能力过于强大，使得在分配层的分配作用变得相对弱化，存在多种收益差别不大却分配迥异的情况。

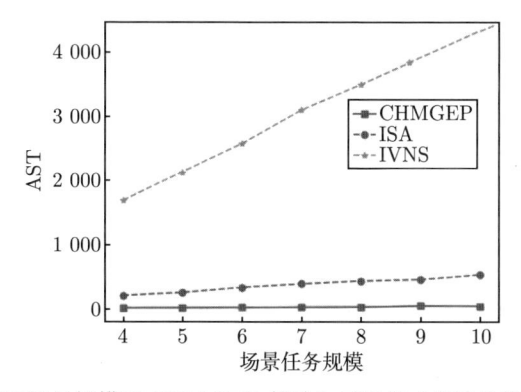

图 5.20 不同场景规模下 CHMGEP 算法与元启发式算法的调度时间对比

5.5 本章小结

本章针对面向非时敏移动目标跟踪的 MSATSP 进行了详尽描述，并在此基础上，建立了问题的数学模型。在分析问题的求解复杂度后，提出一种序列化构造解的思路，并设计了 10 种启发式算法。针对启发式算法，引入自适应机制，分析其求解效能并提取 3 种最佳启发式算法作为后续实验对比。而后，本书提出一种基于 GEP 的构造启发式方法求解多星任务分配问题，在提取问题 16 个特征的基础上，采用 GEP 实现对问题求解规则的演化。最终实验结果显示，CHMGEP 算法能够全面超越启发式算法，并在小部分算例上胜过元启发式算法，比元启发式算法具备更高的求解效能。第 6 章中将重点讲解面向时敏移动目标跟踪的多星协同任务规划技术，描述其与非时敏目标的差异并寻求最佳解决之道。

第6章

面向时敏移动目标跟踪的多星自主协同规划技术

时敏移动目标具备高速的运动特征,往往需要更快的响应速度。采用与非时敏移动目标一样的周期性规划与调度很难实现对时敏移动目标的快速响应。在 2.3 节设计的分层式通用求解框架下,本书依旧采用星上自主任务管理、星上自主任务调度与星间自主任务协同三层方式实现对时敏移动目标跟踪的任务规划。由于任务执行的协同性,带来任务选择及调度的特性,因此任务生成放在单星自主调度中更为高效。具体面向时敏移动目标跟踪的多星自主协同规划技术框架如图 6.1 所示。对于面向时敏移动目标跟踪的 MSACTPP,在分析目标特性、问题背景的基础上构建问题模型,通过星上自主任务管理对目标进行全周期维护与优先级统筹,随后在单星自主调度层采用基于知识规则方法实现单星快速任务调度并生成协同跟踪任务,最后基于"需求-响应"(request-response based,RRB)机制协同多星,消解任务冲突,输出规划方案。

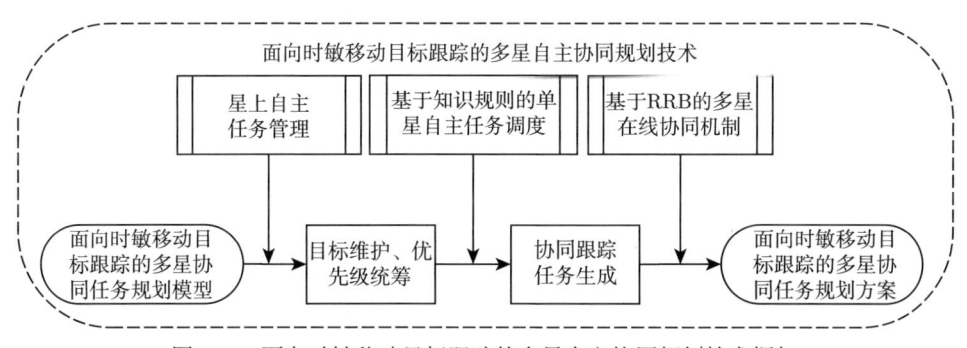

图 6.1　面向时敏移动目标跟踪的多星自主协同规划技术框架

6.1 问题描述与建模

6.1.1 多星协同任务规划问题

针对时敏移动目标的跟踪，在 2.3.2 节设计了分散式协同架构，本章将进一步介绍时敏移动目标的特性以及协同跟踪的需求，通过描述分散式协同架构下的多星协同任务规划流程深入了解面向时敏移动目标跟踪的 MSACTPP。

1. 时敏移动目标跟踪的跟踪过程

在第 2 章已经讲述过时敏移动目标（TSMT）的定义，其为一类具备高速运动与高规律性的空间移动目标，可以通过一定的物理学模型进行运动预测，但是也存在精度误差放大问题。实现对目标的跟踪，意味着需要发现、识别、评估及定位该空间移动目标。在实际应用中，目标跟踪出现在很多空间任务场景中，如卫星定轨与编目、太空垃圾的回收及太空武器预警。面向时敏移动目标跟踪的 MSACTPP 的关键点在于最大化跟踪资源的效能。

TSMT 具备的运动特征具体如下。

（1）目标的时敏特征。如导弹、空间碎片一类的空间移动目标，其具备较高的运动速度，能够达到每秒上千千米的运动速度。相比于跟踪资源的视场幅宽，TSMT 的运动带来的位置变化是剧烈的。相比于非时敏目标，其很容易跳出载荷的视场，这种对跟踪资源捕捉目标在时间上的敏感性，称作目标的时敏特征。

（2）运动的短期可预测性。目标的运动具备高规律性，可以通过运动学模型进行短期预测，长期预测则不可行。跟踪资源数据侦测的误差、侦测信息融合的误差带来了预测模型的初始误差积累，目标运动预测模型本身具备一定的预测误差，这导致对目标位置的预测存在误差的累积效应（随着时间推进，对目标预测轨迹的误差增大）。此外，目标可能存在一定的规避性。综上所述，目标的运动预测是短期有效的，长期预测不可行，需要间歇性占用跟踪资源完成对目标的态势感知。

由于 TSMT 位置的不确定性，其任务规划是异常复杂的。多卫星系统（MSS）对高速运动的 TSMT 目标的预测只能够依赖于探测的信息，误差效应累积的存在，使得依赖于静态预测的任务规划变得不确定与不可靠。这种误差累积增大可能导致整个调度任务的执行失败，带来跟踪目标的丢失。

TSMT 的跟踪过程是一个任务属性（包括运动属性与目标分类属性）确定的过程，同时是一个精度收敛的过程。通过属性的判别，MSS 能够对目标的趋势、意图与威胁进行评估。图 6.2 所示为 TSMT 跟踪过程中跟踪精度收敛的过程。在图 6.2 中，P_0 是从 MSS 系统内部或者外部多源信息得到的目标最早位置。MSS

第6章　面向时敏移动目标跟踪的多星自主协同规划技术　　149

分配了两颗卫星资源 sat_1 和 sat_2 在 t_k 时刻执行第 k 次的跟踪。随后，TSMT 在 t_{k+1} 时刻被分配给 sat_3 与 sat_2 卫星资源执行第 $(k+1)$ 次跟踪。P_k 和 P_{k+1} 是第 k 次和第 $(k+1)$ 跟踪之后信息融合得到的位置，在预测模型中被当作实际的目标运动位置。t_e 时刻位置 P_e 和 t_f 时刻位置 P_f（$t_f > t_e > t_{k+1} > t_k$）可以通过位置 P_k 和 P_{k+1} 采用运动模型进行预测得到。$r_{k,e}$ 和 $r_{k,f}$ 为基于位置 P_k 预测得到的位置 P_e 和 P_f 的误差半径。同样地，$r_{k+1,e}$ 和 $r_{k+1,f}$ 是基于位置 P_{k+1} 预测得到的误差半径。由于误差累积效应，式 (6.1) 所示的条件是必然存在的。每次新的跟踪任务执行都依赖于预测的轨迹，为了保证目标维持在资源视场幅宽之内，每次对 TSMT 的跟踪时间不宜过长，每两次跟踪时间间隔也不宜过长。

$$\begin{cases} r_{k,f} > r_{k,e} \\ r_{k+1,f} > r_{k+1,e} \end{cases} \tag{6.1}$$

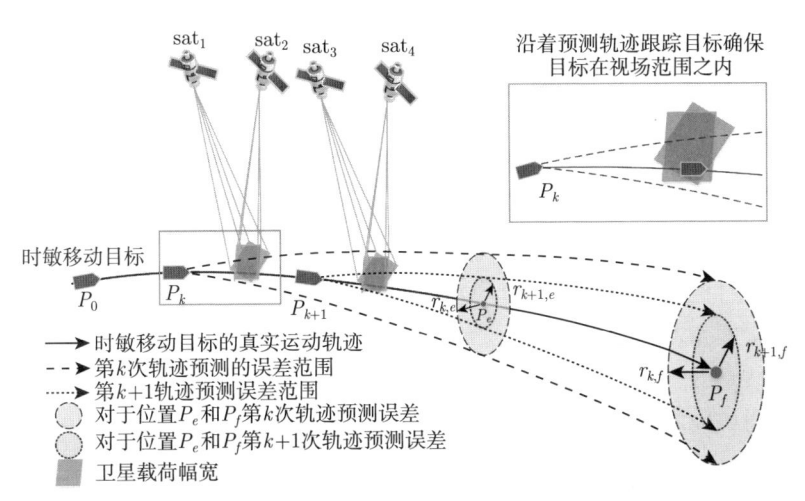

图 6.2　时敏移动目标跟踪的跟踪过程（见文后彩图）

为了降低由于误差累积效应带来的目标不确定性，最好的方式就是增加目标的跟踪次数来获得更多的跟踪数据。如式 (6.2) 所示，第 $k+1$ 跟踪得到的预测误差范围要比第 k 跟踪小得多。因此，通过增加目标的跟踪次数，目标的位置精度能够逐步得到收敛，误差累积效应得到缓解。从该角度看，目标的整个跟踪过程，不仅仅是对目标不确定性的探测过程，更是一个目标位置精度收敛过程。对目标实施多次跟踪，在跟踪间隙也能够达到对其他目标的兼顾。

$$\begin{cases} r_{k,e} > r_{k+1,e} \\ r_{k,f} > r_{k+1,f} \end{cases} \tag{6.2}$$

2. 分散式协同架构下的多星协同流程

新的材料工艺与 AI 技术的使用,使得卫星的硬件计算能力与智能水平得到巨大提高,星上自主以及分散式多星协同成为现实。卫星资源能力的提升主要体现在以下几个方面。

(1) 更强与更快的星上计算能力。强大的计算能力使得卫星不再局限于简单的指令执行,而是在星上自主任务规划与行为决策上得到扩展。

(2) 星上数据智能化处理。近年来,AI 技术的应用提升了文本、图像、音频与视频的处理能力。快速的星上计算能力结合 AI 技术能够实现星上图像识别,且仅依赖于两颗卫星就能实现对目标的定位,这些使得星上自主任务规划与决策成为可能。

(3) 快速的星间通信能力。星间通信技术的提升缩短了通信时延,这使得星间网络通信交互成为可能。尤其是分布式技术的应用依赖于星间通信,其能力的提升能够增强系统的可靠性、鲁棒性与稳定性。

TSMT 跟踪是一个闭环决策的过程,其依赖于不确定条件下的星上决策能力来提升对目标跟踪的响应与跟踪效果。目标跟踪需要满足一定的空间覆盖率与时间分辨率,并且一个高度鲁棒性的系统才能够保证目标的不丢失。显然,分散式协同架构是一个很好的选择。在跟踪的过程中,目标识别的属性与状态信息在不断发生变化,这成为后续子任务生成的引导。同时,卫星任务规划依赖于星座的状态信息。目标的属性状态信息及星座资源的状态信息是星上自主任务规划获得一个高质量解的前提,但是对于一个完全分布式的系统来说,任务信息在整个星座网络是共享的,这导致卫星产生很高的计算负载与通信负载成本。考虑到系统扩展性与通信成本,本书提出了一种具有互斥目标池(METP)的分散式协同架构如图 6.3 所示。在该架构下,星上模块主要分为星上自主模块、通信模块及数据模块。星上自主模块基于分层式通用求解框架设计,包括自主任务管理、单星自主任务调度以及星间自主协同 3 个子模块。星间通信模块负责卫星之间的通信与数据模块更新。数据模块为星上自主模块提供数据,其主要包括星座状态数据,METP 数据及星座轨道数据。

在 2.3.2 节已经分析过,面向时敏移动目标的跟踪以深空为探测背景,星间通信延迟不可忽略。在分散式协同架构中,METP 以及星座轨道数据是本架构专门引入的设计,其目的是通过一定的计算代价换取通信成本,具体设计如下。

(1) METP。在每颗星上维护的时敏目标是唯一且互斥的,这样避免了当目标状态变化时带来的星间同步通信代价。如果目标状态不一致,则会导致星上的决策差异化,任务调度效率会降低。

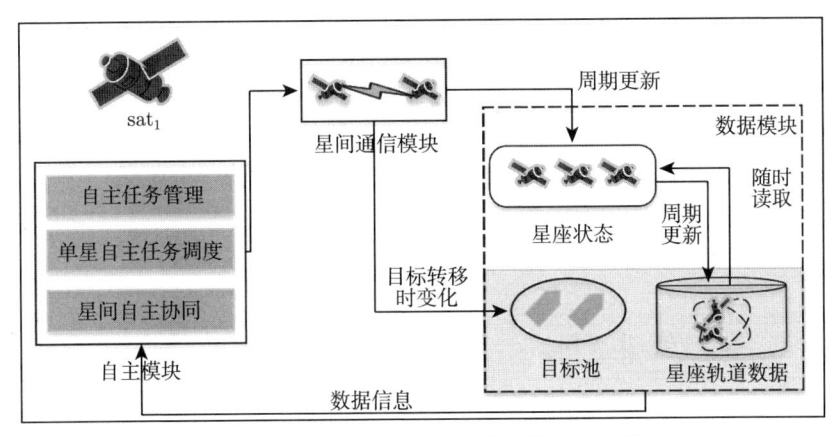

图 6.3　具有互斥目标池的分散式协同架构设计

（2）轨道数据处理。每颗卫星上维持了其他卫星半小时轨道数据并周期性更新。轨道数据维持占据了一定的存储空间，但是避免了星座资源位置速度状态的频繁同步。卫星轨道数据对星上目标可见窗口的计算与任务调度过程都是至关重要的。维持本地的轨道数据，能够保证星上对星座资源状态的随时读取。

（3）目标池管理。目标池的管理针对 METP 中目标的转移。该转移是为了达成星上任务调度更好的全局优化效果，属于星间协同解决的问题，后面在星间协同环节将介绍目标的转移。

在上述设计的具有 METP 的分散式协同架构下，面向时敏移动目标跟踪的流程可以分为 3 个步骤构成的闭环过程。首先，星座在接收到目标信息后，信息由单独的一颗卫星维护，星座状态信息周期性同步；其次，根据 METP 中的目标状态，激活目标跟踪，星上自主任务规划基于知识规则生成协同任务；最后，通过星间协同实现多星之间协同任务的冲突消解，并在一定机制下完成目标的转移，合理优化资源配置。在实现对目标的跟踪并融合信息后，再次激活 METP 中目标跟踪流程。具体跟踪流程如图 6.4 所示。值得注意的是，对于非时敏移动目标的

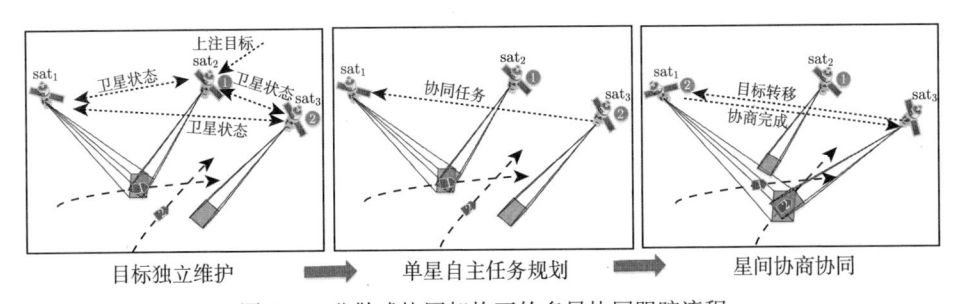

图 6.4　分散式协同架构下的多星协同跟踪流程

跟踪，其流程是先实现任务的分配，后实现单星自主任务调度。而对于时敏目标的跟踪，由于其任务的协同性（必须两颗卫星同时跟踪）难以剥离，很难提供任务分配层进行任务分配。因此，在分层式求解框架下，时敏移动目标的跟踪是先进行任务规划，后在多星协同层进行冲突消解。而在星上自主任务管理方面，对于时敏目标，将原有的任务生成放置在了单星自主任务调度模块上。后续将具体介绍各个模块的机制与算法。

6.1.2 问题假设

面向时敏移动目标跟踪的 MSACTPP 是一个典型的不确定条件下的闭环决策问题，本书主要考虑了以下不确定因素。

（1）新目标的到达是不确定的。由于外部环境的不确定性，目标的到达是随机的。

（2）新任务的生成是不确定的。新任务的生成取决于目标的状态与跟踪融合信息的反馈结果，这些信息是不确定的。目标的生成一般在跟踪信息反馈之后。

（3）目标运动的不确定性。目标位置与精度的信息在跟踪信息融合时，属于后验概率的范畴，是不确定的。

本书针对该问题的假设如下。

（1）一颗卫星只搭载一个传感器，这意味着在同一时刻卫星只能跟踪一个目标。

（2）卫星的跟踪时的电量消耗、姿态机动时的电量消耗分别与跟踪时长、姿态机动时长成正比。

（3）星上具备数据处理和信息融合能力，减少了星间与星地之间数据的传输量，星上的存储是足够的。故此，忽略星上存储约束。

（4）目标单次跟踪的持续时间是一个常量，该常量存在最低阈值，否则无法实现跟踪数据融合。

（5）目标的跟踪至少需要两颗以上的卫星进行定位，为了提升系统的资源的利用率，本书只考虑采用两颗卫星进行单次跟踪活动。

（6）不考虑图像识别的概率性问题。由于本书中该问题都采用低轨卫星，在载荷感知范围内，认为目标成像满足星上图像识别需求，不存在概率性识别问题。

（7）星间通信时延假设。基于目前卫星通信能力，假设卫星全网点到点单次通信的时延为 τ。根据合作方提议，星间通信可以采用指数传播的模型进行衡量。即对于一个具有 N_{sat} 个节点的卫星网络，单次信息的同步需要的时延 T_{delay} 满足下式：

$$T_{\text{delay}} = \lceil \log_2 N_{\text{sat}} \rceil \cdot \tau \tag{6.3}$$

6.1.3 符号说明

本书问题采用的符号如表 6.1 所示。

表 6.1 面向时敏移动目标跟踪的 MSACTPP 通用符号定义

符号	释义
n_s	跟踪卫星数目
n_t	时敏移动目标数目
sat_i	第 i 个跟踪卫星，$i = 1, 2, \cdots, n_s$
tgt_j	第 j 个时敏移动目标，$j = 1, 2, \cdots, n_t$
t_m	第 m 个决策时刻，$m = 1, 2, \cdots, |T|$，$|T|$ 为仿真周期内一系列决策时刻集合的长度
S_i^{sat}	卫星 sat_i 的状态信息
S_j^{tgt}	目标 tgt_j 的状态信息
S^{sat}	所有卫星的状态信息，$S^{\text{sat}} = \{S_i^{\text{sat}}\}$
S^{tgt}	单星上维护的所有时敏移动目标的状态信息，$S^{\text{tgt}} = \{S_j^{\text{tgt}}\}$
s	状态信息，$s = \{S^{\text{sat}}, S^{\text{tgt}}\}(s \in S)$
sid	卫星 sat_i 索引
$\text{Pov}_i^{\text{sat}}$	卫星 sat_i 的位置与速度信息
$\text{Egy}_i^{\text{sat}}$	卫星 sat_i 剩余电量信息
$\text{Tet}_i^{\text{sat}}$	卫星 sat_i 最近已调度跟踪任务的结束时间
$\text{Tea}_i^{\text{sat}}$	卫星 sat_i 最近已调度跟踪任务的结束姿态
tid	时敏目标 tgt_j 索引
$\text{Npt}_j^{\text{tgt}}$	目标 tgt_j 最近融合处理信息的时间
$\text{Pov}_j^{\text{tgt}}$	目标 tgt_j 最近一次信息融合获得的位置与速度信息
$\text{Pcs}_j^{\text{tgt}}$	目标 tgt_j 最近一次信息融合获得的位置精度信息
$\text{Pty}_j^{\text{tgt}}$	目标 tgt_j 最近一次信息融合获得的目标属性信息
$\text{Pri}_j^{\text{tgt}}$	目标根据 tgt_j 属性 Pty^{tgt} 得到的优先级综合评估
A_m	t_m 时刻候选子任务集合
a_k	第 k 次配对跟踪子任务，$a_k \in \Lambda_m$
$\text{Tsu}_{k,*}$	第 k 次配对跟踪子任务之一
$\text{Tbt}_{k,*}$	子任务 $\text{Tsu}_{k,*}$ 的开始时间
$\text{Tet}_{k,*}$	子任务 $\text{Tsu}_{k,*}$ 的结束时间
$\text{Tct}_{k,*}$	子任务 $\text{Tsu}_{k,*}$ 的持续事假
$\text{Tba}_{k,*}$	子任务 $\text{Tsu}_{k,*}$ 的开始姿态
$\text{Tea}_{k,*}$	子任务 $\text{Tsu}_{k,*}$ 的结束姿态
$\text{Egy}_{k,*}$	子任务 $\text{Tsu}_{k,*}$ 消耗的电量
r_m	决策时刻 t^m 的即时奖励

续表

符号	释义
γ	奖励折扣因子
$x_k(t_m)$	0-1 决策变量，1 表示 Tsu_k 在 t_m 被选择
u_k	跟踪子任务 Tsu_k 被执行时的收益
ws_k	tgt_j 可见时间窗口的开始时间
we_k	tgt_j 可见时间窗口的结束时间
ts	两个连续跟踪子任务时间的姿态转换时间
E	卫星最低电量阈值
T_{plan}	规划周期长度
π_i	卫星 sat_i 的决策策略
π_i^*	sat_i 的最优决策策略

6.1.4 问题模型

基于分层式通用求解架构与设计的具有 METP 的分散式协同架构，面向时敏移动目标跟踪的 MSACTPP 可以分解为两个子优化问题，每个子问题可以当作一个星上的优化模块。在星上自主任务管理的基础上，首先，需要提供一种方法实现星上的调度器功能，即单星在线任务调度问题（single satellite online task scheduling problem，SSOTSP）。其次，需要设计高效的协商与协同机制实现多个单星调度器之间的冲突消解，也就是多星在线协同问题（multi-satellite online collaboration problem，MSOCP）。

面向时敏移动目标跟踪的 MSACTPP 是一个典型的不确定环境下的闭环决策问题。星座可以视作一个多 Agent 系统，每个单星 Agent 需要基于当前的状态进行决策。由于目前的状态不依赖于过去的状态，具备马尔可夫属性，适合采用马尔可夫决策过程（MDP）建模。

1. 单星在线任务调度问题模型

面向时敏移动目标跟踪的 MSACTPP 是不确定环境下的一系列决策问题。首先，采用 MDP 对单星任务规划问题进行建模。该问题的 MDP 模型可以采用一个五元组 $<T,S,A,P,R>$ 描述。

（1）T 表示一系列的决策时刻。在每个决策时刻 $t_m \in T$，需要选择执行的活动即跟踪的协同子任务。

（2）S 是状态空间。s 是通过星间链路或者内部更新获得的状态信息，$s \in S$。对于卫星 sat_i，状态信息为

$$S_i^{\text{sat}} = \{\text{sid}, \text{Pov}_i^{\text{sat}}, \text{Egy}_i^{\text{sat}}, \text{Tet}_i^{\text{sat}}, \text{Tea}_i^{\text{sat}}\}$$

对于任务 tgt_j，状态信息为

$$S_j^{\text{tgt}} = \{\text{tid}, \text{Npt}_j^{\text{tgt}}, \text{Pov}_j^{\text{tgt}}, \text{Pcs}_j^{\text{tgt}}, \text{Pty}_j^{\text{tgt}}, \text{Pri}_j^{\text{tgt}}\}$$

（3）A 是卫星能够选择的所有活动集合。$a_k = \{\text{Tsu}_{k,1}, \text{Tsu}_{k,2}\}\,(a_k \in A)$，其表示包含两个协同子任务的跟踪任务，两个子任务分别分配到两颗相关的卫星上执行。对于子任务组

$$\text{Tsu}_{k,*} = \{\text{sid}, \text{tid}, \text{Tbt}, \text{Tet}, \text{Tct}, \text{Tba}, \text{Tea}, \text{Egy}\}$$

其满足如下所示条件：

$$\begin{cases} \text{sat}_{k,1} \neq \text{sat}_{k,2} \\ \text{tgt}_{k,1} = \text{tgt}_{k,2} \\ \text{Tbt}_{k,1} = \text{Tbt}_{k,2} \\ \text{Tet}_{k,1} = \text{Tet}_{k,2} \\ \text{Tct}_{k,1} = \text{Tct}_{k,2} \\ \text{Tct}_{k,1} = \text{Tet}_{k,1} - \text{Tbt}_{k,1} \\ \text{Tct}_{k,2} = \text{Tet}_{k,2} - \text{Tbt}_{k,2} \\ \text{Egy}_{k,1} = \alpha_1 \cdot \text{Tct}_{k,1} \\ \text{Egy}_{k,2} = \alpha_2 \cdot \text{Tct}_{k,2} \end{cases} \tag{6.4}$$

式中，α_1、α_2 分别为常量系数。

（4）$P: S \times A \to \prod(S)$ 是状态转移函数，表示在给定状态和动作前提下达到下一个状态的概率分布。$P(s, a, s')$ 表示在状态 s 下，执行动作 a 达到 s' 的概率。

（5）$R: S \times A \to \mathbb{R}^+$ 是奖励函数。$R(s, a)$ 表示在状态 s 下选择动作 a 的即时奖励。

整个 MSS 通过以下两个步骤在环境中持续迭代。首先，当系统状态为 $s \in S$，系统执行动作 a 并获得即时奖励 $R(s, a)$；其次，系统根据转移分布 $P(s, a, s')$ 转移到新状态 s'。如下式所示，MDP 优化目标是找到最优决策 π 来最大化期望折扣奖励值。

$$V^\pi(s) = E\left[\sum_{m=0}^{\infty} \gamma^m r_m\right] \tag{6.5}$$

式中，$E(\cdot)$ 表示期望函数。

在最优决策下，所有信念状态的折扣值期望构成了最优值函数。根据 Bellman 方程，可以得到下式：

$$V^*(s) = \max_{a \in A} \sum_{s \in S} P(s, a, s') \left(R(s, a, s') + \gamma V(s') \right) \tag{6.6}$$

对应地，最优策略 π^* 为

$$\pi^*(s) = \operatorname*{argmax}_{a \in A} \sum_{s \in S} P(s, a, s') \left(R(s, a, s') + \gamma V(s') \right) \tag{6.7}$$

从式 (6.7) 中可以看到，MDP 是一个持续优化的过程。随着任务的执行，时间不断向前推进，通过策略不断选择新的任务，得到跟踪收益为

$$R(s, a) = \sum_{k=0}^{|A_m|-1} u_k x_k(t_m) \tag{6.8}$$

本书问题优化目标是最大化跟踪目标数目和跟踪精度。因为跟踪精度是一个后验且时变的，本书采用跟踪时间比和目标优先级的积来替代优化目标。当 $\mathrm{Npt}_j^{\mathrm{tgt}}(t_0) = 0$ 时，也可以采用最后的跟踪结束时间与目标优先级代替，则跟踪的优化目标可以转化为

$$\begin{aligned} V &= \max \sum_{j=1}^{n_t} \mathrm{Pri}_j^{\mathrm{tgt}} \cdot \frac{\mathrm{Npt}_j^{\mathrm{tgt}}(t_{|T|-1}) - \mathrm{Npt}_j^{\mathrm{tgt}}(t_0)}{T_{\mathrm{plan}}} \\ &= \max \sum_{j=1}^{n_t} \mathrm{Pri}_j^{\mathrm{tgt}} \cdot \frac{\mathrm{Npt}_j^{\mathrm{tgt}}(t_{|T|-1})}{T_{\mathrm{plan}}}, \mathrm{Npt}_j^{\mathrm{tgt}}(t_0) = 0 \end{aligned} \tag{6.9}$$

对于每个决策阶段来说，增加的跟踪时间可以作为选择动作的收益。选择跟踪子任务的结束时间也是在下一个决策点获得目标信息的时间，即

$$\mathrm{Tsu}_k(t_m).\mathrm{Tet} = \mathrm{Npt}_{\mathrm{Tsu}_k(t_m).\mathrm{tid}}^{\mathrm{tgt}}(t_{m+1}) \tag{6.10}$$

因此，跟踪优化目标可以表示为

$$\begin{aligned} V = \max \sum_{j=1}^{n_t} \sum_{m=0}^{|T|-1} \sum_{k=0}^{|A_m|-1} &\left[\mathrm{Pri}_{\mathrm{Tsu}_k(t_m).\mathrm{tid}}^{\mathrm{tgt}} \cdot x_k(t_m) \cdot \right. \\ &\left. (\mathrm{Tsu}_k(t_m).\mathrm{Tet} - \mathrm{Npt}_{\mathrm{Tsu}_k(t_m).\mathrm{tid}}^{\mathrm{tgt}}(t_m))/T_{\mathrm{plan}} \right] \end{aligned} \tag{6.11}$$

基于此,每次跟踪的收益可以表示为

$$R(s,a) = \sum_{k=0}^{|A_m|-1} \Big(\text{Pri}_{\text{Tsu}_k(t_m).\text{tid}}^{\text{tgt}} \cdot x_k(t_m) \cdot \\ (\text{Tsu}_k(t_m).\text{Tet} - \text{Npt}_{\text{Tsu}_k(t_m).\text{tid}}^{\text{tgt}}(t_m))/T_{\text{plan}} \Big) \tag{6.12}$$

在上述优化目标基础上,还需要满足以下约束条件。

(1) 可见时间窗口约束。目标的跟踪必须处于卫星对目标的可见时间窗口之内,属于硬约束不可违反。该约束可以采用式 (6.13) 描述为

$$\forall \text{Tsu}_k \in A_m : (x_k(t_m) = 1) \\ \Rightarrow \text{ws}_k \leqslant \text{Tsu}_k(t_m).\text{Tbt} \leqslant \text{Tsu}_k(t_m).\text{Tet} \leqslant \text{we}_k \tag{6.13}$$

(2) 相邻两任务之间的姿态转换时间约束。目标的跟踪必须满足如下所示约束。姿态转换时间具备时间依赖特征,其依赖于紧前任务的结束时间与后随任务的开始时间,如下所示:

$$\forall \text{Tsu}_k \in A_m : (x_k(t_m) = 1) \\ \Rightarrow \text{Tet}_{\text{Tsu}_k(t_m).\text{sid}}^{\text{sat}} + \text{ts} \leqslant \text{Tsu}_k(t_m).\text{Tbt} \tag{6.14}$$

$$\text{ts} = f\left(\text{Tet}_{\text{Tsu}_k(t_m).\text{sid}}^{\text{sat}}, \text{Tsu}_k(t_m).\text{Tbt}\right) \tag{6.15}$$

(3) 星上电量约束。星上剩余电量不能低于某一阈值,其约束可以描述为

$$\forall t_m \in T \Rightarrow \text{Egy}^{\text{sat}}(t_m) \geqslant E \tag{6.16}$$

2. 多星在线协同任务规划问题模型

基于 DEC-MDP 思想,多星系统(MSS)可以分解为多个有限且相对独立的卫星优化决策子系统,每个子系统各自进行优化。如图 6.5 所示,在分散式协同架构中,MSS 被分解为多个相对独立的决策子系统。每颗卫星有一个局部的 MDP 决策模块,卫星通过星间链路交互信息,但是链路之间存在通信时延。

令 $\text{SAT} = \{\text{sat}_1, \text{sat}_2, \cdots, \text{sat}_{n_s}\}$ 表示卫星集合,则整个系统的策略可以表示为

$$\pi(s) = [\pi_1(s_1), \pi_2(s_2), \cdots, \pi_{n_s}(s_{n_s})] \tag{6.17}$$

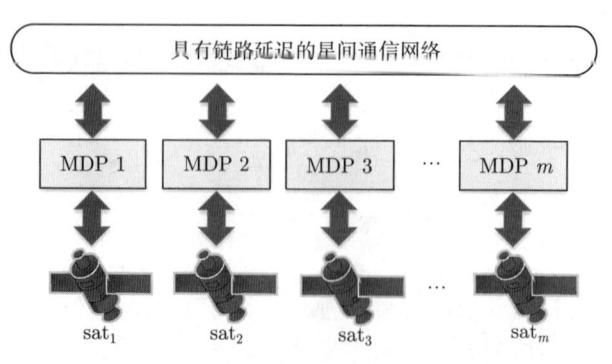

图 6.5　面向 TSMT 跟踪的分散式 MSS

整个系统的收益是 n_s 颗卫星的收益总和，整各系统包含了 n_s 个相对独立的决策优化问题，如下所示：

$$V(s) = \sum_{i=1}^{n_s} V_i(s_i) \tag{6.18}$$

对于卫星 sat_i，局部优化决策模型可以表示为

$$\pi_i^*(s_i) = \underset{a_k \in A}{\operatorname{argmax}} \sum_{s_i \in S} P_i(s_i, a_k, s_i') \left(R_n(s_i, a_k, s_i') + \gamma_i V(s_i') \right) \tag{6.19}$$

s.t.

$$\begin{cases} \text{ws}_k \leqslant \text{Tsu}_k(t_m).\text{Tbt} \leqslant \text{Tsu}_k(t_m).\text{Tet} \leqslant \text{we}_k, \\ \forall \text{Tsu}_k \in A_m : (x_k(t_m) = 1) \\ \text{ts} + \text{Tet}_{\text{Tsu}_k(t_m).\text{sid}}^{\text{sat}} \leqslant \text{Tsu}_k(t_m).\text{Tbt} \\ \text{ts} = f\left(\text{Tet}_{\text{Tsu}_k(t_m).\text{sid}}^{\text{sat}}, \text{Tsu}_k(t_m).\text{Tbt}\right), \\ \forall \text{Tsu}_k \in A_m : (x_k(t_m) = 1) \\ \text{Egy}^{\text{sat}}(t_m) \geqslant E, \forall t_m \in T \end{cases} \tag{6.20}$$

6.2　分散式多星自主协同任务规划方法

本节将先基于实际应用分析解决面向时敏移动目标跟踪的 MSACTPP 的关键点。而后，设计星上自主任务管理模块功能，提出基于知识规则的启发式算法（heuristic algorithm based on knowledge rules，HABKR）解决 SSATSP，采用 RRB 的冲突消解机制实现多星在线自主协同。

6.2.1 问题求解分析

解决面向时敏移动目标跟踪的 MSACTPP，以下两点至关重要。

（1）快速精准决策。在 TSMT 跟踪的闭环反馈中，星上快速精准决策是满足对星上不确定事件（目标属性或者新目标的产生）及时响应的必要条件。

（2）简单高效的协商。快速高效的星上协商能够保证星间有序协同，实现对星间任务冲突的快速消解与任务分发，避免通信时延带来的规划滞后。

敏捷对地观测卫星的离线任务调度是一个 NP-hard 问题。面向时敏移动目标跟踪的 MSACTPP 不仅包含卫星的敏捷特性，还具备诸多不确定性，难以获得任务的全局信息。因此，获得全局最优解是极其困难的。对问题采用元启发式算法与精确求解方法求解效率低下，采用机器学习的方法求解难以构建具备多维度属性特征的空间目标数据以及跟踪精度后验结果数据。基于这些考虑，本书设计了一个启发式求解框架，其具体流程如图 6.6 所示。从图 6.6 中可以看到，面向时敏移动目标跟踪的 MSACTPP 的求解可以分为 3 部分（对应分层式通用求解框架的 3 层），即星上自主任务管理模块、单星在线任务调度模块及多星在线协同模块。星上自主任务管理模块负责目标的运动预测、优先级统筹以及目标规划激活，单星在线任务调度模块负责选择跟踪的目标、生成候选子任务集合以及选择跟踪子任务，多星在线协同模块负责协同任务的冲突消解与 TSMT 的转移。

6.2.2 面向时敏移动目标的星上自主任务管理

不同于非时敏移动目标的星上自主任务管理，时敏移动目标由于其协同任务的特征，任务管理模块只负责目标的运动预测、目标的优先级统筹与目标规划激活。而对于任务生成，由于任务生成时需要考虑时延与星上状态，以生成可执行的调度方案，并非开始与结束时间不确定的任务，跟踪任务的生成放在了单星在线任务调度模块中。面向时敏移动目标的星上自主任务管理涉及功能主要如下。

（1）目标运动预测。目标运动预测旨在通过轨迹预测以便后续计算卫星对目标的可见窗口以及生成跟踪任务。对于目标的运动，以弹道导弹为例，主要采用第 3 章所示的基于椭圆轨道与龙格-库塔积分方法对目标轨迹进行预测。

（2）目标的优先级统筹。优先级统筹旨在通过合理的优先级定量化实现目标重要度与跟踪精度的平衡，面向时敏移动目标的目标优先级统筹主要采用第 3 章所示的方法。

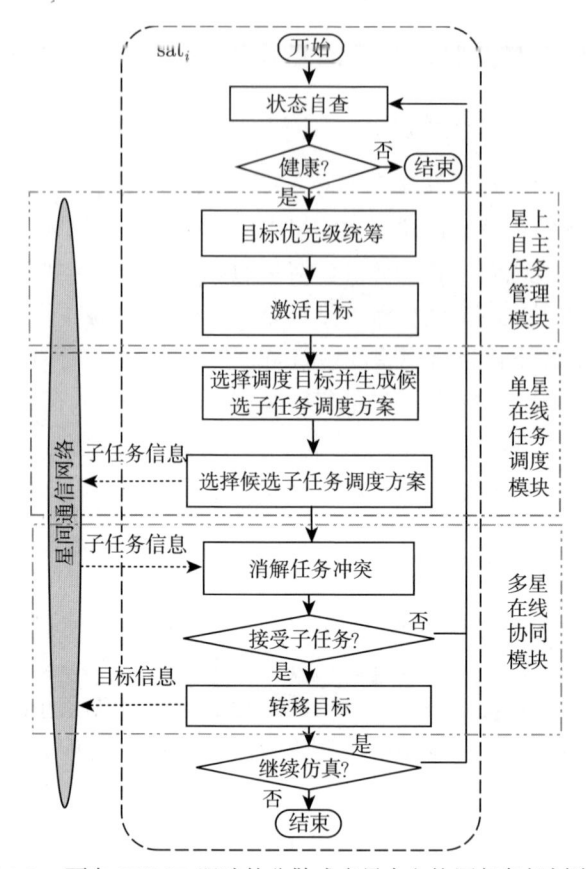

图 6.6 面向 TSMT 跟踪的分散式多星自主协同任务规划流程

（3）目标规划激活。其通过控制目标启动规划时间来避免目标对跟踪资源的一直占用。在临近最新跟踪任务执行完毕时，即可启动目标新一轮的规划，保证后续目标存在跟踪资源的同时也能避免跟踪资源的长期占用，达到合理分配跟踪资源的目的。

6.2.3 基于知识规则的单星自主调度方法

单星自主任务调度是一个实时在线决策问题。整个卫星网络可以视作一个多 agent 系统，每颗卫星作为其中之一的 agent 维护其特有的 METP，每颗卫星需要给 METP 中的目标持续分配跟踪资源。为达到高效分配跟踪资源的目的，需要经历以下 3 个步骤，即决策需要分配跟踪资源的时敏目标、生成相应的候选子任务集合以及选择最佳候选子任务。本章提出基于知识规则的方法解决这 3 个子问题。

1. 基于动态优先级的目标决策

对于 METP 中激活的目标,本章基于任务自主管理对目标统筹的优先级进行目标选择,即采用式 (6.21) 所示规则选择需要分配资源的目标。目标动态优先级表征了目标需要被分配跟踪资源的紧急程度与重要程度,因此作为一种知识规则,在此作为决策的引导。

$$\text{tgt}^{\text{selected}} = \underset{\text{tgt}}{\operatorname{argmax}} \operatorname{pri}^{\text{tgt}}(t) \tag{6.21}$$

2. 候选子任务生成

在选择具备最高动态优先级的目标后,需要生成一系列候选跟踪子任务集合便于后续决策最佳跟踪子任务。多星离线任务调度只需要考虑任务之间最短姿态转换时间约束,对于在线任务调度来说,考虑任务在线调度耗时与星间通信时延是必不可少的,尤其是在对时敏移动目标需要做出近实时响应的情况下。否则,已调度的任务可能会因为数据计算与通信时延带来的卫星状态的改变而影响任务的执行。

卫星在收到目标 tgt 的融合信息之后对目标进行评估并更新优先级。一旦决策目标作为分配跟踪资源的对象,就需要经过 4 个阶段生成候选子任务集合。

(1)计算目标可见时间窗口。
(2)考虑卫星规划耗时与通信时延情况下更新卫星姿态信息。
(3)考虑最短姿态机动时间约束计算卫星对目标的最早执行时间窗口。
(4)根据式 (6.4),裁剪执行时间窗口来获得候选子任务。

上述第 2 阶段对候选子任务的可行性至关重要。如图 6.7 所示,因为规划耗时与通信时延超过了卫星最近任务的结束时间,对于卫星 sat_1 是需要更新卫星结

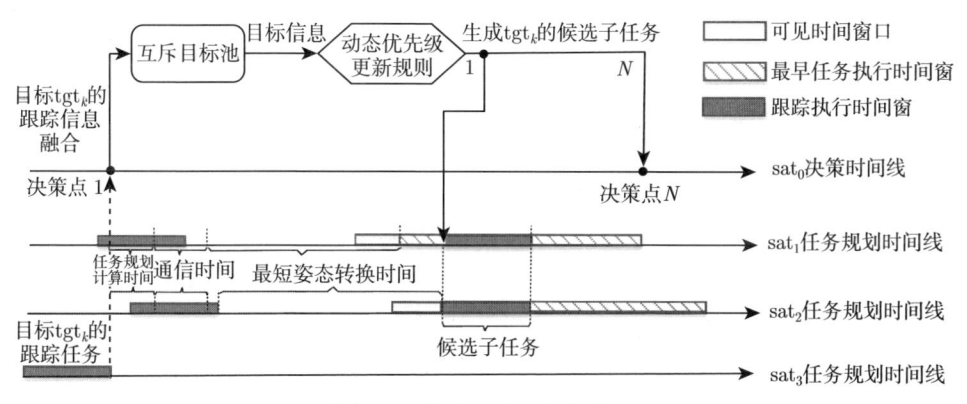

图 6.7 候选跟踪子任务生成

束姿态的，但是卫星 sat$_2$ 的任务结束姿态不需要更新，依旧可以实行后续计算。具体候选子任务生成算法 SubtaskGenerator（子任务生成器）见算法 6.1。类似于算法 4.1，这里引入线性近似的方法进行迭代搜索获取任务的最早可执行时间窗口。

算法 6.1　SubtaskGenerator 算法

输入：所有卫星状态信息 S^{sat}，目标状态信息 S_s^{tgt}，决策出发时间 t^{trig}，单任务规划耗时 t^{plan}，单次协商通信时延 t^{delay}，最大迭代次数 N^{iter}，精度要求 P^{iter}

输出：候选子任务集合 $A = \{\text{Tsu}_{k,1}, \text{Tsu}_{k,2}\}$

1: $\text{Traj} \leftarrow \text{TrajectoryPredict}\left(S_s^{\text{tgt}}.Npt, S_s^{\text{tgt}}.Pov\right); k \leftarrow 0$
2: **for all** $S_i^{\text{sat}} \in S^{\text{sat}}$ **do**
3: 　　$\text{TW}_i = \left[t^{\text{begin}}, t^{\text{end}}\right] \leftarrow \text{CalVisibleTimeWindow}\left(\text{Traj}, S_i^{\text{sat}}\right)$
4: 　　$S_i^{\text{sat}}.\text{Tet} \leftarrow \max(S_i^{\text{sat}}.\text{Tet}, t^{\text{trig}} + t^{\text{plan}} + t^{\text{delay}})$
5: 　　$(t_1, t_2) \leftarrow (t^{\text{begin}}, t^{\text{end}})$
6: 　　$h_1 \leftarrow S_i^{\text{sat}}.\text{Tet} + \text{MinTransitionTime}(S_i^{\text{sat}}.\text{Tet}, S_i^{\text{sat}}.\text{Tea}, t_1) - t_1;$
7: 　　**if** $h_1 \leqslant 0$ **then**
8: 　　　　$\text{TW}_i^{\text{early}} = \left[\text{et}^{\text{begin}}, \text{et}^{\text{end}}\right] \leftarrow [t_1, t_2]$
9: 　　**else**
10: 　　　$h_2 \leftarrow S_i^{\text{sat}}.\text{Tet} + \text{MinTransitionTime}(S_i^{\text{sat}}.\text{Tet}, S_i^{\text{sat}}.\text{Tea}, t_2) - t_2;$
11: 　　　**if** $h_2 > 0$ **then**
12: 　　　　　$\text{TW}_i^{\text{early}} \leftarrow \text{None}$
13: 　　　**else**
14: 　　　　　**for** $i = 0; i < N^{\text{iter}}; i++$ **do**
15: 　　　　　　$t_3 \leftarrow (h_1 \cdot t_2 - h_2 \cdot t_1)/(h_1 - h_2)$
16: 　　　　　　$h_3 \leftarrow S_i^{\text{sat}}.\text{Tet} + \text{MinTransitionTime}(S_i^{\text{sat}}.\text{Tet},$
17: 　　　　　　$S_i^{\text{sat}}.\text{Tea}, t_3) - t_3$
18: 　　　　　　**if** $|h3| < P^{\text{iter}}$ **then**
19: 　　　　　　　$\text{TW}_i^{\text{early}} \leftarrow [t_3, t^{\text{end}}]$
20: 　　　　　　**else**
21: 　　　　　　　**if** $h_3 > 0$ **then**
22: 　　　　　　　　$(t_1, h_1) \leftarrow (t_3, h_3)$
23: 　　　　　　　**else**
24: 　　　　　　　　$(t_2, h_2) \leftarrow (t_3, h_3)$
25: 　　　　　　**end if**
26: 　　　　　**end if**
27: 　　　　**end for**
28: 　　　　$\text{TW}_i^{\text{early}} \leftarrow [t_2, t^{\text{end}}];$
29: 　　**end if**

30:　　　　**end if**
31:　**end for**
32:　**for all** $\{\text{TW}_i^{\text{early}}, \text{TW}_j^{\text{early}}\}$ such that $i \neq j$ **do**
33:　　　$\text{Tsu}_{k,1}.\text{Tbt} \leftarrow \max(\text{et}_i^{\text{begin}}, \text{et}_j^{\text{begin}})$
34:　　　$\text{Tsu}_{k,2}.\text{Tbt} \leftarrow \text{Tsu}_{k,1}.\text{Tbt}$
35:　　　Construct candidate subtasks $\{\text{Tsu}_{k,1}, \text{Tsu}_{k,2}\}$; $k \leftarrow k+1$
36:　**end for**

3. 候选子任务选择策略

对于候选子任务的选择，本书考虑以下两种策略。

（1）从局部优化角度来说，采用基于空间角度的（spatial perspective based，SPB）最优选择策略，即采用最佳空间布局的卫星来达到最佳的跟踪效果，其策略如下所示：

$$a^* = \underset{a_k \in A}{\arg\max}\, \text{TrackEffect}(a_k) \tag{6.22}$$

（2）从全局优化角度来说，采用基于时间角度的（temporal perspective based，TPB）最优选择策略，即采用最早可执行跟踪子任务，其策略如下所示：

$$a^* = \underset{a_k \in A}{\arg\min}\, (a_k.\text{Tsu}_{k,1}.\text{Tbt}) \tag{6.23}$$

由图 6.8(a) 可以看到，由卫星 $\{\text{sat}_1, \text{sat}_2\}$ 组成的候选子任务要比 $\{\text{sat}_3, \text{sat}_4\}$ 更优。前者具有更大的观测剪角和更短的观测距离（以 $\theta_{1,2}$ 表示卫星 sat_1、sat_2 与目标之间形成的观测剪角，以 $\theta_{3,4}$ 表示卫星 sat_3、sat_4 与目标之间形成的观测剪角，则有 $\theta_{1,2} > \theta_{3,4}$；以 $\bar{d}_{1,2}$ 表示卫星 sat_1、sat_2 与目标之间观测距离的平均值，$\bar{d}_{3,4}$ 表示卫星 sat_3、sat_4 与目标之间观测距离的平均值，则有 $\bar{d}_{1,2} < \bar{d}_{3,4}$），因此对 TSMT 具有更好的跟踪效果，其跟踪精度也收敛得更快。从时间角度来说，

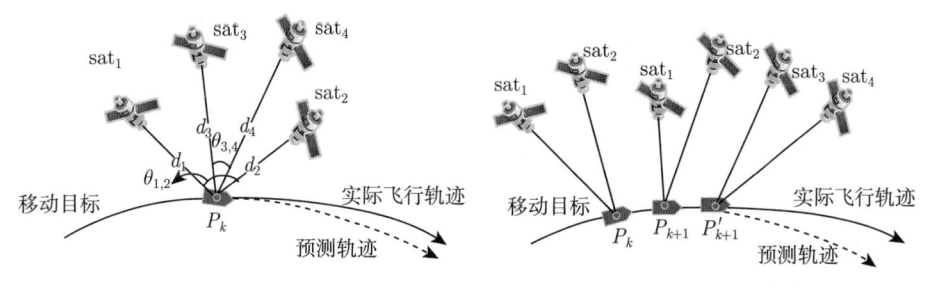

（a）基于空间视角的最优选择策略　　（b）基于时间视角的最优选择策略

图 6.8　基于空间与时间视角的最优子任务选择策略

图 6.8（b）中由 $\{\text{sat}_1, \text{sat}_2\}$ 组成的候选子任务具备更早的跟踪执行时间，而最早可执行的卫星一般是上次执行跟踪任务的卫星，其能够带来更短的跟踪间隙与更短的姿态机动时间。从全局优化的角度来说，本章更倾向于选择后者，因为更短的姿态机动时间可以提高卫星资源的利用率，同时减少子任务频繁切换带来的通信时延成本。

6.2.4 基于 RRB 的多星在线协同机制

1. 任务规划冲突消解机制

每颗卫星作为系统中的一个 Agent，都能够产生规划与调度解。但是，每颗卫星同一时刻只能够执行一个任务，并非所有卫星的规划方案都能够执行。因此，需要消解多颗卫星调度结果的冲突，保证任务的有效执行。本书设计一种 RRB 机制来实现多星间的任务消解，其本质是一种先到先服务（first come first serve, FCFS）的响应机制。

由于机制的实现基于多 Agent 交互，首先简单介绍智能体（Agent）通信语言（agent communication language，ACL）。基于 ACL，卫星能够通过共享信息、报告状态、发出请求以及响应请求来实现交互。最早的 ACL 源于 19 世纪 90 年代初，称为知识查询和操作语言[157]（knowledge query and manipulation language，KQML）。当前，使用最为广泛的 ACL 是智能物理主体基金会（foundation for intelligent physical agent，FIPA）提供的 ACL，其中包含很多 KQML 的特点。由 ACL 构成的信息包含一系列的信息参数。通过使用这些参数，信息接受者可以快速识别信息发送者的需求和优先级，从而提高其对发送者的响应速度。本书采用 RRB 机制来解决任务冲突消解问题。RRB 机制的具体思想就是通过 Agent 发送高优先级的请求给目标 Agent，目标 Agent 会根据其自身、环境的状态以及约束条件来优先决定是否响应发送方的请求。一旦目标 Agent 接受信息发送者的请求，就需要发送者和接收者在任务规划中达成一致。当目标 Agent 接收到多个请求时，采用 FCFS 准则进行响应，并锁定自身状态。研究设计的基于 RRB 机制的冲突消解方法采用 FIPA 规范表达如图 6.9 所示。

在图 6.9 中，卫星 sat_1 发送目标 tgt_k 的子任务请求给卫星 sat_2 和 sat_3 来执行。卫星 sat_2 和 sat_3 会根据任务需求更新自身的临时状态，以保证 FCFS 规则的有效性，随后开展约束检查。一旦电量与姿态转换等约束满足任务需求，目标 Agent 会立马对需求做出响应，否则，当约束违反时不响应发送者需求。卫星 sat_1 在收到卫星 sat_2 和 sat_3 的响应结果之后会做出决策。只要卫星 sat_2 和 sat_3 任意一个拒绝了请求，则规划的子任务失败，子任务需要重新更新而且需求需要重新发送；如果需求得到响应，则子任务会分发给卫星 sat_2 和 sat_3。需要指出的是，当子任务的执行者包括自己时，需要发送的子任务只有一个，其通信时延也会缩减。在图 6.9 中，有一种情况就是卫星 sat_2 给卫星 sat_n 发送请求时，子任务执行者包含了自己，这种情况和前者的通信时延是不同的。根据式 (6.3)，当存在两颗卫星作为请求的目标 Agent 时，通信时延为 $t_{\text{delay}} = (\lceil \log_2 3 \rceil + \lceil \log_2 2 \rceil + \lceil \log_2 3 \rceil) \cdot \tau = 5\tau$。当只有一颗卫星作为请求的目标 Agent 时，通信时延为 $t_{\text{delay}} = (\lceil \log_2 2 \rceil + \lceil \log_2 2 \rceil + \lceil \log_2 2 \rceil) \cdot \tau = 3\tau$。

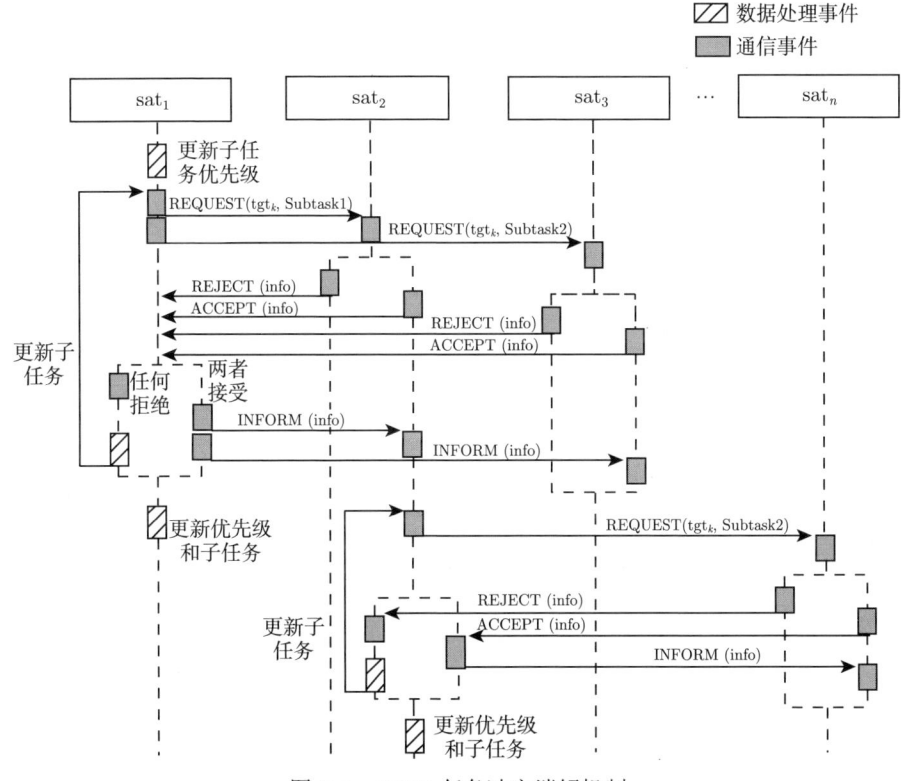

图 6.9 RRB 任务冲突消解机制

2. 目标维护和转移机制

目标的维护与转移机制实际上也可以归于星上自主任务管理模块，但是其涉及多星之间的交互，因此归类在多星协同机制中。在图 6.3中设计了具有 METP 的分散式协同架构模块，这种设计的优势是极大降低了 agent 之间的通信成本。但是也存在两个明显的弊端。

（1）目标固定在某一特定的卫星上。如果卫星出现故障，则维护目标容易丢失，系统可靠性较低。

（2）卫星 METP 中的目标与其他卫星的 METP 中目标会存在资源冲突，但是在优化过程中只考虑了自身 METP 中目标的资源冲突优化，这会降低全局优化效果。

因此，除了考虑任务间的协商与冲突消解，还必须设计目标维护与转移机制增强全局优化性能。这里先通过 3 颗卫星跟踪同一目标的规划过程来分析目标维护和转移的星间协同机制。对于目标跟踪的规划，采用前瞻性两步规划的方法，即规划跟踪目标的后续第二个跟踪子任务。每个跟踪任务是成对的，跟踪任务的执行者承担决策卫星（负责数据收集、融合、规划和协商）和从星（负责数据收集和传输）的角色。决策卫星在 METP 中维护和转移目标需要经过以下 3 个步骤。

（1）激活规划。当每个决策星临近执行上一决策星角色发给自己的跟踪任务时，会收到上一次跟踪子任务的融合信息。此时，会激活目标池中对应的时敏目标并触发目标下一跟踪任务的规划。

（2）执行任务规划。在任务规划和星间协商之后，对目标具有最长时间窗口的子任务执行星会作为下一次规划的决策星。子任务被发给下一个决策星和从星，对应的时敏目标转移给下一个决策星角色。

（3）收集、融合和传输数据。决策星收集和融合自身以及从星的跟踪数据，并将目标融合信息发送给下一个决策星。

图 6.10 展示了目标维护与转移的具体过程。卫星 sat_3 首先扮演了一个决策星的角色，在接收到上一决策星对目标跟踪的融合信息之后，其激活了目标池中的相应目标并触发了时刻点 TP_1 的任务规划；决策星选择了由卫星 sat_2 和 sat_3 执行的子任务 Tsu_1，并决策对目标具备最长可见时间窗口的卫星 sat_2 作为下一

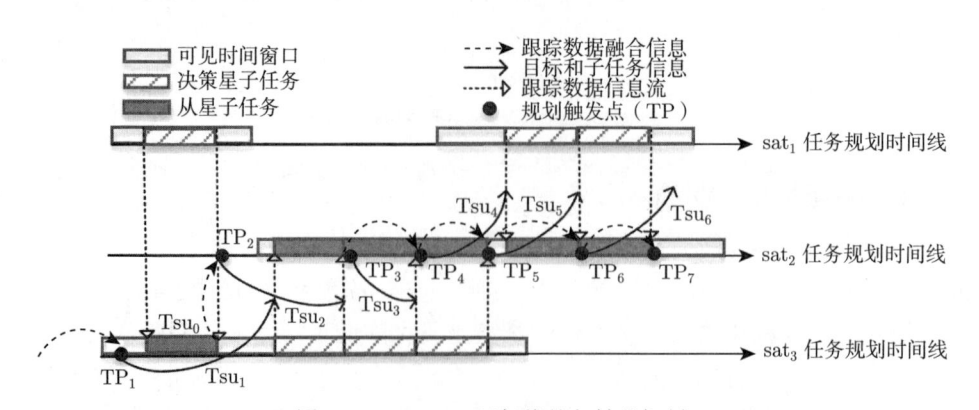

图 6.10　TSMT 目标维护与转移机制

决策星，将相应的目标转移给卫星 sat_2；决策星执行由前一决策星规划的子任务 Tsu_0，收集来自从星 sat_1 的跟踪数据，对接收数据进行融合获得目标的属性信息与状态信息。这些信息将会发送给下一决策星 sat_2，后续过程以此规则推进。

选择对目标具备最长可见时间窗口的卫星作为下一决策星，是出于避免决策星频繁切换的考虑。这能够保证决策星执行同一目标更多的跟踪任务以减少过多的姿态转换。而直接将目标转移给下一决策星，是考虑下一决策性具有更多的窗口资源，也意味着具有资源冲突的目标在决策星上的聚集，会使得冲突目标在决策星得到综合衡量，增加资源分配的合理性以提升全局优化效果。

6.3 仿真实验及分析

在实验部分，首先验证所提出的架构、方法与机制在解决面向时敏移动目标跟踪的 MSACTPP 方面的可行性，其次分析基于知识规则的单星调度算法的参数，最后分析候选子任务选择策略来改进所提出的架构与算法的综合性能。

6.3.1 仿真实验设计

MSS 的搭建依赖于多 Agent 编程，尤其对于本书考虑的分散式协同架构，在星间通信存在明显的时延条件下，采用多 Agent 编程仿真多星之间的交互过程非常必要。JADE 是一个开源的多 Agent 仿真平台，其基于 JAVA 环境开发，很适合构建 MSS 的仿真环境。如图 6.11 所示，JADE 平台的一个显著优点就是在实现多 Agent 系统搭建后，在仿真过程中可以创建 sniffer agent（嗅探代理）来监督卫星之间的通信过程，同时还支持算法调试与分析。本实验采用 JADE 平台进行多行系统的仿真，该平台虽然较好，但是无法过滤掉一些无用的信息，也无法提供系统的关键状态信息。因此，本实验设计了如图 6.12 所示的交互界面，以帮助管理监视整个系统的状态，确保整个仿真系统正确、有序以及稳定地运行。界面分为两部分，即全局状态监视（global state surveillance of target，GSST）和多星交互仿真系统（simulation system of multi-satellites communication，SSMSC）。GSST 负责时敏目标跟踪任务与状态属性的监视，SSMSC 负责卫星状态和通信信息的展示。这两个图形用户界面（graphical user interface，GUI）界面用来实现对跟踪目标与卫星资源的全局状态监视。

为了更好地使用 JADE 平台，实验采用 IntelliJ IDEA（智能集成开发环境）平台以及 JAVA 编程语言来构建面向时敏移动目标跟踪的 MSACTPP 的仿真环境。实验采用 Win7 系统的台式计算机，具体参数为 CPU：Intel(R) Core(TM) i5-4460，主频 3.20 GHz；RAM：12 GB。

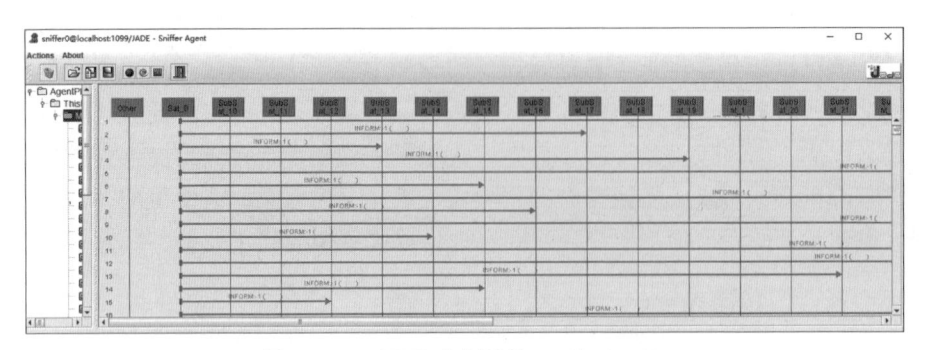

图 6.11　JADE 中创建的 sniffer agent

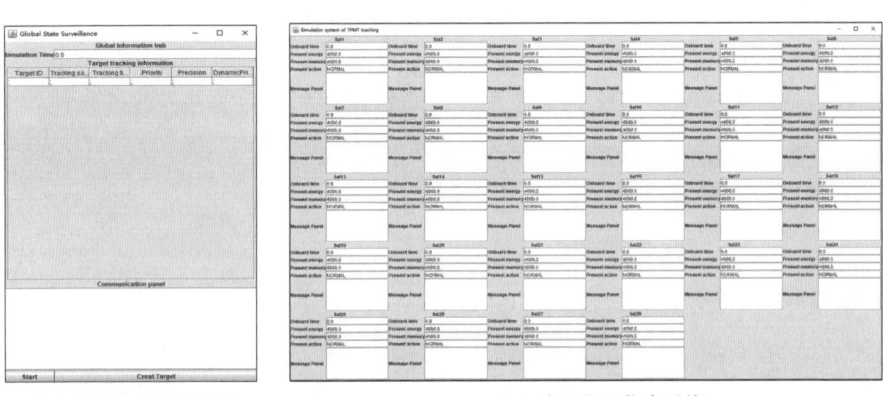

（a）目标全局状态监视　　　　　　（b）多星交互仿真系统

图 6.12　仿真系统 GUI 交互界面

6.3.2　算法可行性分析

在算法可行性验证中，实验对场景的目标以及卫星数目进行设置，配置具体参数，通过实验分析所提出的架构与方法的可行性与有效性。

1. 实验场景设置

为了实现对时敏移动目标的持续和有效跟踪，设置较大规模且空间分布合理的星座是必不可少的。本实验重点关注多星在线协同架构、算法与机制，而不是星座配置的优化，所以采用通用的 Walker 星座进行星座资源配置。Walker 星座中卫星在空间上是均匀分布的，能够保证对移动目标较高的空间覆盖率与时间分辨率，同时采用较大规模的星座资源也可以检测算法在规模上的扩展性。实验采

用 4×7（总共 28 颗）卫星的 Walker 星座，该星座由 4 个轨道平面组成，卫星均匀分布在每个轨道面。具体星座资源的空间构型如图 6.13 所示，相应的星座轨道参数配置如表 6.2 所示。

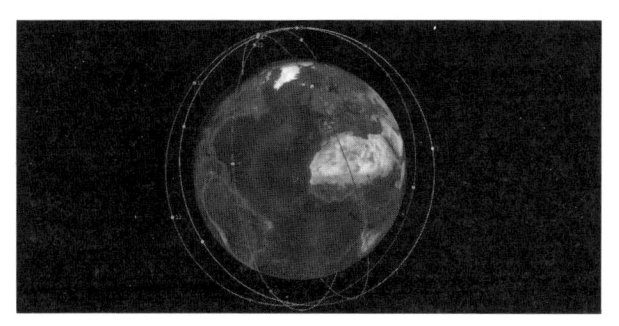

图 6.13 4×7 Walker 星座（见文后彩图）

表 6.2 星座参数

OET[①]	AA[②]	Inc[③]	NOP[④]	NSPP[⑤]
2020-09-20 12:00:00	1 700 km	103.16°	4	7

注：① 轨道历元时间。

② 轨道高度。

③ 轨道倾角。

④ 轨道平面数。

⑤ 每轨道平面卫星数。

此外，卫星的电量设置为 $\mathrm{Egy}^{\mathrm{sat}}(t_0)=5\,000\,\mathrm{unit}$，卫星最低剩余电量为 $E=500\,\mathrm{unit}$。跟踪任务每秒消耗的电量为 5 unit，姿态转换每秒消耗的电量为 5 unit，姿态转换能力设置为 10 °/s。另外，卫星在目标有效探测范围内的视场角幅宽设置为 60 km。

在目标方面，为方便后续实验，设计了 6 个时敏移动目标用于仿真。从图 6.14 可以看到，这 6 个目标来自不同的方向，并在方向上呈现均匀分布，目标的终止点落在大西洋（目标轨迹具体参数见表 6.3）。在实验场景早期，目标比较分散，目标对卫星资源占用的冲突较小；在跟踪的后期阶段，目标开始聚集，目标对卫星窗口资源占用的冲突逐步增大。这种设计是为了更有效地测试所提出的多星协同架构、算法与机制的有效性。在可行性测试阶段，实验采用前 3 个 TSMT，其优先级属性初始随机生成为 4、5 和 2（优先级越高，目标越重要）。可行性检测场景开始时间为"2020-09-20, 12:00:00",为避免场景仿真时间过长超过目标生命周期,场景的结束时间设置为"2020-09-20, 12:26:40"(场景持续时间为 1 600 s)。

图 6.14 时敏目标轨迹分布(见文后彩图)

表 6.3 时敏目标轨迹参数

ID	LT[①]	LP[②]	IP[③]	FTF[④]
1	2020-09-20 12:00:00	$[36.102°, -125.085°, 0 \text{ m}]$	$[-11.028°, -20.203°, 0 \text{ m}]$	2 000 s
2	2020-09-20 12:00:00	$[15.424°, 70.508°, 0 \text{ m}]$	$[-14.407°, -12.525°, 0 \text{ m}]$	1 700 s
3	2020-09-20 12:00:00	$[-68.424°, -46.119°, 0 \text{ m}]$	$[-13.525°, -12.203°, 0 \text{ m}]$	1 650 s
4	2020-09-20 12:00:00	$[-44.915°, -127.119°, 0 \text{ m}]$	$[-18.576°, -20.356°, 0 \text{ m}]$	1 800 s
5	2020-09-20 12:00:00	$[-47.458°, 73.559°, 0 \text{ m}]$	$[-17.288°, -14.780°, 0 \text{ m}]$	1 650 s
6	2020-09-20 12:00:00	$[26.271°, 39.322°, 0 \text{ m}]$	$[-16.949°, -17.966°, 0 \text{ m}]$	1 660 s

注:① 发射时间。
② 发射点位置,由纬度、经度、高度组成。
③ 落地点位置,由纬度、经度、高度组成。
④ 固定飞行时间。

2. 实验结果与分析

仿真实验得到的统计结果如图 6.15 ~ 图 6.17 所示。此外,通过研究跟踪精度的变化验证跟踪效果,通过分析动态优先级变化验证其引导规划的效果。

图 6.15 所示为基于目标视角的任务规划结果。在图 6.15 中,每条线段表示一个跟踪任务,每条线段上下两个数字分别表示对应执行跟踪任务的决策星与从星编号。由图 6.15 可以看到,在目标跟踪的前期,几乎 3 个任务都能达到无缝衔接地跟踪,这主要由于前期目标对卫星跟踪资源占用的冲突较小;在目标跟踪的中期,相邻两个跟踪任务之间的缝隙逐步增大,这主要由于中期目标对卫星跟踪资源占用的冲突增大;在目标跟踪的后期,目标对卫星资源占用的冲突进一步增大,可用卫星资源减少,导致卫星在目标之间来回切换,同一目标相邻两任务之间的间隙逐步增大。

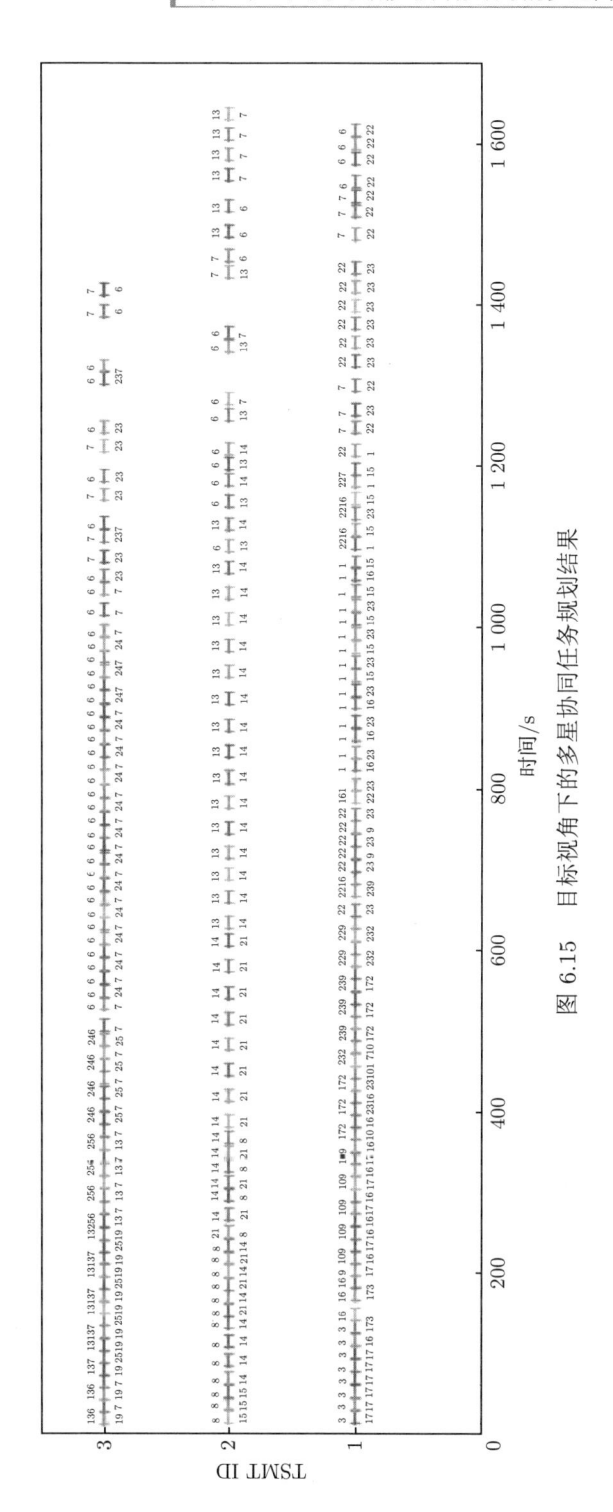

图 6.15 目标视角下的多星协同任务规划结果

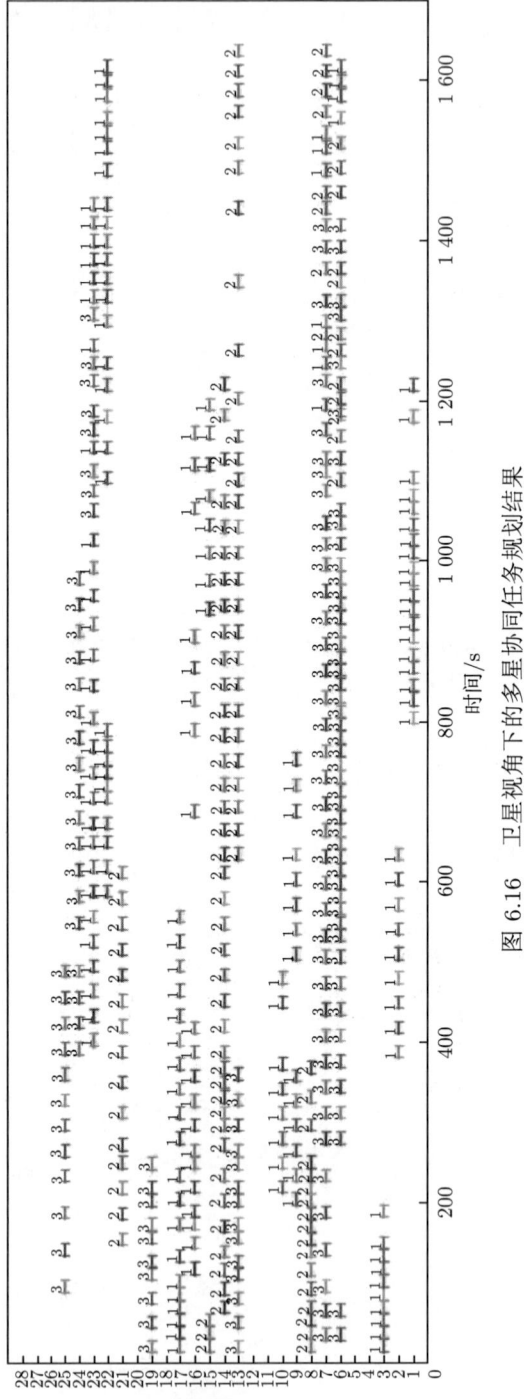

图 6.16 卫星视角下的多星协同任务规划结果

图 6.16 所示为卫星视角下的多星协同任务规划结果。在图 6.16 中，每条线段表示对应纵轴编号的卫星执行的一个跟踪子任务，每条线段上的数字表示对应跟踪任务跟踪的时敏移动目标编号。从整个跟踪过程来看，卫星趋向于持续执行同一目标的多个跟踪子任务，而且具备长窗口的卫星会持续跟踪同一个任务。这避免了过多姿态转换带来的能量消耗，与设计的候选子任务选择策略与决策星选择策略是一致的。总的来说，目标的跟踪窗口在本书设计的协同架构、算法与机制下得到了有效利用，保证目标在较长时间内维持微间隙的跟踪。

为验证规划结果的有效性，可以对规划结果回放分析，实验将最终的规划结果导入 3D 仿真平台并截取不同阶段的跟踪画面如图 6.17 所示。从图 6.17 中可以看到，在跟踪前期与跟踪中期目标对跟踪资源的占用冲突较小，实验能够截取到 3 个目标被同时跟踪的画面；在跟踪后期，当目标对卫星资源占用冲突较大的时候，基本截取不到 3 个目标被同时跟踪的画面。这些结果与之前对规划结果的分析是基本一致的，同时，通过 3D 的仿真分析进一步验证了本书所提出的架构、算法与机制在解决面向时敏移动目标跟踪的 MSACTPP 的可行性、有效性与实用性。

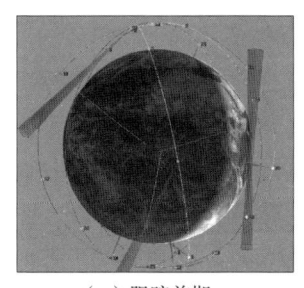

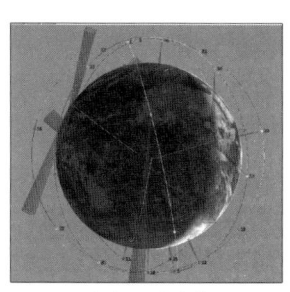

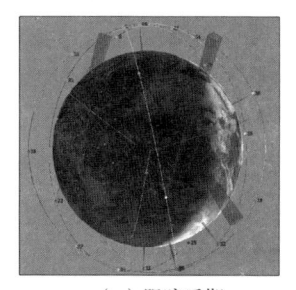

（a）跟踪前期　　　　　　（b）跟踪中期　　　　　　（c）跟踪后期

图 6.17　不同阶段任务规划结果的 3D 仿真（见文后彩图）

图 6.18 展示的是 3 个目标的跟踪精度变化过程。从图 6.18 中可以看到，随着时间的推进，目标的跟踪精度在目标被持续跟踪的情况下不断提高。但是，在跟踪的后期，目标对跟踪资源占用的冲突加剧，优先级相对较低的目标 tgt_3 很难分配到足够的跟踪资源，导致跟踪精度降低。与此相反，目标 tgt_2 拥有较高的优先级，其跟踪精度降低的趋势在资源重分配条件下得到抑制。

本章通过联合考虑目标优先级与跟踪精度的影响来更新目标动态优先级，通过图 6.19 可以看到跟踪精度带来的目标动态优先级的变化。在前期，目标被持续跟踪，其跟踪精度不断提高，对应的目标优先级不断下降。对于目标 tgt_3 来说，在跟踪后期其跟踪精度不断下降，带来动态优先级不断提升，当其动态优先级超过高优先级的目标时，将会再次分配到跟踪资源以确保目标不丢失。由此可见，在应对多目标跟踪的情况时，系统的跟踪性能能够得到有效保障。

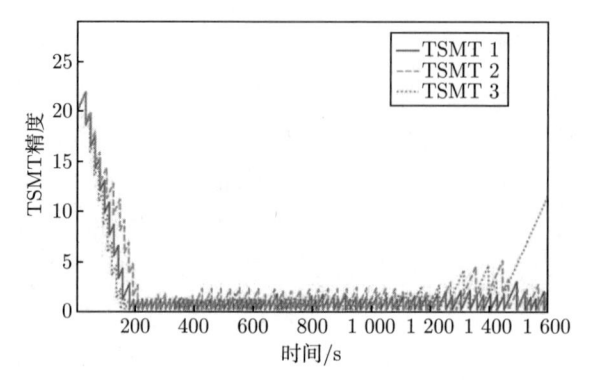

图 6.18　时敏目标跟踪精度变化过程

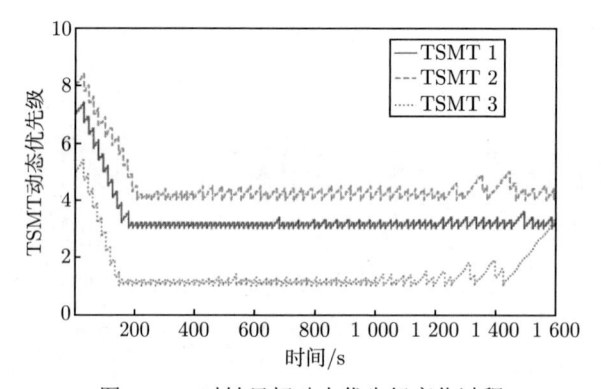

图 6.19　时敏目标动态优先级变化过程

6.3.3　算法参数分析

在星上自主任务管理模块，本章提出了动态优先级的更新方式，该指标也是单星自主任务调度的重要引导之一。但是对于式 (3.45) 中动态优先级因子 c 值的设置是值得探讨的，其关系到整个系统的跟踪效能。在本实验的算法参数分析中，将通过实验确定因子 c 的最佳取值，以提升系统的跟踪效能与多场景下的使用能力。

1. 实验场景设置

对于因子 c 的优化，需要设计不同目标冲突情况的场景，并根据因子 c 在这些场景收益中的贡献来实现对其合理配置。首先，实验根据表 6.3 中 6 个目标重新配置不同任务冲突度的场景。由于这 6 个目标的场景在跟踪中、后期是存在冲突的，通过复制目标能够产生不同冲突水平的场景。因此，通过复制不同规模的目标就能构造不同冲突程度的场景。实验将随机产生目标规模为 10、20 和 30 的场景，这些场景分别代表了低、中、高资源冲突度的场景。具体来说，一个具有 n 个时敏移动目标的场景将随机复制上述 6 个目标。对于目标 tgt_i 的优先级则采用如下所示方式生成。星座配置依旧采用图 6.13 所示 4×7 Walker 星座。对于因子 c，实验设置其变化范围为 [0,3] 并且依次递增 0.5。显然，当 $c=0$ 时，动态优先级是无效的，等同于仅仅考虑目标的初始优先级；当 $c>0$ 时，目标的跟踪精度将对动态优先级产生影响：

$$\text{pri}_i^{\text{tgt}} = \text{randint}[1, 5] \tag{6.24}$$

2. 实验结果与分析

基于上述实验场景与参数设置，通过仿真实验得到统计优化目标 (式 (6.11)) 如表 6.4 所示。从表 6.4 中可以发现，除了场景 case_10 因子 c 过小的情况（对目标的动态优先级较小），动态优先级的引入带来了系统整体收益明显提升。通过计算同一因子 c 在不同场景下的平均收益值，可以发现，当动态优先级因子 $c>0.5$ 时，动态优先级的引入明显提升了系统的整体收益。

表 6.4 动态优先级因子对不同场景规划结果的影响

场景	$c=0.0$	$c=0.5$	$c=1.0$	$c=1.5$	$c=2.0$	$c=2.5$	$c=3.0$	$I^{\text{ctb}}/\%$
case_10	19.727	18.591	18.389	**21.318**	20.406	19.828	19.423	8.06
case_20	23.910	24.270	25.810	26.721	29.292	**30.542**	26.809	27.74
case_30	25.935	25.937	25.916	26.075	26.201	**34.169**	32.171	31.75
均值	23.191	22.933	23.372	24.704	25.300	28.180	26.134	22.52

注：加粗数字表示最佳结果。

为了更直观地分析动态优先级因子 c 的变化在不同场景下对系统的影响，实验采用雷达图对表 6.4 中数据结果进行统计分析，得到的结果如图 6.20 所示。可以发现，对于资源冲突较小的 case_10 场景，其雷达图在 $c=1.5$ 方向最为突出；对于中高资源冲突的 case_20 和 case_30 场景，它们的雷达图形状相似，都在 $c=2.5$ 的方向上更加突出。造成这种情况的主要原因是，在资源冲突较低的情况下，目标跟踪精度作为任务规划引导的优先级相对较低，而在资源冲突较高的情况下，系统需要优先分配资源给低精度目标以获得更高的系统收益。因此，在实际应用中，对于资源冲突相对较小（目标规模小于 10）的场景，可以将因子设置为 $c=1.5$；对于资源冲突较高的场景（目标规模超过 10），可以将因子设置为 $c=2.5$。

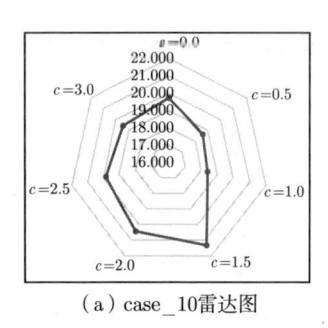

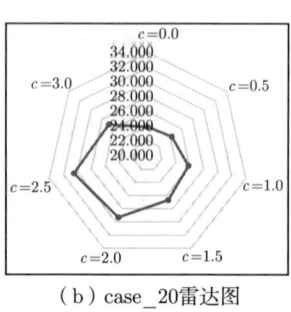

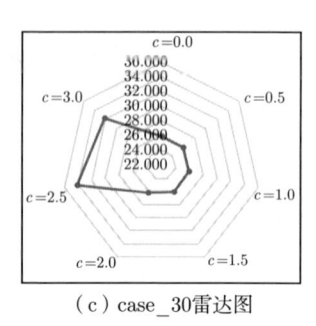

(a) case_10雷达图　　　　(b) case_20雷达图　　　　(c) case_30雷达图

图 6.20　不同场景下动态优先级因子的影响

此外，为了分析引入动态优先级对系统整体收益的影响，实验采用贡献指数指标 I^{ctb}。该指标计算采用如下方式。对于上述实验结果，实验采用 I^{ctb} 指标来统计结果，得到表 6.4 中所示数据。可以看到，在低资源冲突场景引入动态优先级使系统收益产生了小幅增长（仅 8.06%），但在中高资源冲突场景中，它产生了大约 30% 的系统收益增量。就平均而言，动态优先级的引入使整个系统的收益增加了约 22.52%。总的来说，对于面向时敏移动目标跟踪的 MSACTPP 中，动态优先排序机制作为单星自主调度的一种知识规则，在任务规划中发挥了重要作用，非常适合在实际应用中跟踪 TSMT。

$$I^{\text{ctb}} = \frac{\max V(c) - V(c=0)}{V(c=0)} \times 100\% \tag{6.25}$$

6.3.4　候选子任务选择策略分析

本章提出了两种不同的候选子任务选择策略，分别基于空间和时间。在这里，实验将详细分析这两种策略的优点，并通过数据解释采用基于时间视角的子任务选择策略的原因。

1. 实验场景配置

本章实验将使用 6.3.3 节实验中的相同场景生成规则，生成具有不同冲突级别的 6 个场景。6 个场景的目标规模从 5~30 依次递增 5 个 TSMT。不同的是，对于动态优先级因子 c，实验直接使用 6.3.3 节的结果，即对于少于 10 个 TSMT 的场景采用 $c=1.5$，对于超过 10 个 TSMT 的场景采用 $c=2.5$。使用上述场景生成和参数配置规则，对两种候选子任务选择策略进行仿真实验并统计系统收益。

2. 实验结果与分析

通过实验，可以得到两种子任务选择策略在不同资源冲突场景下的整体收益。为了进一步的可视化分析，将数据进行作图对比，得到的结果如图 6.21 所示。从

图 6.21 中可以明显看出，在所有的实验场景中，采用 TPB 的候选子任务选择策略比采用 SPB 的候选子任务策略带来更多的系统收益。此外，随着场景中资源冲突程度的增加，采用 TPB 策略的系统收益相比于 SPB 策略显著增加。出现这种结果的主要原因是采用 TPB 策略可以更有效地利用卫星跟踪窗口资源，减少跟踪卫星姿态转换带来的窗口资源消耗。因此，本章选择跟踪候选子任务时采用 TPB 策略是明智的。

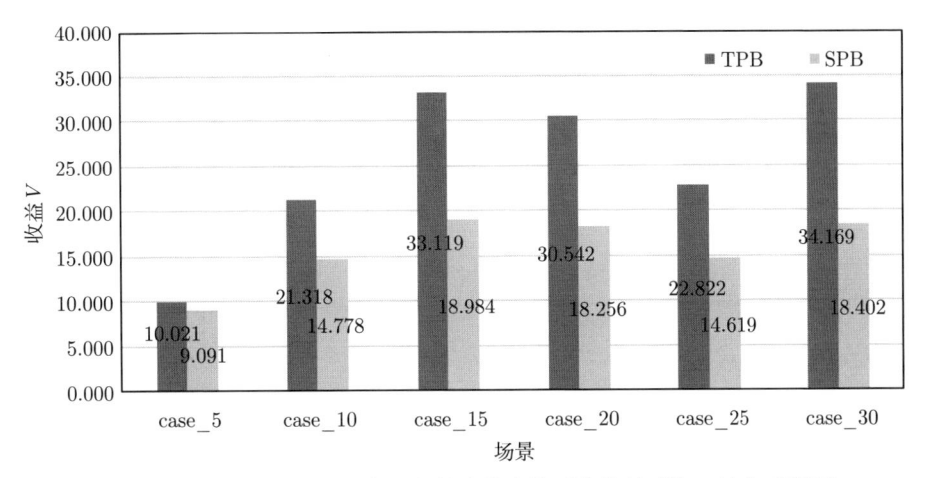

图 6.21　不同场景下两种任务选择策略带来的系统收益对比（见文后彩图）

6.4　本章小结

本章针对时敏移动目标跟踪的 MSACTPP 进行了研究，在了解目标特性与问题背景的基础上，设计了具有 METP 的分散式协同架构。基于该架构采用 MDP 对单星自主任务调度进行了建模，基于分散式马尔可夫决策过程（DEC-MDP）思想对多星自主任务规划问题进行了建模。随后，在结合实际应用需求的情况下分析问题的求解难度，设计分层式通用求解框架下 3 大模块的具体算法与机制。其中，星上自主任务管理引入动态优先级进行目标优先级统筹，单星自主任务调度采用基于知识规则的启发式算法，多星协同问题上设计了 RRB 机制消解任务冲突，并设计了目标的维护转移机制。实验结果显示，本章提出的架构、算法与机制能够有效解决面向时敏移动目标跟踪的 MSACTPP。此外，针对问题特征，本章实验实现了对算法参数与策略的优化。

第7章

结论与展望

AI 技术、通信技术及工艺材料的发展进步带来了卫星技术的变革,其中星上计算能力的提升与 AI 技术的应用使得星上自主智能成为未来发展的趋势与必然。星上自主任务规划与智能决策将大大减轻地面的管控负担,同时使任务执行效能进一步提升。移动目标作为一类典型的动态不确定性目标,在现实中无论是民用还是军事方面都具备很高的现实价值与很多应用场景,但是其相比于传统静止目标更加难以实现有效响应与跟踪。凭借星上自主能力,结合多星协同规划与自主调度增强对移动目标的态势感知能力是一项非常值得开展的研究。

7.1 结论

移动目标的运动具有不确定性,传统的"地面规划 + 星上执行"模式难以实现对移动目标的快速响应与有效跟踪,星上图像识别能力与计算能力的增强,使得自主成为可能。本书面向海洋非时敏移动目标与空间时敏移动目标提出了分层式通用求解框架,采用知识推理、机器学习与启发式算法结合的方法实现星上的快速自主规划,达到对移动目标及时响应与有效跟踪的目的。主要贡献具体如下:

1. 提出面向移动目标跟踪的多星协同与自主调度问题的分层式通用求解框架

分层式通用求解框架包含星上自主任务管理层、星上自主任务调度层以及星间自主协同层 3 层优化层。星上自主任务管理层负责目标的全周期管理,包括目标的维护、运动预测、任务生成以及优先级统筹多功能模块,该模块能够将目标不确定性向定量化属性任务转化,以作为后续任务规划输入;星上自主任务调度层采用最优决策网络或者知识策略实现单星快速、高质量、精细化的任务调度；星间自主协同层通过最优演化规则实现任务快速分配，并且通过协商协同机制实现任务冲突的快速消解。分层式框架每层可兼容多功能模块，同时层内模块可以根据实际问题组合，层与层之间的逻辑序可以根据问题自定义。

2. 实现集中—分布式协同架构下面向非时敏移动目标跟踪的多星协同规划与自主调度问题建模与求解

在分层式通用求解框架下，对于非时敏移动目标，本书从以下 4 个方面实现对问题的求解。

1）设计了集中—分布式多星协同架构

基于分层式通用求解框架，面向非时敏移动目标跟踪问题被分解为 3 个子问题，即星上自主任务管理、单星自主任务调度及 MSCTAP。在多星协同层通过演化规则实现任务的集中式分配，在单星调度层实现分配任务的快速调度。

2）具体化星上自主任务管理

对于星上自主任务管理，考虑目标的博弈特征提出了高斯分布下的双约束预测模型对目标进行预测，采用决策树模型实现任务的快速生成，并使用多层级优先级统筹方式量化任务属性。

3）基于 GAT 的 DRL 求解 SSATSP

对于星上自主任务规划，研究构建单星自主任务规划的多约束组合优化模型，在提出时姿邻接图基础上，基于序列解构造思想采用马尔可夫决策过程实现新的问题的建模方式。随后，采用 GAT 对问题进行特征提取，并基于 PPO 的 DRL 方法实现对网络的训练，获得问题求解的最优决策网络。

4）基于 GEP 求解 MSCTAP

基于单星自主任务规划模型，以最大化系统的收益为目标，构建多星协同任务分配的整数规划模型。在分析问题求解复杂性基础上，采用序列解构造思想，将问题求解转化为任务分配规则的演化过程，降低问题求解复杂度。基于 GEP 实现对多星协同任务分配规则的演化，获得最优任务分配规则。

3. 实现分散式协同架构下面向时敏移动目标跟踪的多星协同规划与自主调度问题建模求解

基于分层式通用求解框架，对于时敏移动目标，本书研究从以下 4 个方面实现对问题的求解。

1）设计了具有 METP 的分散式多星协同架构

时敏目标任务协同跟踪存在间歇通信的特性，使得星上通信时延无法忽略。为降低星上通信的时延，设计具有 METP 的分散式多星协同架构。每颗卫星维护其独有的目标池，减少星上的目标信息的同步。在该架构下，面向时敏移动目标跟踪问题被分解为 3 个子问题，即星上自主任务管理、单星自主任务调度及多星协同问题。

2）具体化星上自主任务管理

对于星上自主任务管理，考虑目标的跟踪精度收敛特征，采用传统的椭圆轨道二体模型与基于龙格-库塔积分预测模型实现对目标的运动预测，并提出动态优先级概念实现对目标重要度与跟踪精度的衡量，统筹优化目标优先级。

3）基于知识规则求解 SSATSP

基于 MDP 实现对星上单星自主任务调度的建模，在此基础上，采用基于动态优先级的知识规则实现跟踪目标近实时决策，调用候选子任务生成序列，并采用基于时间策略的知识规则实现星上任务的快速选择。

4）基于 RRB 机制求解多星协同任务冲突消解问题

结合 DEC-MDP 建模思想，构建多星协同任务规划模型。在多星协同任务冲突消解过程中，针对单星任务规划方案，采用 RRB 机制实现对目标的快速冲突消解，并考虑了 METP 中目标的维护与转移规则。

7.2 展望

尽管本书基于遥感卫星观测平台针对移动目标的跟踪做了不少研究工作，取得了一定的阶段性成功，但是移动目标的跟踪属于一类典型的不确定条件下具备复杂约束的组合优化问题，仍然存在大量可以进行深一步研究的工作。未来的工作应主要集中在以下几个方面。

1. 进一步提升移动目标运动预测模型

本书采用高斯分布下的双约束预测实现对移动目标的预测，其本质是通过生成概率图来实现对目标位置的预测，降低目标的不确定性。这种方式是在缺乏先验信息条件下最好的降低目标位置不确定性的方式。但是随着系统的应用，通过跟踪数据的累积，系统能够获取到关注目标在特定环境下的一些运动轨迹。通过采用有监督机器学习的方式能够挖掘目标的对抗特征，从而增强对移动目标的预测，进一步降低目标位置不确定性。另外，基于这些累积的数据，可以采用生成对抗网络（generative adversarial networks，GAN）模拟关注目标的方法对抗博弈特征，利用无监督学习方式进一步增强移动目标的运动预测，这将极大提升移动目标运动的预测效果，为缓解多目标跟踪条件下卫星资源压力带来极大的便利。此外，对于时敏目标可以在力学模型中引入更多参数，构建更为精准的动力学模型，以提升对其预测精度。

2. 推进集中——分布式协同架构下多星协同规划与自主调度技术的应用与部署

本书针对时敏目标的跟踪提出了具有 METP 的分散式协同架构，并在该架构下设计了相应的算法与机制，由于其采用基于知识规则的调度方法，能够实现对不确定事件近实时响应，目前已经突破可行性探索，逐步向实用化推进。对于非时敏目标跟踪，本书在集中——分布式协同架构下针对单星自主调度问题设计了 DRL 方式进行求解，在求解时效性上对于 100 个任务的调度仅需要 3 s 左右的时间；针对 MSCTAP 设计的演化构造启发式算法，对于 400 个任务的分配仅仅需要 13 s 左右的时间，后续对表达式规则进行挖掘与简化输入特征，将有希望把时间提升到秒级别。该计算的结果还是基于 5 年前的台式计算机平台，对于星上部署来说，目前星上芯片的主频为百兆级别，即使计算耗时增加了一个量级，但基本能满足星上对移动目标的响应需求。从技术实现角度来说，强化学习训练基于 pytorch 平台，但后期可以将决策网络转化成 C 语言源代码，而对于演化规则则是直接转化成表达式即可。因此，该方面无论是时效性与技术可行性都是具备的，后期研究需要面向应用与部署推进。

3. 构建面向巨型星座的完全分布式（分散式）协同架构、机制与算法

随着航天技术不断进步，低成本小卫星应用迈入航天新时代。目前太空探索技术公司 SpaceX 构建的 Starlink 星链项目计划发射 1.2 万颗左右卫星，我国"鸿雁"星座系统则计划采用 300 颗低轨道小卫星搭建。尽管这些都是通信卫星，但是未来面向成像卫星的小卫星平台也必然会兴起。在这种巨型星座背景下，传统的集中式任务规划或者任务分配协同方式都将失效，必将被"动态组网、分散协同"方式所替代。因此，完全分布式协同（分散式）是未来巨星星座协同的最佳选择，探索其协同机制与算法十分重要。一种比较可靠的解决方案是采用多 agent 强化学习实现星上自主任务决策，每颗卫星训练的网络只需要根据当前周边卫星与自身状态选择最佳观测任务执行即可。多 agent 强化学习依赖于多主体环境交互与决策，其特征提取与训练至关重要，也是极具挑战的研究。

4. 探索面向移动目标跟踪的多平台协同任务规划与调度

目前主要基于天基平台实现关注的非时敏与时敏两类移动目标的观测，但是其他平台如空基平台无人机（驻空时间短但机动灵活）、路基平台超视距雷达（探测范围广但探测精度较低）都可以作为重要的协同节点。无论采用先异类平台间分配后同类平台内协同的方式，还是将每个感知体都作为协同节点，都将涉及多主体、多约束的复杂建模。此外，平台间以及各个感知体之间的协同机制设计都值得探讨。当多类型平台共存时，如何设计合理高效的协同机制实现各类平台的优势互补是一个非常值得开展的研究。但是，多平台协同的介入将极大提升对移动目标的态势感知能力。

参考文献

[1] 陈成. 时间依赖调度方法及在敏捷卫星任务规划中的应用研究[D]. 长沙: 国防科技大学, 2014.

[2] WOLFE W J, SORENSEN S E. Three scheduling algorithms applied to the earth observing systems domain[J]. Management Science, 2000, 46(1):148-166.

[3] 张峰, 田康生, 息木林. 弹道导弹运动建模与跟踪研究[J]. 弹箭与制导学报, 2012, 32(3): 53-58.

[4] 王献锋, 李为民, 申卯兴. 战术弹道导弹弹道和落点预报探讨[J]. 空军工程大学学报 (自然科学版), 2000, 1(5):65-67.

[5] 张晶, 狄邦达. 惯性弹体运动预测建模[J]. 火力与指挥控制, 2010, 1(1):160-163.

[6] 黎慧, 兰旭辉, 郑茂. 一种改进的弹道预测方法[J]. 空军预警学院学报, 2015, 29(5): 332-335.

[7] 杜广洋, 郑学合. 雷达群目标跟踪条件下的弹道预报方法[J]. 系统工程与电子技术, 2018, 40(12):2683-2688.

[8] ELNAGAR A, GUPTA K. Motion prediction of moving objects based on autoregressive model[J]. IEEE Transactions on Systems, Man, and Cybernetics-Part A: Systems and Humans, 1998, 28(6):803-810.

[9] 李新其, 毕义明, 李红霞. 海上机动目标的运动预测模型及精度分析[J]. 火力与指挥控制, 2005, 30(4):35-37.

[10] 方曼, 张尚剑, 陈德军, 等. 可用于舰船运动预测的多项式拟合方法及参数选择[J]. 舰船科学技术, 2005, 27(2):24-26.

[11] 洪俊, 姚景顺, 孙健. 基于约束条件的海上机动目标位置长期预测模型[J]. 指挥控制与仿真, 2008, 1(4):26-29.

[12] STONE L D. Theory of optimal search[M]. Amsterdam: Elsevier, 1976.

[13] 慈元卓. 面向移动目标搜索的多星任务规划问题研究[D]. 长沙: 国防科技大学, 2008.

[14] 慈元卓, 贺仁杰, 徐一帆, 等. 卫星搜索移动目标问题中的目标运动预测方法研究[J]. 控制与决策, 2009, 24(7):1007-1012.

[15] 冉承新, 王慧林, 熊纲要, 等. 基于改进遗传算法的移动目标成像侦测任务规划问题研究[J]. 宇航学报, 2010, 31(2):457-465.

[16] 徐一帆. 天基海洋移动目标监视的联合调度问题研究[D]. 长沙: 国防科技大学, 2011.

[17] VASQUEZ D, FRAICHARD T. Motion prediction for moving objects: a statistical approach[C]//IEEE International Conference on Robotics and Automation, Yokoham, 2004: 3931-3936.

[18] FRIDMAN N, AMIR D, DOUCHAN Y, et al. Satellite detection of moving ves-

sels in marine environments[C]//Proceedings of the AAAI Conference on Artificial Intelligence, Honolulu, 2019: 9452-9459.

[19] FRIDMAN N, AMIR D, SCHVARTZMAN I, et al. Finding a needle in a haystack: Satellite detection of moving objects in marine environments[C]//Proceedings of the 16th Conference on Autonomous Agents and MultiAgent Systems, Richland, 2017: 1541-1543.

[20] FRIDMAN N, AMIR D, SCHVARTZMAN I, et al. Kingfisher: total maritime awareness system[C]//Proceedings of the 16th Conference on Autonomous Agents and MultiAgent Systems, San Paulo, 2017: 1784-1786.

[21] GREWAL M S, ANDREWS A P. Kalman filtering: theory and practice with matlab[M]. Hoboken: John Wiley & Sons, 2014.

[22] 姜佰辰, 关键, 周伟, 等. 基于多项式卡尔曼滤波的船舶轨迹预测算法[J]. 信号处理, 2019, 35(5):741-746.

[23] 陈林. 一种基于卡尔曼滤波的运动目标跟踪方法[J]. 舰船电子对抗, 2011, 34(3):67-70.

[24] LIN Z, YANG Q, GUO Z, et al. An improved autoregressive method with kalman filtering theory for vessel motion predication[J]. International Journal of Intelligent Engineering and Systems, 2011, 4(4):11-18.

[25] ZHAO S B, TANG C, LIANG S, et al. Track prediction of vessel in controlled waterway based on improved kalman filter[J]. Journal of Computer Applications, 2012, 32(11):3247-3250.

[26] 卢盼. 面向海洋移动目标成像侦察任务的规划问题研究[D]. 长沙: 国防科技大学, 2007.

[27] BERRY P E, PONTECORVO C, FOGG D A. Optimal search, location and tracking of surface maritime targets by a constellation of surveillance satellites[R]. Defence Science and Technology Organisation Edinburgh, Nonthaburi, 2003.

[28] MAZZARELLA F, ARGUEDAS V F, VESPE M. Knowledge-based vessel position prediction using historical ais data[C]//2015 Sensor Data Fusion: Trends, Solutions, Applications (SDF). Bonn, 2015: 1-6.

[29] DE MASI G, GAGGIOTTI F, BRUSCHI R, et al. Ship motion prediction by radial basis neural networks[C]//2011 IEEE Workshop on Hybrid Intelligent Models and Applications. IEEE, 2011: 28-32.

[30] VALSAMIS A, TSERPES K, ZISSIS D, et al. Employing traditional machine learning algorithms for big data streams analysis: The case of object trajectory prediction[J]. Journal of Systems and Software, 2017, 127:249-257.

[31] 徐婷婷. VTS 系统船舶跟踪和预测的新技术研究[D]. 大连: 大连海事大学, 2012.

[32] 陈勇青. 海洋环境影响下的船舶航迹预测方法研究[D]. 哈尔滨: 哈尔滨工程大学, 2019.

[33] BERRY P E. A dynamic asset tasking technique for integrated surveillance operations[R]. Defence Science and Technology Organisation Salisbury (Australia) Info, 2002.

[34] BERRY P, FOGG D, PONTECORVO C. Gambit: Gauss-markov and bayesian

inference technique for information uncertainty and decision-making in surveillance simulations[J]. DSTO, Edinburgh, South Australia, 2003.

[35] 郭玉华. 多类型对地观测卫星联合任务规划关键技术研究[D]. 长沙: 国防科技大学, 2009.

[36] 王慧林, 邱涤珊, 马满好, 等. 基于先验信息的海洋移动目标卫星成像侦测任务规划[J]. 火力与指挥控制, 2011, 36(3):105-110.

[37] 王红飞. 面向移动目标的多星协同任务规划技术研究[D]. 北京: 中国科学院研究生院, 2012.

[38] 高远. 针对敏捷遥感卫星对地成像的任务在线动态规划[D]. 哈尔滨: 哈尔滨工程大学, 2019.

[39] ZHANG C, JINYONG C, YANBIN L, et al. Satellite group autonomous operation mechanism and planning algorithm for marine target surveillance[J]. Chinese Journal of Aeronautics, 2019, 32(4):991-998.

[40] ZHAO Q, JIANG B, YU X, et al. Collaborative mission optimization for ship rapid search by multiple heterogeneous remote sensing satellites[J]. Journal of Industrial & Management Optimization, 2021.

[41] LEMAÎTRE M, VERFAILLIE G, JOUHAUD F, et al. Selecting and scheduling observations of agile satellites[J]. Aerospace Science and Technology, 2002, 6(5):367-381.

[42] WANG P, REINELT G, GAO P, et al. A model, a heuristic and a decision support system to solve the scheduling problem of an earth observing satellite constellation[J]. Computers & Industrial Engineering, 2011, 61(2):322-335.

[43] LIU X, LAPORTE G, CHEN Y, et al. An adaptive large neighborhood search metaheuristic for agile satellite scheduling with time-dependent transition time[J]. Computers & Operations Research, 2017, 86:41-53.

[44] HE L, LIU X, LAPORTE G, et al. An improved adaptive large neighborhood search algorithm for multiple agile satellites scheduling[J]. Computers & Operations Research, 2018, 100:12-25.

[45] PENG G, DEWIL R, VERBEECK C, et al. Agile earth observation satellite scheduling: An orienteering problem with time-dependent profits and travel times[J]. Computers & Operations Research, 2019, 111:84-98.

[46] PENG G, SONG G, XING L, et al. An exact algorithm for agile earth observation satellite scheduling with time-dependent profits[J]. Computers & Operations Research, 2020, 120:104946.

[47] LI G, CHEN C, YAO F, et al. Hybrid differential evolution optimisation for earth observation satellite scheduling with time-dependent earliness-tardiness penalties[J]. Mathematical Problems in Engineering, 2017.

[48] LI Y, XU M, WANG R. Scheduling observations of agile satellites with combined genetic algorithm[C]//Third International Conference on Natural Computation (ICNC

2007). volume 3. IEEE, 2007: 29-33.
[49] 向仍湘. 敏捷卫星任务调度技术研究 [D]. 长沙: 国防科技大学, 2010.
[50] TANGPATTANAKUL P, JOZEFOWIEZ N, LOPEZ P. Biased random key genetic algorithm with hybrid decoding for multi-objective optimization[C]//2013 Federated Conference on Computer Science and Information Systems. IEEE, 2013: 393-400.
[51] SUN K, XING L N, CHEN Y W. Agile earth observing satellites mission scheduling based on decomposition optimization algorithm[J]. Computer Integrated Manufacturing Systems, 2013, 19(1):127-136.
[52] DILKINA B, HAVENS B. Agile satellite scheduling via permutation search with constraint propagation[J]. Actenum Corporation: Vancouver Canada, 2005:1-20.
[53] LIN W C, LIAO D Y, LIU C Y, et al. Daily imaging scheduling of an earth observation satellite[J]. IEEE Transactions on Systems, Man, and Cybernetics-Part A: Systems and Humans, 2005, 35(2):213-223.
[54] BIANCHESSI N, CORDEAU J F, DESROSIERS J, et al. A heuristic for the multi-satellite, multi-orbit and multi-user management of earth observation satellites[J]. European Journal of Operational Research, 2007, 177(2):750-762.
[55] PENG G, SONG G, HE Y, et al. Solving the agile earth observation satellite scheduling problem with time-dependent transition times[J]. IEEE Transactions on Systems, Man, and Cybernetics: Systems, 2020.
[56] WANG P, GAO P, TAN Y. A model, a heuristic and a decision support system to solve the earth observing satellites fleet scheduling problem[C]//2009 International Conference on Computers & Industrial Engineering. IEEE, 2009: 256-261.
[57] XU R, CHEN H, LIANG X, et al. Priority-based constructive algorithms for scheduling agile earth observation satellites with total priority maximization[J]. Expert Systems with Applications, 2016, 51:195-206.
[58] CHIEN S, SHERWOOD R, TRAN D, et al. Lessons learned from autonomous sciencecraft experiment[C]//Proceedings of the fourth international joint conference on Autonomous agents and multiagent systems. 2005: 11-18.
[59] TRAN D, CHIEN S, SHERWOOD R, et al. The autonomous sciencecraft experiment onboard the Eo-1 spacecraft[C]//Proceedings of the fourth international joint conference on Autonomous agents and multiagent systems. 2005: 163-164.
[60] SHERWOOD R, GOVINDJEE A, YAN D, et al. Using aspen to automate Eo-1 activity planning[C]//1998 IEEE Aerospace Conference Proceedings (Cat. No. 98TH8339): volume 3. IEEE, 1998: 145-152.
[61] FUKUNAGA A, RABIDEAU G, CHIEN S, et al. Aspen: A framework for automated planning and scheduling of spacecraft control and operations[C]//Proc. International Symposium on AI, Robotics and Automation in Space. 1997: 181-187.
[62] CHIEN S, RABIDEAU G, KNIGHT R, et al. Aspen-automated planning and scheduling for space mission operations[C]//Space Ops: volume 82. 2000.

[63] RABIDEAU G, KNIGHT R, CHIEN S, et al. Iterative repair planning for spacecraft operations using the aspen system[C]//Artificial Intelligence, Robotics and Automation in Space: volume 440. 1999: 99.

[64] CHIEN S A, KNIGHT R, STECHERT A, et al. Using iterative repair to improve the responsiveness of planning and scheduling.[C]//AIPS. 2000: 300-307.

[65] KNIGHT S, RABIDEAU G, CHIEN S, et al. Casper: Space exploration through continuous planning[J]. IEEE Intelligent Systems, 2001, 16(5):70-75.

[66] TRAN D, CHIEN S, RABIDEAU G, et al. Flight software issues in onboard automated planning: lessons learned on Eo-1[J]. 2004.

[67] REILE H, LORENZ E, TERZIBASCHIAN T. The firebird mission–a scientific mission for earth observation and hot spotdetection[J]. 2013.

[68] CHIEN S, KNIGHT R, STECHERT A, et al. Integrated planning and execution for autonomous spacecraft[C]//1999 IEEE Aerospace Conference. Proceedings (Cat. No. 99TH8403): volume 1. IEEE, 1999: 263-271.

[69] CHIEN S, SHERWOOD R, BURL M, et al. A demonstration of robust planning and scheduling in the techsat-21 autonomous sciencecraft constellation[C]//Sixth European Conference on Planning. 2014.

[70] MYERS K L. Cpef: A continuous planning and execution framework[J]. AI Magazine, 1999, 20(4):63.

[71] 刘洋, 陈英武, 谭跃进. 一类有时间窗口约束的多资源动态调度模型与方法[J]. 运筹与管理, 2005, 14(2):47-53.

[72] 李玉庆, 徐敏强, 王日新. 基于 HTN 的航天器自主规划系统设计[J]. 深空探测研究, 2007, 5(1):29-32.

[73] 李玉庆, 王日新, 徐敏强. 规划与调度集成技术在航天器自主控制中的应用[J]. 深空探测研究, 2007, 5(2):14-17.

[74] LEMAÎTRE M, VERFAILLIE G. Interaction between reactive and deliberative tasks for on-line decision-making[C]//International Conference on Automated Planning and Scheduling, Providence, Rhode Island, USA. 2007.

[75] BEAUMET G, VERFAILLIE G, CHARMEAU M C. Estimation of the minimal duration of an attitude change for an autonomous agile earth-observing satellite[C]// International Conference on Principles and Practice of Constraint Programming. Springer, 2007: 3-17.

[76] BEAUMET G, VERFAILLIE G, CHARMEAU M C. Feasibility of autonomous decision making on board an agile earth-observing satellite[J]. Computational Intelligence, 2011, 27(1):123-139.

[77] MAILLARD A. Flexible scheduling for agile earth observing satellites[D]. Institut supérieur de l'Aéronautique et de l'Espace (ISAE), 2015.

[78] LIU S, CHEN Y, XING L, et al. Method of agile imaging satellites autonomous task planning[J]. Comput. Integr. Manuf. Syst, 2016, 22(4):928-934.

[79] LIU S, CHEN Y, XING L, et al. Time-dependent autonomous task planning of agile imaging satellites[J]. Journal of Intelligent & Fuzzy Systems, 2016, 31(3):1365-1375.

[80] CHU X, CHEN Y, TAN Y. An anytime branch and bound algorithm for agile earth observation satellite onboard scheduling[J]. Advances in Space Research, 2017, 60(9): 2077-2090.

[81] SONG Y, HUANG D, ZHOU Z, et al. An emergency task autonomous planning method of agile imaging satellite[J]. EURASIP Journal on Image and Video Processing, 2018, 2018(1):1-11.

[82] NAG S, LI A S, RAVINDRA V, et al. Autonomous scheduling of agile spacecraft constellations with delay tolerant networking for reactive imaging[J]. arXiv preprint arXiv:2010.09940, 2020.

[83] SHE Y, LI S, ZHAO Y. Onboard mission planning for agile satellite using modified mixed-integer linear programming[J]. Aerospace Science and Technology, 2018, 72: 204-216.

[84] MOK S H, JO S, BANG H, et al. Heuristic-based mission planning for an agile earth observation satellite[J]. International Journal of Aeronautical and Space Sciences, 2019, 20(3):781-791.

[85] LONG J, LI C, ZHU L, et al. An efficient task autonomous planning method for small satellites[J]. Information, 2018, 9(7):181.

[86] LI C, DE CAUSMAECKER P, CHEN Y W, et al. Data-driven onboard scheduling for an autonomous observation satellite[C]//Proceedings of the 27th International Joint Conference on Artificial Intelligence: volume 2018. AAAI, 2018: 5773-5774.

[87] ZHANG F, CHEN Y, CHEN Y. Evolving constructive heuristics for agile earth observing satellite scheduling problem with genetic programming[C]//2018 IEEE Congress on Evolutionary Computation (CEC). IEEE, 2018: 1-7.

[88] CHEN M, CHEN Y, CHEN Y, et al. Deep reinforcement learning for agile satellite scheduling problem[C]//2019 IEEE Symposium Series on Computational Intelligence (SSCI). IEEE, 2019: 126-132.

[89] HAIJIAO W, ZHEN Y, WUGEN Z, et al. Online scheduling of image satellites based on neural networks and deep reinforcement learning[J]. Chinese Journal of Aeronautics, 2019, 32(4):1011-1019.

[90] LU J, CHEN Y, HE R. A learning-based approach for agile satellite onboard scheduling[J]. IEEE Access, 2020, 8:16941-16952.

[91] HE Y, XING L, CHEN Y, et al. A generic markov decision process model and reinforcement learning method for scheduling agile earth observation satellites[J]. IEEE Transactions on Systems, Man, and Cybernetics: Systems, 2020.

[92] HERRMANN A P, SCHAUB H. Monte carlo tree search methods for the earth-observing satellite scheduling problem[J]. Journal of Aerospace Information Systems, 2021:1-13.

[93] WEI L, CHEN Y, CHEN M, et al. Deep reinforcement learning and parameter transfer based approach for the multi-objective agile earth observation satellite scheduling problem[J]. Applied Soft Computing, 2021:107607.

[94] ZHAO X, WANG Z, ZHENG G. Two-phase neural combinatorial optimization with reinforcement learning for agile satellite scheduling[J]. Journal of Aerospace Information Systems, 2020, 17(7):346-357.

[95] HUANG Y, MU Z, WU S, et al. Revising the observation satellite scheduling problem based on deep reinforcement learning[J]. Remote Sensing, 2021, 13(12):2377.

[96] WU G, LIU J, MA M, et al. A two-phase scheduling method with the consideration of task clustering for earth observing satellites[J]. Computers & Operations Research, 2013, 40(7):1884-1894.

[97] KENNEDY A K. Resource optimization algorithms for an automated coordinated cubesat constellation[D]. Massachusetts Institute of Technology, 2015.

[98] KENNEDY A K. Planning and scheduling for earth-observing small satellite constellations[D]. Massachusetts Institute of Technology, 2018.

[99] HE L, LIU X, CHU X, et al. Multiple autonomous agile satellites coordinating and planning in an uncertain environment[C]//2018 SpaceOps Conference. 2018: 2500.

[100] CHO D H, KIM J H, CHOI H L, et al. Optimization-based scheduling method for agile earth-observing satellite constellation[J]. Journal of Aerospace Information Systems, 2018, 15(11):611-626.

[101] PICARD G, CARON C, FARGES J L, et al. Autonomous agents and multiagent systems challenges in earth observation satellite constellations[C]//Proceedings of the 20th International Conference on Autonomous Agents and MultiAgent Systems. 2021: 39-44.

[102] SKOBELEV P, SIMONOVA E, ZHILYAEV A, et al. Application of multi-agent technology in the scheduling system of swarm of earth remote sensing satellites[J]. Procedia Computer Science, 2017, 103:396-402.

[103] HE L, LI G, XING L, et al. An autonomous multi-sensor satellite system based on multi-agent blackboard model[J]. Eksploatacja i Niezawodność, 2017, 19(3).

[104] LI J, CHI Y. Planning and scheduling of an agile eos combining on-ground and on-board decisions[C]//IOP Conference Series: Materials Science and Engineering: volume 382. IOP Publishing, 2018: 032023.

[105] HE Y, CHEN Y, LU J, et al. Scheduling multiple agile earth observation satellites with an edge computing framework and a constructive heuristic algorithm[J]. Journal of Systems Architecture, 2019, 95:55-66.

[106] GAO X, ZHANG H, YU T, et al. Autonomous mission planning for multi-agile earth observation satellites using whale optimization algorithm[C]//2020 Chinese Automation Congress (CAC). IEEE, 2020: 4102-4107.

[107] HAN C, GU Y, WU G, et al. Simulated annealing based heuristic for multi-

ple agile satellites scheduling under cloud coverage uncertainty[J]. arXiv preprint arXiv:2003.08363, 2020.

[108] WANG X, GU Y, WU G, et al. Robust scheduling for multiple agile earth observation satellites under cloud coverage uncertainty[J]. Computers & Industrial Engineering, 2021, 156:107292.

[109] QI J, GUO J, WANG M, et al. A cooperative autonomous scheduling approach for multiple earth observation satellites with intensive missions[J]. IEEE Access, 2021, 9: 61646-61661.

[110] CHONG W, JUN L, NING J, et al. A distributed cooperative dynamic task planning algorithm for multiple satellites based on multi-agent hybrid learning[J]. Chinese Journal of Aeronautics, 2011, 24(4):493-505.

[111] YAO F, LI J, CHEN Y, et al. Task allocation strategies for cooperative task planning of multi-autonomous satellite constellation[J]. Advances in Space Research, 2019, 63(2):1073-1084.

[112] DU Y, WANG T, XIN B, et al. A data-driven parallel scheduling approach for multiple agile earth observation satellites[J]. IEEE Transactions on Evolutionary Computation, 2019, 24(4):679-693.

[113] REN L, NING X, LI J. Hierarchical reinforcement-learning for real-time scheduling of agile satellites[J]. IEEE Access, 2020, 8:220523-220532.

[114] HE Y, WU G, CHEN Y, et al. A two-stage framework and reinforcement learning-based optimization algorithms for complex scheduling problems[J]. arXiv preprint arXiv:2103.05847, 2021.

[115] SCHETTER T, CAMPBELL M, SURKA D. Multiple agent-based autonomy for satellite constellations[J]. Artificial Intelligence, 2003, 145(1-2):147-180.

[116] VAN DER HORST J. Market-based task allocation in distributed satellite systems[D]. University of Southampton, 2012.

[117] VAN DER HORST J, NOBLE J. Task allocation in networks of satellites with keplerian dynamics[J]. Acta Futura, 2012, 5:143-150.

[118] BONNET J, GLEIZES M P, KADDOUM E, et al. Multi-satellite mission planning using a self-adaptive multi-agent system[C]//2015 IEEE 9th international conference on self-adaptive and self-organizing systems. IEEE, 2015: 11-20.

[119] 宋楠. 多星分布式协同任务规划技术的研究与应用[D]. 北京: 中国科学院大学 (工程管理与信息技术学院), 2015.

[120] WU J, LIU L, HU X. Predictive-reactive scheduling for space missions in small satellite clusters[C]//2016 International Symposium on Computer, Consumer and Control (IS3C). IEEE, 2016: 475-480.

[121] LI J, CHEN Y, LIU X, et al. Jade implemented multi-agent based platform for multiple autonomous satellite system[C]//2018 SpaceOps Conference. 2018: 2349.

[122] DU B, LI S. A new multi-satellite autonomous mission allocation and planning

method[J]. Acta Astronautica, 2019, 163:287-298.

[123] YANG W, HE L, LIU X, et al. Onboard coordination and scheduling of multiple autonomous satellites in an uncertain environment[J]. Advances in Space Research, 2021.

[124] VINYALS O, FORTUNATO M, JAITLY N. Pointer networks[J]. arXiv preprint arXiv:1506.03134, 2015.

[125] BELLO I, PHAM H, LE Q V, et al. Neural combinatorial optimization with reinforcement learning[J]. arXiv preprint arXiv:1611.09940, 2016.

[126] DAI H, KHALIL E B, ZHANG Y, et al. Learning combinatorial optimization algorithms over graphs[J]. arXiv preprint arXiv:1704.01665, 2017.

[127] NOWAK A, VILLAR S, BANDEIRA A S, et al. A note on learning algorithms for quadratic assignment with graph neural networks[J]. stat, 2017, 1050:22.

[128] NAZARI M, OROOJLOOY A, SNYDER L V, et al. Reinforcement learning for solving the vehicle routing problem[J]. arXiv preprint arXiv:1802.04240, 2018.

[129] DEUDON M, COURNUT P, LACOSTE A, et al. Learning heuristics for the tsp by policy gradient[C]//International conference on the integration of constraint programming, artificial intelligence, and operations research. Springer, 2018: 170-181.

[130] KOOL W, VAN HOOF H, WELLING M. Attention, learn to solve routing problems![J]. arXiv preprint arXiv:1803.08475, 2018.

[131] LI Z, CHEN Q, KOLTUN V. Combinatorial optimization with graph convolutional networks and guided tree search[J]. arXiv preprint arXiv:1810.10659, 2018.

[132] MA Q, GE S, HE D, et al. Combinatorial optimization by graph pointer networks and hierarchical reinforcement learning[J]. arXiv preprint arXiv:1911.04936, 2019.

[133] MANCHANDA S, MITTAL A, DHAWAN A, et al. Learning heuristics over large graphs via deep reinforcement learning[J]. arXiv preprint arXiv:1903.03332, 2019.

[134] JOSHI C K, LAURENT T, BRESSON X. An efficient graph convolutional network technique for the travelling salesman problem[J]. arXiv preprint arXiv:1906.01227, 2019.

[135] LU H, ZHANG X, YANG S. A learning-based iterative method for solving vehicle routing problems[C]//International Conference on Learning Representations. 2019.

[136] LI K, ZHANG T, WANG R. Deep reinforcement learning for multiobjective optimization[J]. IEEE Transactions on Cybernetics, 2020, 51(6):3103-3114.

[137] FERREIRA C. Gene expression programming: a new adaptive algorithm for solving problems[J]. arXiv preprint cs/0102027, 2001.

[138] 朱明放. 基于基因表达式编程的 TSP 问题求解[J]. 计算机工程与应用, 2008, 44(23): 53-55.

[139] 朱明放, 叶飞跃, 丁小未. 基于 GEP 的任务指派问题的求解算法[J]. 计算机工程与应用, 2014, 50(22):50-53.

[140] 邓松, 王汝传, 张羽, 等. 基于并行基因表达式编程的网格资源分配算法[J]. 电子学报,

2009, 37(2):272-277.
- [141] SABAR N R, AYOB M, KENDALL G, et al. Automatic design of a hyper-heuristic framework with gene expression programming for combinatorial optimization problems[J]. IEEE Transactions on Evolutionary Computation, 2014, 19(3):309-325.
- [142] ZHANG C, ZHOU Y, PENG K, et al. Dynamic flexible job shop scheduling method based on improved gene expression programming[J]. Measurement and Control, 2020: 0020294020946352.
- [143] OZTURK G, BAHADIR O, TEYMOURIFAR A. Extracting priority rules for dynamic multi-objective flexible job shop scheduling problems using gene expression programming[J]. International Journal of Production Research, 2019, 57(10):3121-3137.
- [144] ZHANG Z, TANG Q, CHICA M. A robust milp and gene expression programming based on heuristic rules for mixed-model multi-manned assembly line balancing[J]. Applied Soft Computing, 2021:107513.
- [145] 阮启明. 面向区域目标的成像侦察卫星调度问题研究[D]. 长沙: 国防科技大学, 2006.
- [146] XU Y, LIU X, HE R, et al. Multi-satellite scheduling framework and algorithm for very large area observation[J]. Acta Astronautica, 2020, 167:93-107.
- [147] 肖业伦. 航空航天器运动的建模: 飞行动力学的理论基础[M]. 北京航空航天大学出版社, 2003.
- [148] 王思. 多基雷达弹道导弹弹道融合跟踪与预报方法研究[D]. 哈尔滨: 哈尔滨工业大学, 2014.
- [149] 陈英武, 袁骃, 杨文沅, 等. 基于时间-姿态的成像卫星观测任务分解与合成方法: 中国, 201610185812.7[P]. 2025-01-15.
- [150] 贺仁杰, 杨文沅, 陈英武, 等. 一种基于推扫轨迹的敏捷卫星目标分解方法及系统: 中国, 201611063401.7[P]. 2025-01-15.
- [151] PRALET C, VERFAILLIE G. Time-dependent simple temporal networks[C]// International Conference on Principles and Practice of Constraint Programming. Springer, 2012: 608-623.
- [152] VELIČKOVIĆ P, CUCURULL G, CASANOVA A, et al. Graph attentionnetworks[J]. arXiv preprint arXiv:1710.10903, 2017.
- [153] KIPF T N, WELLING M. Semi-supervised classification with graph convolutional networks[J]. arXiv preprint arXiv:1609.02907, 2016.
- [154] SCHULMAN J, WOLSKI F, DHARIWAL P, et al. Proximal policy optimization algorithms[J]. arXiv preprint arXiv:1707.06347, 2017.
- [155] YANG W, CHEN Y, HE R, et al. The bi-objective active-scan agile earth observation satellite scheduling problem: modeling and solution approach[C]//2018 IEEE Congress on Evolutionary Computation (CEC). IEEE, 2018: 1-6.
- [156] BĂRBULESCU A, BĂUTU E. Time series modeling using an adaptive gene expression programming algorithm[J]. International Journal of Mathematical Models and

Methods in Applied Sciences, 2009, 3(2):85-93.

[157] MAYFIELD J, LABROU Y, FININ T. Evaluation of kqml as an agent communication language[C]//International Workshop on Agent Theories, Architectures, and Languages. Springer, 1995: 347-360.

附录A

缩略语表

表 A.1 缩略语表

缩略语	全称	含义
ACL	agent communication language	智能体通信语言
AIS	automatic identification system	自动识别系统
ASPEN	automated scheduling and planning environment	自主调度与规划框架
CASPER	continuous activity scheduling, planning, execution, and replanning	连续任务调度、规划、执行与重规划
CDTA	conflict degree of assigned task ascending	按已分配任务冲突度升序
CDTD	conflict degree of task descending	按任务冲突度降序
CHMGEP	constructed Heuristic Method for multi-satellite collaborative task assignment based on GEP evolution	基于GEP演化构造启发式多星协同任务分配方法
C-NEAT	cooperative neuro-evolution of augmenting topologies	协同增强拓扑神经进化
CVRP	capacitated vehicle routing problems	带容量的车辆路径问题
DQN	deep Q network	深度Q网络
DRL	deep reinforcement learning	深度强化学习
EACO	evolutionary ant colony optimization	进化蚁群优化
ECF	earth centered fixed coordinate system	地心固连系
ECI	earth centered inertial coordinate system	地心惯性系
FCFS	first come first serve	先到先服务

续表

缩略语	全称	含义
GAMBIT	Gauss-Markov and Bayesian inference technique	高斯-马尔可夫和贝叶斯推理技术
GAT	graph attention networks	图注意力网络
GCN	graph convolutional network	图卷积（神经）网络
GCS	geodetic coordinate system	大地坐标系
GEP	gene expression programming	基因表达式编程
GP	genetic programming	遗传规划
GPN	graph pointer networks	图指针网络
GSST	global state surveillance of target	全局状态监视
HABKR	heuristic algorithm based on knowledge rules	基于知识规则的启发式算法
ISA	improved simulated annealing	改进的模拟退火
IVNS	improved variable neighbourhood search	改进的变邻域搜索
JADE	Java agent development framework	Java 智能体开发框架
KQML	knowledge query and manipulation language	知识查询和操作语言
LSTM	long Short-Term Memory	长短期记忆
LVTD	length of visible time-window descending	按可见时间窗口长度降序
MDMA-CCM	multi-dimensional and multi-agent clusters collaboration model	多维度和多智能体簇协同模型
MDP	markov decision process	马尔可夫决策过程
METP	mutually exclusive target pool	互斥目标池
MPC	model predictve control	模型预测控制
MSACTPP	multi-satellite autonomous collaborative task planning problem	多星自主协同任务规划问题
MSCTAP	multi-satellite collaborative task assignment problem	多星协同任务分配问题
MSOCP	multi-satellite online collaboration problem	多星在线协同问题
MSS	multi-satellite system	多卫星系统
NATA	number of assigned task ascending	按已分配任务数目升序
OP	orienteering problem	定向问题
PGFS	proposed ground fixed system	拟地固系

续表

缩略语	全称	含义
POMDP	partial observable Markov decision process	部分可观测的马尔可夫决策过程
PPO	proximal policy optimization	近端策略优化
PTD	priority of task descending	按优先级降序
Ptr-Net	pointer network	指针网络模型
RPID	ratio of priority and image time descending	按"优先级-成像时长"比降序
RRB	request-response based	基于"需求-响应"
SA	simulated annealing	模拟退火
SAR	synthetic aperture radar	合成孔径雷达
SDE	self-adaptation differential evolution	自适应差分进化方法
Seq2Seq	sequence-to-sequence	序列映射模型
SGA	self-adaptation genetic algorithm	自适应遗传算法
SPB	spatial perspective based	基于空间角度的
SSATSP	single-satellite autonomous task scheduling problem	单星自主任务调度问题
SSMSC	simulation system of multi-satellites communication	多星交互仿真系统
SSOTSP	single satellite online task scheduling problem	单星在线任务调度问题
STWA	start time of observational time-window ascending	按任务观测窗口开始时间升序
SVM	support vector machine	支持向量机
TPB	temporal perspective based	基于时间角度的
TSMT	time-sensitive moving target	时敏移动目标
TSP	traveling salesman problem	旅行商问题
VNS	variable neighbourhood search	变邻域搜索
VRP	vehicle routing problem	车辆路径问题

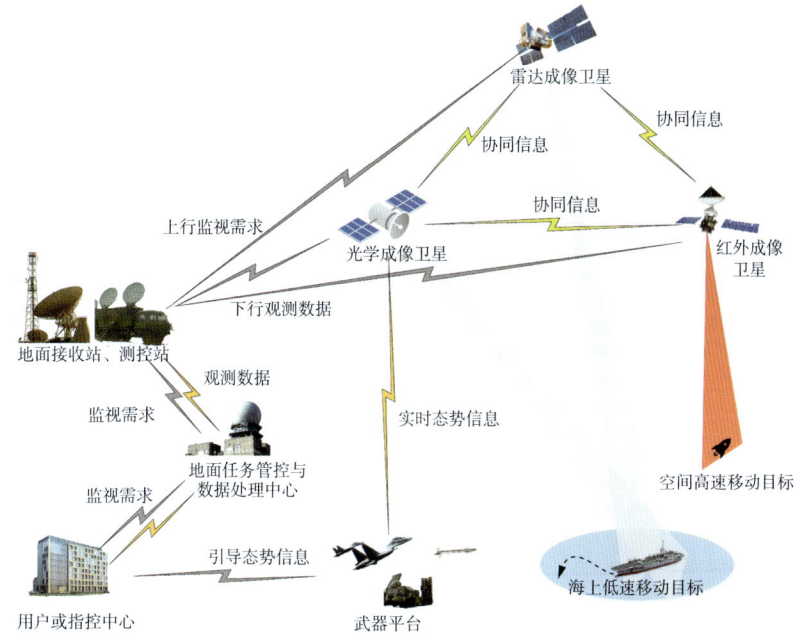

图 1.2 自主智能组网条件下的多星任务规划流程

(a) 5个目标轨迹生成图　(b) 10个目标轨迹生成图　(c) 20个目标轨迹生成图

图 3.2 不同数目的目标轨迹生成示意图

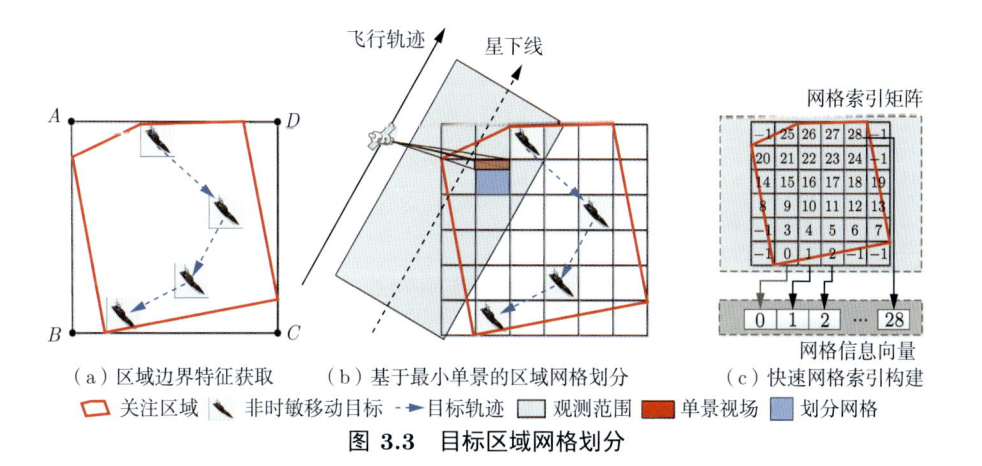

(a) 区域边界特征获取　(b) 基于最小单景的区域网格划分　(c) 快速网格索引构建

关注区域　非时敏移动目标　目标轨迹　观测范围　单景视场　划分网格

图 3.3 目标区域网格划分

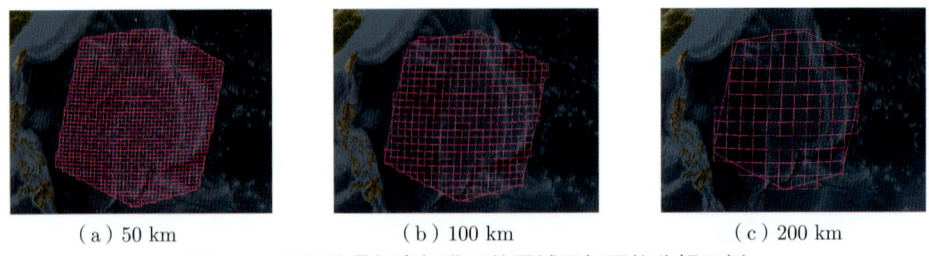

(a) 50 km   (b) 100 km   (c) 200 km

图 3.4　不同单景幅宽标准下的区域目标网格分解示例

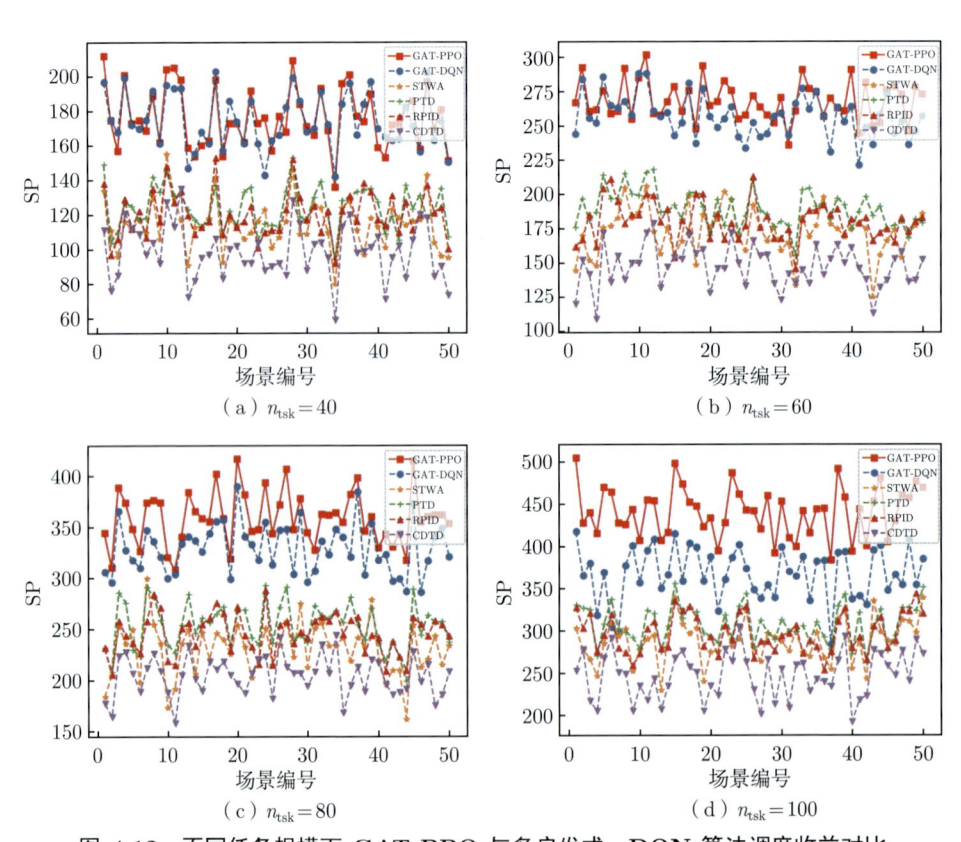

(a) $n_{\text{tsk}}=40$　　(b) $n_{\text{tsk}}=60$

(c) $n_{\text{tsk}}=80$　　(d) $n_{\text{tsk}}=100$

图 4.12　不同任务规模下 GAT-PPO 与多启发式、DQN 算法调度收益对比

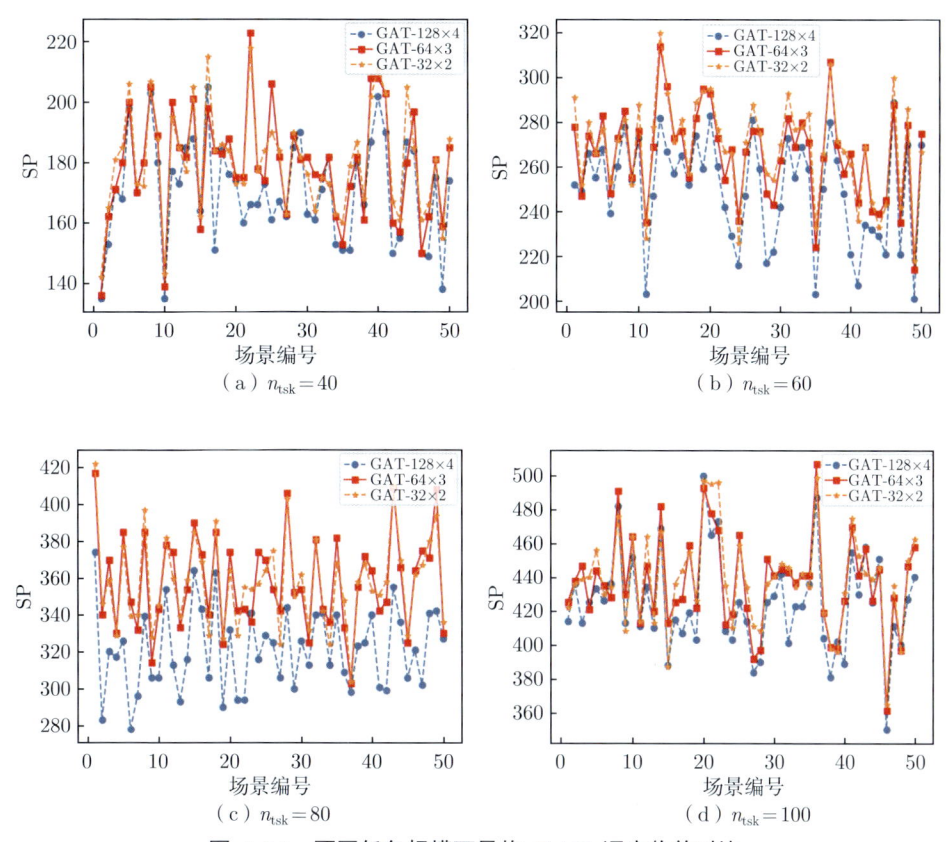

图 4.14 不同任务规模下异构 GAT 调度收益对比

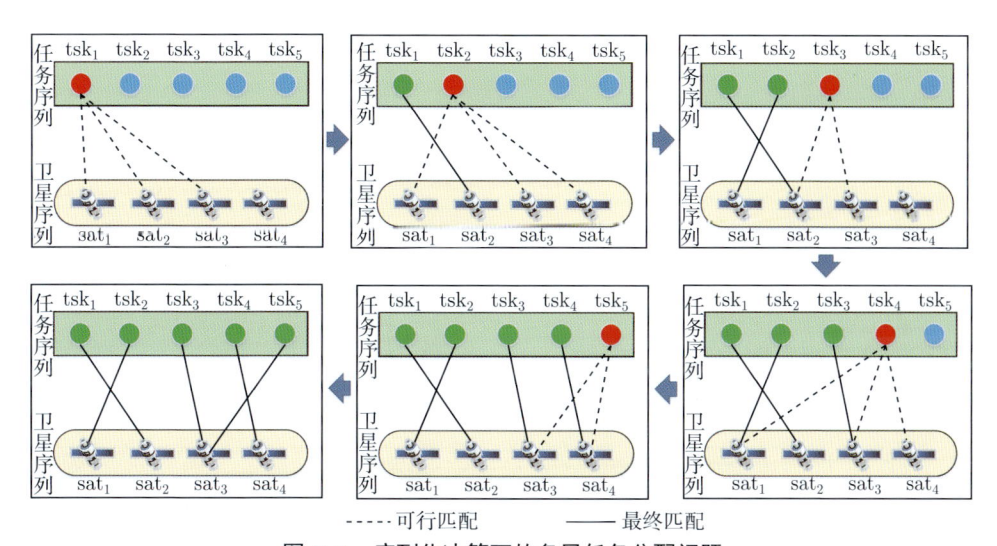

------ 可行匹配　　——— 最终匹配

图 5.3 序列化决策下的多星任务分配问题

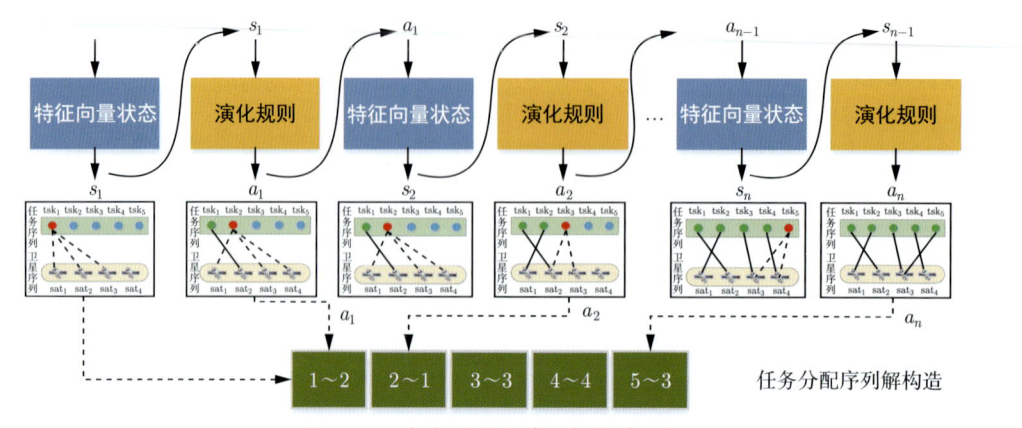

图 5.10 任务分配的序列解构造过程

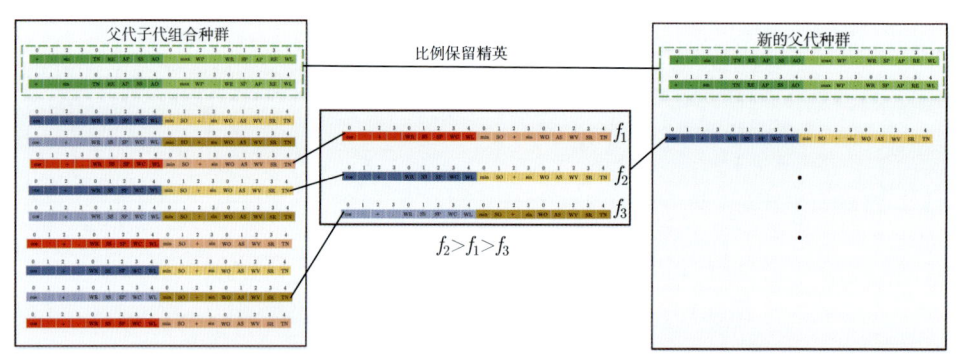

图 5.15 种群个体选择方式
f—不同个体的适应度。

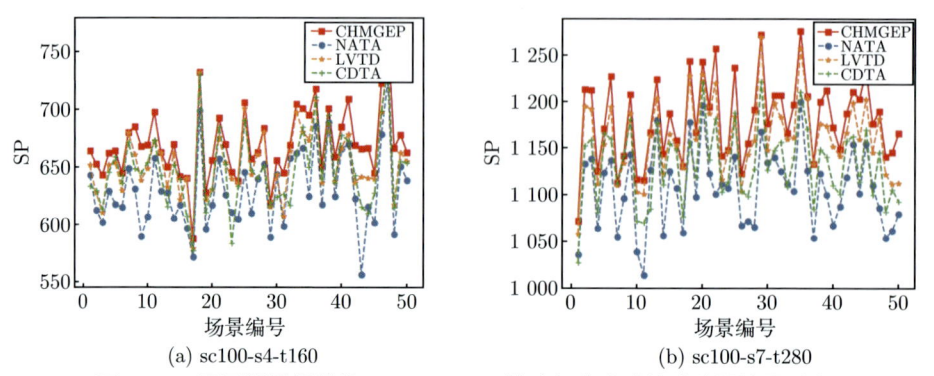

(a) sc100-s4-t160

(b) sc100-s7-t280

图 5.19 不同场景规模的 CHMGEP 算法与启发式算法分配结果对比

(c) sc100-s10-t400

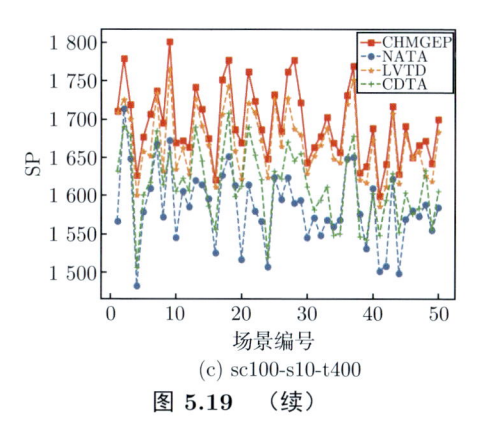

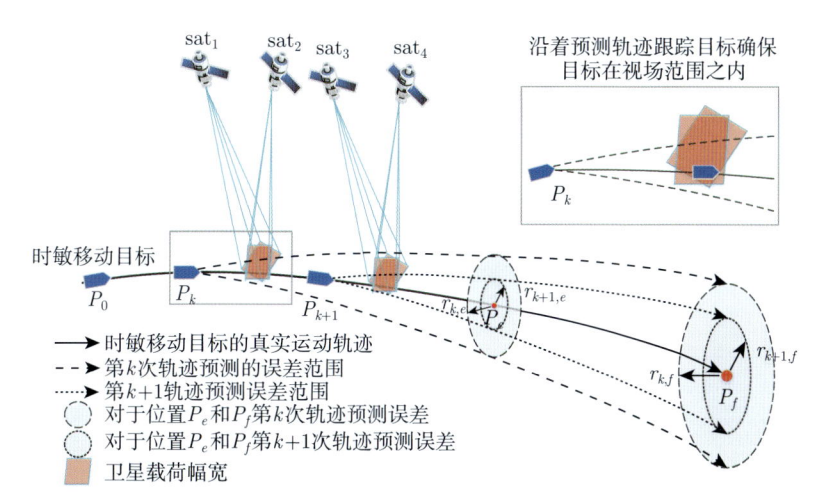

图 5.19 （续）

图 6.2 时敏移动目标跟踪的跟踪过程

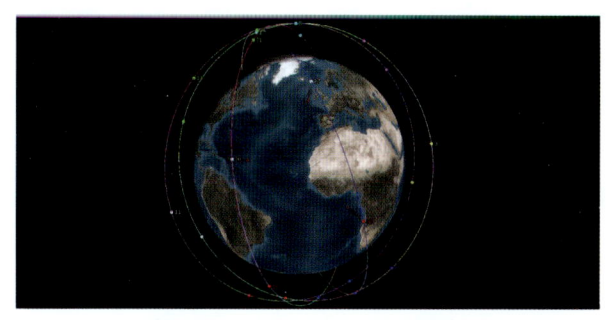

图 6.13 4 × 7 Walker 星座

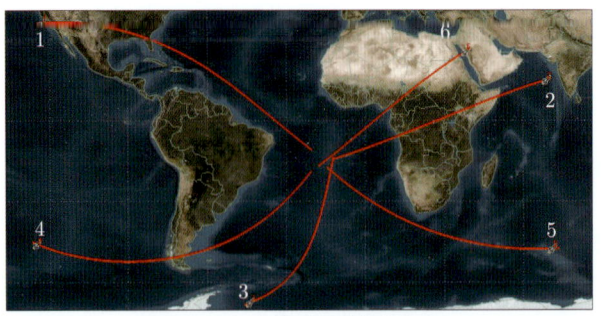

图 6.14 时敏目标轨迹分布

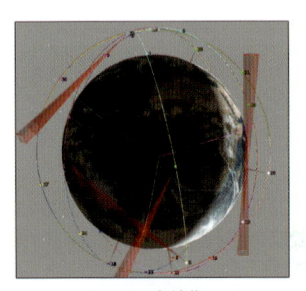

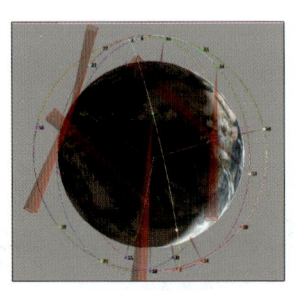

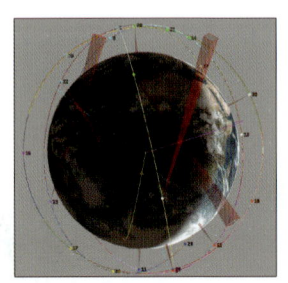

（a）跟踪前期　　　　　　（b）跟踪中期　　　　　　（c）跟踪后期

图 6.17 不同阶段任务规划结果的 3D 仿真

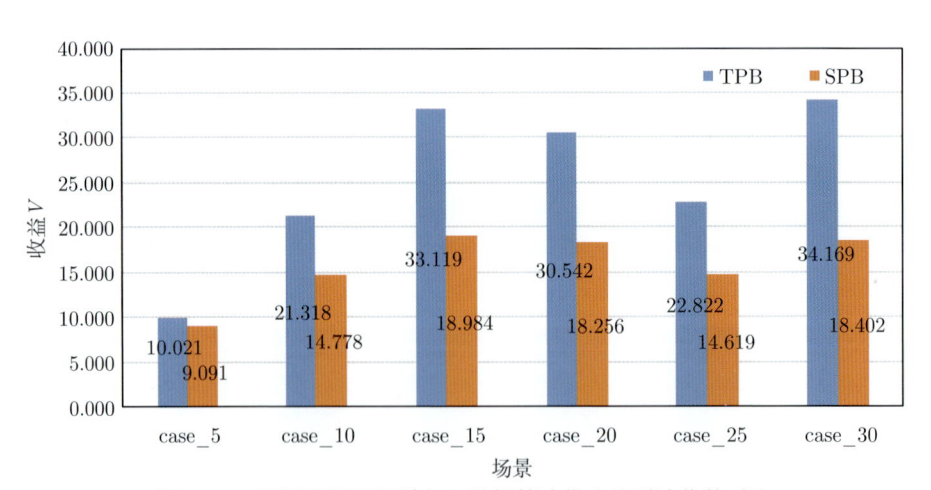

图 6.21 不同场景下两种任务选择策略带来的系统收益对比